教育部人文社会科学基金项目"高雾霾污染产业对大气环境质量的驱动机理及梯度转移研究"（18YJA6330154）资助

河北省省级科技计划资助（重点项目）"京津冀高雾霾污染产业对大气污染的影响分析及其与地方经济协调发展的动态监测、驱动机理、政策优化研究"（18273715D）资助

京津冀地区高雾霾污染产业与经济协调发展的动态监测及政策优化研究

周景坤　陈祎然　任　倩　王晓研　著

U0200471

中国财经出版传媒集团
中国财政经济出版社

图书在版编目（CIP）数据

京津冀地区高雾霾污染产业与经济协调发展的动态监
测及政策优化研究 ／ 周景坤等著． －－北京：中国财政
经济出版社，2022.3

ISBN 978 － 7 － 5223 － 1218 － 7

Ⅰ.①京… Ⅱ.①周… Ⅲ.①空气污染 － 关系 － 区域
经济发展 － 协调发展 － 研究 － 华北地区 Ⅳ.①X51
②F127.2

中国版本图书馆 CIP 数据核字（2022）第 033887 号

责任编辑：牛婧丽 责任校对：胡永立
封面制作：孙俪铭

中国财政经济出版社 出版

URL：http：／／www. cfeph. cn
E － mail：cfeph@ cfemg. cn
社址：北京市海淀区阜成路甲 28 号 邮政编码：100142
营销中心电话：010 － 88191522
天猫网店：中国财政经济出版社旗舰店
网址：https：／／zgczjjcbs. tmall. com
北京财经印刷厂印刷 各地新华书店经销
成品尺寸：170mm × 240mm 16 开 18.25 印张 285 000 字
2022 年 3 月第 1 版 2022 年 3 月北京第 1 次印刷
定价：75.00 元
ISBN 978 － 7 － 5223 － 1218 － 7
（图书出现印装问题，本社负责调换，电话：010 － 88190548）
本社质量投诉电话：010 － 88190744
打击盗版举报热线：010 － 88191661 QQ：2242791300

摘　要

　　改革开放以来，中国特色社会主义市场经济的发展已经取得了历史性的成就，并且成为全球第二个重要的市场经济体。然而，随着我国城市化进程的不断加速，高能耗、高污染的粗放式经济增长模式导致了自然资源供应紧张，加剧了生态环境污染，严重地制约了我国经济社会的可持续发展。京津冀地区作为我国环渤海经济圈的重要组成部分，拥有我国北方地区最大的综合性工业基地，但其也是全国雾霾污染最严重、产业发展与经济发展矛盾最突出的地区。津冀两地高雾霾污染产业比重高和污染排放强度大是京津冀大气污染防治的主要阻碍。鉴于此，对京津冀地区高雾霾污染产业与地方经济的协调发展水平进行较为系统的研究就显得尤为重要。

　　本书重点围绕产业与经济协调发展内涵、产业空间分布特征、产业与经济协调发展评价方法、产业与经济协调发展评价指标、公共政策供给与需求五个方面对国内外相关研究进行了文献梳理，运用空间分布图、基尼系数、区位熵、内容分析法等全面地分析了京津冀高雾霾污染产业空间分布特征，基于高雾霾污染产业与地方经济协调发展的耦合机理，构造了高雾霾污染产业与地方经济协调发展的动态监测模型；通过理论分析与专家调查，依据全面性、可操作性和动态性等原则遴选出京津冀高雾霾污染产业与地方协调发展评价指标，构建了京津冀高雾霾污染产业与地方协调发展评价指标体系；利用京津冀地区 2006—2018 年经济、产业和环境数据，对京津冀地区的经济发展、高雾霾污染产业发展和生态环境发展水平进行了测量，并在此基础上对高雾霾污染产业与地方经济系统耦合协调度进行了探讨。研究结果表明：2006—2018年，京津冀高雾霾污染产业空间分布呈现转移和小幅度扩散趋势，主要聚集于北京、天津和唐山，京津冀高雾霾污染产业与地方经济协调发展度缓慢上升，2013年由于生态环境污染严重，耦合协调度出现了下降。

本书对京津冀地区高雾霾污染产业与经济协调发展政策的需求情况进行了考察，结果显示京津冀地区对技术政策需求程度最高，对财政、税收、金融政策需求程度为中等，而对公共服务政策需求度最低；本书对1978年以来相关政策供给进行了梳理，发现各类政策大致经历了萌芽、起步、发展和完善四个阶段，政策数量逐渐增多，政策内容逐步丰富，但仍存在政策供给结构不合理、公共政策供给程度较高、税收和金融政策供给程度较低等问题。接着本书以政策需求—政策供给—政策供需匹配—政策优化为研究路径，构建了京津冀地区高雾霾污染产业与经济协调发展的政策需求体系。以财政、税收、金融、技术、公共服务政策五个方面为基本维度，构建出政策供给需求匹配模型，分析了政策供需匹配程度，并选择出政策供需匹配度评价标准，根据京津冀地区政策供需匹配情况，结合京津冀地区政策供给演进、需求调查和匹配情况的结果，给出了京津冀地区财政、税收、金融、技术、公共服务政策的优化建议。

关键词：高雾霾污染产业；空间分布特征；产业与经济协调发展；动态监测模型；政策供需匹配

目　　录

第 1 章

绪　论

1.1
研究背景

　　伴随着中国经济持续高速度的增长，工业基础设施的建设能力、原材料的供给和加工能力不断增强，推动我国形成了独立完整的现代化工业体系。但高污染、高耗能的经济发展方式带来的负外部性矛盾日益增加，根据数据统计，2019 年中国已排放二氧化硫 875 万吨、烟粉尘 796 万吨。IQAir 公司发布了《2019 年世界空气质量报告》（"2019 World Air Quality Report"），在全球 98 个空气质量最差的国家排名中，中国排在第 11 位。特别是京津冀地区，空气质量在全国城市的排名当中始终处于倒数的位置，空气中 PM2.5 严重超标，更是形成了区域性 PM2.5 污染带。京津冀地区大气污染严重主要因为大量工业有害废气向空中不间断地排放，《京津冀雾霾治理政策评估报告》指出，工业排放的 PM2.5 是造成区域雾霾污染最主要的污染物；《气候变化绿皮书》提出燃煤则是工业排放大量烟尘的罪魁祸首[1]。

虽然我国政府在环境保护方面不断地完善，所采取的环境保护措施已经从单独的执法形式扩展到由法律、行政及其他经济手段组成的多种合作形式，充分调动了第三方对环境保护治理的主动性与积极性。但是，由于政策本身针对性不强、环境监察力度不够、管理能力不足等原因，环境污染防治收效不甚理想，尤其在大气污染防治方面，有些地区细颗粒物（PM2.5）年平均浓度接近甚至超过 80 微克/立方米，远远超出世界卫生组织规定的标准。京津冀地区则是我国空气污染水平最高的地区，在2017 年和 2018 年评定的中国空气质量最差的 10 个城市中，京津冀地区分别占据了 8 个城市和 5 个城市，2019 年京津冀及周边地区的优良天数比例仅为 63.5%，这一比例与长江三角洲地区相差 21.7%。大气环境"复合型"污染已经超越了局部性污染阶段，呈现出区域污染快速蔓延的特点。据此，亟待构建高雾霾污染产业与地方经济协调发展的动态监测模型，动态监测京津冀地区高雾霾污染产业与地方经济协调发展水平，合理引导高雾霾污染产业在保证产业发展效率的同时，最大限度地降低其对环境的负面影响。

进入"十三五"以来，经济发展方式更加追求"量"与"质"的统一，通过转变经济发展方式、调整产业结构，有效降低大气污染物排放，提高经济发展的质量。目前，我国已经摒弃传统的粗放型经济发展方式，转向绿色协调循环的可持续发展方式。作为整个华北地区中最为发达的工业基地，京津冀产业偏重工业化，特别是河北省产业主要集中在钢铁、电力等高雾霾污染产业。为实现高雾霾污染产业绿色集约发展，京津冀地区制定了大量的政策措施来促进高雾霾污染产业与经济的协调发展。北京市颁发了《北京市绿色制造实施方案》等政策，推进北京市电力等污染产业的循环发展；天津市颁发了《天津市石化产业调结构促转型增效益实施方案》等政策，促进天津市产业生产方式的有效调整；河北省颁发了《支持重点行业和重点设施超低排放改造（深度治理）的若干措施》等政策，明确规定高雾霾污染产业降低污染物的排放、淘汰落后产能等内容。京津冀地区颁发《京津冀及周边地区工业资源综合利用产业协同转型提升计划（2020—2022 年）》等区域性政策，提出区域的协同发展要以促进产业结构的转型升级为目标，当前的主要工作是保障实现区域经济的高质量发展，降低产业对环境的损害。随着政策制定和实施，在促进产业大气污染防治、降低煤炭消费等方面初见成效。2019 年北京市煤炭消费量控制在 300 万吨以内，天津市 3 家钢铁企业整体退出，河北省完成重污染企业搬迁、压减炼铁 19 万吨。

京津冀地区要素市场处于分散状态，存在"散乱污"企业反弹的情况，钢铁、焦化等高雾霾污染产业转型升级效果不显著，产业附加值低、高端工业与低端工业差距大，产业系统发展程度仍然较低，尚未达到高质量发展的要求，不能满足人们对于蓝天白云的需求。产生该问题的原因就是政策的供需不匹配，特别是高雾霾污染产业外部性较强，依靠市场自行发展解决经济发展质量问题动力不足，政府需要通过实施综合性政策，鼓励产业降低大气污染物排放、完善绿色化改造，实现经济的高质量发展。政策供需不匹配是阻碍高雾霾污染产业提高发展质量、实现与经济协调发展的主要原因，政策实施的最终目标是实现效用的最大化，而政策的供给与需求匹配度会影响到政策是否能发挥最大效用。根据政策供给与需求匹配情况，有效率地进行政策的优化，能够帮助政策发挥其最大的效用。

1.2
研究意义

（1）研究的理论意义

通过构建高雾霾污染产业与地方经济协调发展的动态监测指标体系，对京津冀地区 13 个地区的经济发展度、高雾霾污染产业发展度、生态环境发展度和协调发展度进行动态监测，能够从整体上把握各区域的经济发展质量，客观、科学地分析各区域的优势、劣势，监控、跟踪、保障各个环节顺利进行。基于环境自净能力提出高雾霾污染产业与经济协调发展，通过耦合协调模型探索高雾霾污染产业、经济发展和生态环境三个子系统所组成的复合系统的运行机理，对各系统的发展状况进行量化分析和综合评价，有利于促进地方经济与产业发展的有机协同，达到可持续发展的长远目的。

（2）研究的现实意义

本书在探索京津冀高雾霾污染产业空间分布特征的基础上，运用耦合协调度模型，对京津冀地区 2006—2018 年高雾霾污染产业与地方经济的协调关系进行实证研究，同时构建了高雾霾污染产业与地方协调发展的动态监测指标体系，对京津冀地区 13 个地区的经济发展度、高雾霾污染产业发展度、生态环境发展度和耦合协调度进行动态监测；另外，通过对京津冀地区政策需求程度的实证调查，梳理改革开放以来京津冀地区实施的财政、金融、税收、技术、公共服务政策的演进特点，构建供需匹配模型，对政策进行供需匹配分析，有利于从顶层设计方面来系统优化京津冀高雾霾污染产业与经济协调发展政策，满足京津冀地区高雾霾污染产业与经济协调发展政策需求，提高政策实施效率。

1.3
研究内容

基于高雾霾污染产业与地方经济之间复杂的内在关系，本书首先对京津冀高雾霾污染产业空间分布特征进行了较为全面的研究。其次以京津冀 2006—2018 年经济发展、高雾霾污染产业及生态环境数据为基础，综合前人研究，构建高雾霾污染产业与地方经济协调发展评价指标体系，对京津冀高雾霾污染产业与地方经济发展的协调状况进行动态监测，并构建了京津冀地区高雾霾污染产业与经济协调发展的政策需求体系，以财政、税收、金融、技术、公共服务政策五个方面为基本维度，构建了政策供给需求匹配模型，分析了政策供需匹配程度，并设计出政策供需匹配度评价标准，根据京津冀地区政策供需匹配情况，从五个政策维度提出优化建议。

具体来说，主要研究内容由以下 10 章组成：

第 1 章：绪论。阐述了选题的研究背景及依据，说明了选题的意义，确定了本书的研究内容及研究方法，明确了研究框架。

第 2 章：国内外相关研究综述。梳理产业与经济协调发展的概念、产业空间分布特征、产业与经济协调发展评价指标与评价方法、公共政策供给与需求的相关文献，分析了以往研究的不足，并为进一步的研究指明方向。

第 3 章：京津冀地区高雾霾污染产业与经济协调发展的理论基础。运用系统理论、生态学理论、可持续发展理论和耦合协调理论分析产业与经济的内在关系。

第 4 章：京津冀地区高雾霾污染产业空间分布特征分析。采用空间分布图、基尼系数和区位熵等空间特征分析方法对京津冀高雾霾污染产业空间分布特征进行全面分析。

第 5 章：京津冀地区高雾霾污染产业与地方经济协调发展的动态监测。通过对高雾霾产业与地方经济之间的相互作用关系进行分析，构建了耦合协调度模型；通过文献梳理和专家调查法，对协调发展监测指标进行实证筛选；从横向和纵向两个方面进行实际测评。

第 6 章：京津冀地区高雾霾污染产业与经济协调发展政策需求实证调查。根据政策的系统梳理，借鉴相关研究，以财政、税收、金融、技术和公共服务政策为基本维度，构建政策需求体系，以保证最高程度地反映现有政策需求。设计高雾霾污染产业与经济协调发展的政策需求调查问卷，正确把握京津冀地区对政策的实际需求。

第 7 章：京津冀地区高雾霾污染产业与经济协调发展政策供给演进。通过查阅法律年鉴、政府官网等方式，对 1978—2020 年京津冀地区中涉及高雾霾污染产业的大气污染治理、能源综合利用、产业生产结构调整等方面的环境政策、产业政策、经济政策等一系列的政策供给进行梳理，将其划分为财政、税收、金融、技术、公共服务五种类型政策，并对这五类政策进行归纳总结，找出其发展演进过程的特点。

第 8 章：京津冀地区高雾霾污染产业与经济协调发展政策供需匹配分析。本书利用描述性统计、方差分析方法进行研究，掌握京津冀地区政策需求程度和需求差异；对政策进行量化，分析政策的供给结构和程度。通过现有政策供给需求匹配模型的研究，构建了适合本书的政策供需匹配模型，依据供给序值和需求序值来计算政策供需匹配度；并设计了政策供需匹配度评价标准，更加清晰地把握京津冀地区政策供需匹配现状。

第 9 章：京津冀地区高雾霾污染产业与经济协调发展政策优化。基于政策供给需求匹配结构，对京津冀地区高雾霾污染产业与经济协同发展政策提出完善优化建议。

第 10 章：研究结论与展望。分析得出了本书的主要结论，指出本书的不足之处，并给出未来的研究展望。

1.4
研究方法

本书是建立在分析检索京津冀地区大量数据和政策文件的基础之上，采用如下方法进行研究：

文献分析法。利用中国知网等文献数据库、京津冀地区地方统计年鉴等提供的数据资料，北京市、天津市、河北省官方网站提供的网络资料，搜集有关产业与经济协调发展的理论与实践材料，为本书的观点提出、研究思路、政策选择等方面提供了文献支持。尤其是在经济发展评价指标、产业发展评价指标和生态环境评价指标这三部分内容上对已有文献进行梳理，形成了层次分明、结构清楚的指标体系。

内容分析法。对京津冀地区高雾霾污染产业与经济协调发展的政策内容进行系统整理，依据财政、税收、金融、技术、公共服务政策进行具体内容的量化研究，为政策供给与需求匹配的计算提供了数据。

问卷调查法。按照问卷设计的理论、方法和程序，采用 Likert 七点量表设计了具有较高信效度的"京津冀高雾霾污染产业与经济协调发展政策需求"调查问卷，展开政策需求的实证调查，收集相关的需求数据。

描述性统计方法。利用 Microsoft Excel 2019 对京津冀地区政策供给的数量、类型进行统计分析；利用 SPSS 软件对调查问卷对象的基本情况进行统计分析，计算政策需求程度的均值、标准差等。

方差分析法。采用单因素方差分析方法，探讨京津冀各省市之间政策需求程度的差异性。

空间分位图。在分析京津冀高雾霾污染产业时空分布状况时，绘制了京津冀高雾霾污染产业销售产值的空间六分位图，直接反映出随着时间的推移，高雾霾污染产业整体空间分布情况及各个产业的空间分布情况。

基尼系数。通过计算京津冀高雾霾污染产业整体和六大雾霾污染产业

的基尼系数，分析了京津冀高雾霾污染产业空间分布的均衡程度。

区位熵。基于京津冀高雾霾污染产业的销售产值测算出各个产业的区位熵指数，判断出各城市的产业专业化程度及优势产业。

耦合协调度模型。以京津冀高雾霾污染产业、地方经济及生态环境系统为研究对象，选择相对应的序参量作为评价要素指标，并计算出2006—2018年内各子系统及系统整体的发展水平，探讨三个系统的整体协调发展水平。

1.5
技术路线图

本书的技术路线图如图 1-1 所示。

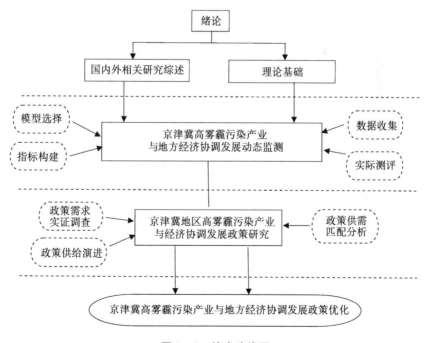

图 1-1 技术路线图

1.6
创新点

高雾霾污染产业识别的创新。根据产业大气污染排放规模和排放强度计算高雾霾污染指数，以此识别出高雾霾污染产业。

京津冀高雾霾污染产业与地方经济协调发展动态监测。通过构建高雾霾污染产业与地方经济耦合协调度模型和选择测度指标等从纵向、横向两个方面动态监测京津冀高雾霾污染产业与地方经济协调发展水平。

政策供需匹配模型应用创新。将供需匹配模型应用到高雾霾污染产业与经济协调发展政策当中，分析京津冀高雾霾污染产业与地方经济协调发展政策。

| 第 2 章 |

国内外相关研究综述

2.1
产业与经济协调发展内涵研究

2.1.1　污染产业的内涵

（1）污染产业

污染产业主要是泛指某个产业在其生产、加工和处理等全过程中，若不采取严格的治污措施就可能会直接或间接地产生许多污染物，从而严重地危害人类和动植物的生命健康及其他生态环境的质量。对于污染行业的界定，常见的方法主要有以下几种。一是治污成本法。Tobey（1990）把污染处理成本占企业总成本1.85%以上的行业列为大气污染行业，包括化工制品、有色金属生产制造业及钢铁生产制造业等[2]。Low 和 Yeats（1992）将污染治理成本支出占总销售额的比重大于1%的产业界定为污染产业，包含石油炼焦、化学制品业、金属加工制造业以及其他非金属矿物加工制造业等[3]。二是污染物排放强度计算法，计算单位生产所需要消耗的污染物排放量。按照这种方法，Lucas、Wheeler 和 Hettige（1992）的研究中将造纸、化学品生产制造业、金属生产和矿物制造业划分为大气污染密集产业[4]。Mani 和 Wheeler（1997）的研究结果包括化学工业、钢铁制造业、有色金属和非金属矿物制品业[5]。三是污染排放规模法。Bartik（1988）将所有民用工业部门中污染物排放量比例超过所有化工行业废气污染物总排放量 6% 的行业划分成较为主要的污染物排放行业，其中，包括了民用纸浆与化纤造纸业、石油精炼及炼化工业和无机/有机燃料化学品加工行业等[6]。Becker 和 Henderson（2000）将累计排放的挥发性有机污染物（VOCs）和氮氧化物（NO$_x$）占行业总排放（包括一氧化碳、二氧化硫和颗粒物）60% 以上的行业归为污染产业，包括印刷业、有机工业化学品业和塑料制品业等[7]。除以上方法外，夏友富（1999）根据工业污染对环境造成的影响，将煤炭采选业、石油化工业、黑色金属矿采选业等 22 个行业定义为污染密集产业，并进一步细分出纺织印染业、制革与毛皮靴制业、造纸业等 15 种严重污染密集产业[8]。随后田野（2012）[9]，何龙斌（2013）[10]，徐鸿祥、韩先锋和宋文飞（2015）[11]在其研究中均借鉴夏友富的污染产业概念。

（2）高雾霾污染产业

雾和霾是两种不同的天气类型，但是目前在我国这两种天气是共生的。雾的主要成分是水，霾主要是"毒雾"，其中有毒化学物质的比重很高，并且长时间不易扩散，既损害居民的视力，还危害居民身体和精神健康（张小曳等，2013）[12]。本书将雾霾定义为：空气中 $d \leqslant 2.5$ 微米的悬浮颗粒物（PM2.5）浓度升高导致空气污浊，并极大地降低能见度的大气现象。Cheng 等（2007）巧妙应用 PSAT – CAMx 模型对我国大面积的雾霾污染和跨地区污染物传输进行了严格的仿真计算和模拟研究，得出的结论是：我国大部分重点城市、地区的 PM2.5 污染严重的主要原因是大气中的跨区域污染和颗粒物传输[13]。黄青（2010）同样利用 PSAT – CAMx 模型计算，结果显示，PM2.5 的本地污染来源中，大部分是建筑工地的扬尘、车辆和道路的灰尘以及重工业和化学工业的废气排放物[14]。高晓梅（2012）充分揭示了 PM2.5 形成机理的本质：空气中的氮氧化物、二氧化硫、C_xH_y，$C_xH_yO_z$ 和其他主要污染物通过光合作用而不断释放，从而产生 O$_3$、PAN、醛、酮和其他次级污染物。在某些高湿度条件下，它会将漂浮在空气中的硫酸盐和硝酸盐转化为雾霾[15]。

京津冀地区拥有着我国北方地区最大的综合产业和工业基地，不合理的产业结构、能源消耗模式和城市规划造成区域内存在大量的高耗能、高污染的重化工业，尤其是以煤炭消耗为主的发电、冶金、水泥和钢铁行业。因此本书主要选取石油加工炼焦及核燃料加工业，化学原料及化学制品制造业，非金属矿物制品业，黑色金属冶炼及压延加工业，有色金属冶炼及压延加工业及电力、热力生产和供应业这六大产业作为高雾霾污染产业。同时，基于数据可得性原则，在下文选取可吸入颗粒物年均浓度、二氧化硫与烟（粉）尘的排放量等指标来评价生态环境污染状况。

2.1.2　协调发展的内涵

国外没有明确的"协调发展"概念，内涵大致类似的概念是趋同（收敛）。而在我国，自 20 世纪 90 年代提出"区域经济协调发展"的理念以来，其内涵在不断变化。党的十六大报告中，协调发展主要指物质文明、政治文明和精神文明的协调；党的十七大报告中，协调发展主要指"五个统筹"；党的十八大以来，特别是党的十八届五中全会首次提出五大发展理念以来，协调发展的内涵又发生了新的变化①。

"协调"与"和谐"相近，但不等同。"协调"与"统筹"相联，但后者强调人为力量的"协调"。"协调"与"均衡"相交，但并不相等。"发展"是一个整体、一个系统，需要各方面、各环节、各因素协调联动[16]。需求无限性与供给有限性的矛盾、此消彼长或此强彼弱的矛盾、发展慢与发展快的矛盾长期存在。消弭这些矛盾，既要推进发展，又要搞好协调，实现统筹兼顾、综合平衡。关于协调发展的内涵，国内已有很多研究，并有几种代表性的观点。郝寿义（2007）从社会分工合理、居民生活条件适当、人与自然的和谐等几个角度来界定区域性协调发展[17]。魏后凯和高春亮（2011）根据社会主义科学发展观，指出了协调发展的基本内涵，其应该包括三个基本方面：一是整体性的协调发展，二是可持续性的协调发展，三是新型协调发展[18]。刘乃全（2016）认为区域协调

---

① 中国共产党第十八届中央委员会第五次全体会议.中共中央关于制定国民经济和社会发展第十三个五年规划的建议［N］.人民日报，2015 - 11 - 04.

发展是有机的，如区域内和区域间的制度、经济、社会、人口、环境资源。在确保区域经济的总体有效增长和区域差距的同时，应注意一体化和发展，必须在合理的范围内实现区域之间无害的互动发展[19]。本书总结得出：协调发展建立在全人类共同追求更高物质文明的基础之上，其发展内涵主要分为相互共赢发展、全面协调发展、安全稳定发展和区域融合经济发展方面。协调发展的本质是解决发展不平衡、不协调、不健康、不可持续的问题，特别是区域发展不平衡、产业结构不合理、生态环境不健康、经济和社会发展"一条腿长、一条腿短"等问题。

本书所强调的协调发展则主要是指高雾霾污染产业稳步发展，经济发展水平不断提高，生态环境得到改善，人民对生活的满意度持续提高。

2.1.3 产业与经济协调发展的内涵

关于产业与经济协调发展的研究有很多，其中对于概念的描述也较为完备：在评估核工业和地方经济体系的协同进步时，陈观锐（2010）提出，核工业与地方经济体系协同进步的内在本质是通过体系包含的不同要素的互相配合和互利共赢，实现社会的进步，完善各个体系，达到各方一体推动经济发展，维护社会的和谐稳定[20]。姚丽霞（2010）在探索石油工业和地方经济协调发展战略时指出，石油工业与和地方经济协调发展包含两个重要内涵：其一，石油工业的未来前景与地方经济的发展是双方和谐互利共同进步的阶段；其二，从结果上看，对各种资源进行适当分配，达到对产业布局不断完善的目的，最终使得石油产业与地方经济协作共赢[21]。宋艳辉（2012）在探索旅游业与地方经济的协同互利时提到，旅游业与地方经济协同互利的概念可以基本认定为：地方通过运用环境资源优势，重点培育发展旅游业，吸引外地游客，增大流通量，同时，旅游业的稳定发展也能为进一步完善产业布局提供机会，最终实现旅游业与地方经济的协同互利。只有这样才能提高城市的吸引力，既丰富了城市面貌，又提升了居民生活水平，为居民就业提供机会，实现人与经济资源协同发展[22]。毛文富（2017）在评价中国物流业和地方经济的协调发展时指出，协同共惠是建立在双方和谐共存的基础之上的。他提出物流业和地方经济的协调发展含有两个方面的内涵：一方面，地方的物资流通与经济水平的差异要约束在一个适当的区间内，并且逐渐加以整合；另一方面，二者形成的循环系统要良性互动，达到动态平衡[23]。

本书认为高雾霾污染产业与地方经济协调发展是指在区域环境自净能力的约束下，高雾霾污染产业、地方经济及生态环境所包含的各种社会因素之间应当加强彼此配合，相互协作、相互推动，并通过不断调整结构、完善职能，以提高其经济增长的质量，促进各种因素在相互间的交流与共同发展过程中形成良性循环，从而促进区域性经济整体的和谐、有序、协调与优化，确保了区域性经济高质量增长。

2.2
产业空间分布特征研究

产业空间分布主要是研究某一产业的地理集中特征与分散特征。通过各种方法来判定该产业是否形成严格意义上的地理集中，测算该产业是否具有集聚优势，从而可以合理优化产业结构，科学指导区域内经济分工协作使得该产业在区域范围内具有更大的竞争力。从研究方法上看，区位熵、莫兰指数、最近邻指数法、地理集中指数、赫芬达尔指数和基尼系数是研究空间分布特征最常用的方法。随着数学、计算机和地理等多学科间研究方法的相互融合和空间特征分析方法的完善，ArcGIS 空间分析方法被越来越多地应用到产业空间分布特征的研究之中，其中，核密度分析、变异系数计算、缓冲区分析等方法被广泛应用，它们能够通过地图可视化方法准确、清晰地表达产业空间分布特征。

2.2.1　空间相关性分析

Anselin 把空间计量经济学界定义为：一种区域性科学模型的空间统计分析法，是专门用来研究各类空间特点的一种方法[24]。Moran（1950）第一次正式提出了运用空间自相关性来研究二维空间或者更高维空间随机分布的物理学现象，其中包含了局部空间的自相关与全局空间的自相关两个方面[25]。全域空间相关性检验包括 Moran's I 和 Geary's C，它主要用于测试变量通常在空间上是否相关，描述了区域内变量的空间属性，但不能测试不同区域之间的全境空间相关性强度；局部空间自相关检验主要包括

LISA、G 统计和 Moran 散点图，它是为了检测各个区域之间变量的空间相关性，即查找出每个空间位置和每个相邻位置之间相同变量的相关性。在通常情况下，Moran's I 使用得较多，它可以反映出单位空间中两个相邻不同区域或者说是两个单位空间属性的数值的相似度。由于其优越性而被广泛用于经济活动，例如，葛莹等（2005）使用 Moran's I 指数衡量江苏省地方经济的集中程度，并利用 2002 年以来的县级工业数据对江苏城市化和都市经济的地理模型进行实证分析[26]。Guillain 主要研究了法国现代制造业和服务业的高度集聚程度[27]。Moran 散点图在一定程度上补充了 Moran's I，Moran 指数用于分析不同区域之间空间相关性的差异，而 Moran 散点图可用于更好地理解空间分化和聚集现象。

2.2.2 空间分布类型分析

在考察省市区域范围的产业空间结构时，可以将产业抽象概括为一个点。点元素通常具有三种类型的分布模式：聚集分布、均匀分布或随机分布。加拿大旅游科学家史蒂芬·J. 史密斯（Stephen L. J. Smith）在描述其旅游目的地空间分布特征的基础上，指出"最近邻分析方法是一种更准确、更客观的分布结构分析方法"[28]。

最近邻分析法最早是由生态学家 Clark 和 Evans（1954）提出的，被认为适用于特定空间中的不规则分布，是表示点状要素在地理空间中相互邻近程度的地理指标，反映点状要素的空间分布格局类型[29]。马晓龙和杨新军（2003）[30]，章锦河和赵勇（2004）[31]，吴杨等（2015）[32]，赵慧莎和王金莲（2017）[33]，丁华、陈杏和张运洋（2012）[34]等多位国内学者均采用了最近邻分析法定量刻画区域空间分布格局。但是由于对确定点要素空间分布类型的最近邻分析法的定义存在争议，因此科学家们通常会通过测算 Voronoi 多边形面积的变异系数（CV）对产业空间分布类型进行二次检验。Voronoi 图依据对象集合中元素的最近邻原则将对象空间剖分成许多单元区域，是一种有效测度点状要素空间分布特征的方法，国内外大部分学者将其运用于空间结构研究（Duyckaerts 和 Godefroy，2000[35]；宋福临、汤澍和吴小根，2010[36]；把多勋、王瑞和夏冰，2013[37]；韩洁和宋保平，2014[38]）。此外，Duranton 和 Overman 提出了新的距离函数——DO 指数，同时给出了严格的统计检验，以确定该产业是否处于集聚状态。如果观测值的实际距离密度大于随机密度，则产业是集聚的，否则产业是分散[39]。这使得 DO 指数在经济学中被更为广泛地运用：Duranton 和 Overman（2008）采用了改进后的 DO 指数分析法，来对英国制造业区位的形式进行分析[40]。Barletb、Brianta 和 Crussonb（2013）也是运用了改进后的 DO 指数分析法来研究法国服务业空间结构分布的形式[41]。

2.2.3　空间分布均衡性分析

（1）空间分布集中程度

空间分布的集中程度主要采用地理集中指数、产业集中度指数、赫芬达尔指数三种方法进行分析。地理集中要素的地理空间密度分布集中和优化利用程度通常认为是用地理集中度的指数密度来进行衡量，郭泉恩等（2013）综合运用地理集中指数、洛伦兹曲线、基尼系数和网格分形四种方法，全面地分析了江西省宗教旅游资源空间分布特征[42]。李亚娟、陈田和王靖（2013）利用地理集中度指数法对黔东南旅游景点的空间结构特征进行了分析，并利用 Voronoi 多边形区域的变化系数对分析结果进行了验证[43]。申怀飞等（2013）运用 ArcGIS 空间分析工具并选取最近邻指数、地理集中指数等指数对河南省 A 级旅游景区进行定量分析，探讨河南省 A 级旅游景区的空间分布特征[44]。陈鹏、杨晓霞和杜梦珽（2018）利用地理数学方法中的空间分析手段和 GIS 软件提供的空间分析工具，采用最邻近指数、地理集中指数、基尼系数、不平衡指数和核密度，对我国 112 处国家生态旅游示范区的空间分布特征进行研究[45]。产业集中度指数（CRn）指特定行业中 n 个最大企业的相应价值（如产量、用工人数、主营业务收入、固定资产等）在整个市场或整个行业中所占据的份额。但是它取决于 n 的值，并且不能给出明确的结果，因此通常不能单独使用。李扬（2009）运用区位熵、产业集中度指数（CR4）与空间基尼系数这三种方法测算了西部地区产业聚集程度，测算结果表明其产业集聚水平持续提高并有很大的进升空间[46]。赫芬达尔指数（H 指数）是用于衡量市场结构的关键指标，表示为特定行业中所有公司的市场份额的平方和。通常情况下，H 指数越小，说明集中度越低。但是 H 指数却完全忽略了不同行业地理单元的行政空间地理面积分布差别，没能完全深入考虑到其他行政部门的地理空间面积分布，在不同行业间也基本没有任何可比性。

（2）空间分布均衡程度

空间分布均衡特征主要结合不平衡指数和洛伦兹曲线进行测算。不平衡指数（S）反映在不同级别或不同地区的空间上分布的完整性或平衡性，取值为0—1。若S的值越接近于0，表明分布越均衡；S的值越接近于1，表明分布越不均衡。杨国良等（2007）在深入研究国家级区域旅游风景名胜景区（点）体系空间结构问题时，对四川省各级风景名胜景区的空间结构情况进行了调查，并通过洛伦兹曲线、地理集中指数、优越度指数等多种相关的数理模型进行综合运用，系统分析了其空间分布情况和结构变化特征，以期能够得出一个好的结果，并提供一些具有针对性的优化方法和措施[47]。周尚意、姜苗苗和吴莉萍（2006）根据北京大都市地区基本单位调查的最新数据，利用洛伦兹曲线、集中化程度指数曲线及大都市地区文化企业的年产值等价线图表来准确描述北京大都市地区文化产业的现有空间分布和经济结构[48]。李伯华等（2015）选择最近邻指数、不平衡指数、地理集中指数及其他调查模型，然后使用空间分析工具Arc-GIS 10.1和Excel定量分析传统湖南村落的空间分布，并为湖南村落调查进行核心密度计算[49]。

（3）空间分布差异程度

空间分布差异特征分析方法包括基尼系数和K函数两种。基尼系数（Gini）最初是一种用来衡量收入和分配之间的差别，后来它被引入地理科学研究，并已经成为一种重要的研究各个地区之间空间变化分布关系的方法。它的主要优势在于比较不同研究对象之间的区域性和分布变化规律，了解其区域性和分布变化规律。魏鸿雁、章锦河和潘坤友（2006）运用最近邻指数和基尼系数，分析了中国红色旅游资源的空间分布特征与区域空间差异[50]。杨秀成等（2019）从福建省各级人民政府、旅行社和媒体信息门户网站收集有关健康旅游资源的资料、数据和文献，以GIS空间处理方法为主，并结合最近邻指数、基尼系数和核密度分析法等空间分析方法，深入探讨了福建省康养旅游资源的空间分布特征[51]。为了显示点的空间分布如何取决于比例，Ripley使用K函数来测量相关结果，并广泛用于地理和景观生态学中。K函数的统计结果根据研究区域面积的大小而有很大差异，并且由于面积大小不同所呈现的点排列模式也不同，可以分为两种模式：聚类和离散。其克服了传统的单尺度空间分布模型分析方法的弊端，不同空间尺度上地理单元的空间分布特征不同，得到的结果更加全面也更容易理解。

（4）空间分布密度

ArcGIS 软件提供三种类型的空间密度分析：点密度、线密度、核密度。点密度分析用于计算输出栅格中每个像元周围的点状要素的密度，线密度分析用于计算栅格中每个像元邻域内的线状要素的密度。这两种分析工具的输出与核密度工具的输出的区别在于：前者需要指定一个邻域，为了便于计算出各输出像元周围要素的密度；而核密度可以反映出分散环境中各个点位置处的已知点总数，灵活性、适用性更好。核密度评估方法通过研究区域内元素空间分布密度的变化来表达空间形态特征和空间元素分布特征。元素的空间密度可以更清楚地反映元素的空间分散和聚集特征。薛东前、刘虹和马蓓蓓（2011）以西安市文化产业为研究对象，利用 L 函数计算得出西安市十个区域文化产业的集中指数，并通过空间点模式进行具体分析，最后结合西安市文化产业发展现状将研究区域分为三部分：核心区、分散区、潜力发展区。通过对地理集中度和核心密度图的分析得出结论：西安文化产业的空间分布向南密集，向北稀疏。这代表了具有背景的市中心呈现集中化局势，以自下而上型集中模式为主要类型，每个区域的集中度是不平衡的[52]。

2.2.4　空间分布组合性分析

空间分布组合性分析方法包括缓冲区分析和重叠分析。缓冲区是空间数据功能的一种影响区域或服务区域，其主要思想是识别特征或集合并定义它们的区域，域的大小由域的半径确定。也就是说，在扫描时，需要指定到缓冲区的距离。通常会根据周围的点、线和区域特征，自动创建一定比例的多边形缓冲层，同时构造并分析图层和目标叠加层以获得所需的结果，这是解决邻近问题的最重要的空间分析工具之一。李山石、刘家明和黄武强（2012）运用 GIS 软件中的缓冲区分析和密度分析，探究了北京市各类音乐旅游资源与主要环路、地铁线路的关系以及音乐休闲旅游资源分布特征[53]。李玚等（2013）用缓冲分析法分析研究了北京高尔夫旅游资源的空间分布。重叠分析是重叠和合并一个层中的两个或多个对象以创建一个新的对象层的过程，其中包含来自上一层的对象的分析[54]。康璟瑶等（2016）在数字高程图（DEM）、城市化率、交通密度、人口、GDP 等信息上叠加有关传统村庄位置的信息，用来分析传统村庄、城市、交通、人口、经济等各种因素之间的相互关系[55]。

2.3
产业与经济协调发展评价方法研究

　　评价产业与经济协调发展水平一个重要的工具是协调发展的测量模型，已有文献在协调发展的测量模型方面进行了大量探索。由于国家发展情况的差异，国内外在这一方面的研究也显示出了一些差异，即国外研究相对较少，而国内研究则相对丰富。国外相关研究主要集中在 20 世纪 60 年代，一部分学者主要采用投入产出模型来测量经济行为和环境的相关性（Cumber，1966；Daly，1968）[25][56]。20 世纪 90 年代，面对信息不确定性，学者们使用专业知识系统对环境和经济变化进行建模（Bithas 和 Nijkamp，1996），使用一般均衡分析来找到控制污染的最佳方法（鲍莫尔和奥茨，2003）[57]。Eismont（1994）借鉴耦合概念，建立起了协调度模型，并测算了社会发展系统中环境与经济发展协调度[58]。而国内较为常用的有离差系数协调模型、隶属度函数协调模型、距离协调模型和耦合协调度模型等。

2.3.1　离差系数协调模型

　　离差系数协调模型也叫变异系数协调模型，主要使用数学统计中的方差原理来度量两个或多个子系统之间的协同程度。若两个或多个子系统变量的值相似，则协同程度较高。否则，协同程度将很低（廖重斌，1999；生延超和钟志平，2009）[59][60]。仇兵奎和张惠（2015）根据 2002—2013 年武汉市相关指标量化数据，结合变异系数法和耦合协调度模型，测量了武汉市城镇化与房地产发展协调水平[61]。吴俣（2017）在变异系数法和聚类分析法的基础上，建立了区域差异分析模型，比较了五个计划城市协调性程度和原因。并基于主成分分析和支持向量回归模型，构建了情景预测模型，分析了五个样本城市耦合协调度的时空变化机制，提出了适当的措施和建议[62]。田逸飘、刘卫国和刘明月（2017）利用变异系数法计算科技创新与新型城镇化包容性发展协调度评价指标体系中各指标的权重，并结合 2003—2013 年我国 30 个省、市、自治区的数据，对 2003—2013 年我国科技创新与新型城镇化包容性发展的耦合协调度及其时空演变特征进行了分析[63]。王淑佳等（2018）通过构建京津冀区域生态环境—经济—新型城镇化综合评价指标体系，采用熵权法确定指标权重，利用统计学中的变异系数推演得到耦合度模型。在此基础上，引入协调发展度模型，综合反映出了耦合作用强度与各子系统实际状况[64]。但是，变异系数通常用于测量数据的离散趋势，无法测量发展趋势，因此会削弱对现实的解释。

2.3.2　隶属度函数协调模型

隶属度函数协调模型是基于模糊数学中隶属函数的一种协调度模型。宋松柏和蔡焕杰（2004）基于复合系统协调理论，建立了反映水资源、社会经济与环境协调发展的隶属度函数协调模型，并进行了实际案例分析[65]。樊华和陶学禹（2006）利用隶属度函数协调模型对 1990—2003 年中国高等教育与经济发展之间的协调水平进行了实证分析，结果表明两者之间的协调水平与基本协调不一致[66]。胡彪等（2015）建立了反映生态文明建设目标的经济和环境系统评价指标体系，并运用主成分分析法、回归分析法和隶属度函数协调模型，测算了天津市 1998—2012 年经济和生态环境的综合发展水平及协调发展度[67]。但是，隶属度函数协调模型具有隐含条件，即系统理想协调状态假定。当系统处于理想协调时，其协调度以比值的形式反映着系统实际状态到系统理论状态的差距。然而，事实上很难确定系统的理论状态，这对模型的广泛运用形成了障碍。

2.3.3　距离协调模型

距离协调模型的本质是估计一个系统的理想状态和实际运行状态之间的距离，偏差越小，协调度越高；反之，偏差越大，协调度越低。汤铃等（2010）首先总结了已有的协调度模型的性能和本质，并以此为依据确定了该系统中最理想的协调度状态，在此基础上，引进了欧氏距离，构建了距离协调模型来测量我国社会主义经济发展和现代科技进步之间的协调状态[68]。孙倩和汤放华（2012）在欧氏距离协调性程度评价模型的相关研究成果基础上，采用综合因子线性分析法和德尔菲法对欧氏距离协调性程度评价模型的实际应用前景进行了深入研究和设计改进，将其作为一种用于评价我国河南省 14 个主要中心城市之间区域距离水平协调体系发展总体情况的评价模型[69]。从理论上看，该模型思路清晰、简便易行，但实际上最大的困难是很难确定评价变量的理想值。张强和周旸俐（2015）运用 Granger 因果检验初步评估信贷与产业发展之间的关系，采用熵方法对每个指标进行加权。然后基于距离协调模型，建立了整体协调模型来评估信贷政策和产业政策的协调效果[70]。曾佑新和聂改改（2016）建立评价电子商务与快递物流发展协调程度的指标体系，运用距离协调模型对我国 2008—2014 年这 7 年间电子商务与快递物流的发展水平进行综合评价[71]。

2.3.4 耦合协调度模型

耦合度是指两个或多个系统之间的相互作用所产生的影响，以实现动态协调的发展关系，这种关系可能反映了系统之间的相互依存和约束的程度。协调度是指耦合交互作用中良好沟通的程度，可能反映协调的质量。张翠燕、孙传国和王鹏程（2016）通过构建耦合度模型，对农业生态环境和农业经济系统耦合发展状况进行定量分析[72]。周成、冯学钢和唐睿（2016）运用耦合模型与灰色模型，对长江和汉中的旅游—经济—生态环境三个系统的耦合协调关系进行了测量和分析，并预测了这种关系的发展趋势[73]。丁浩、余志林和王家明（2016）基于 31 个省份 2003—2012 年的数据资料，构建新型城镇化与经济发展的评价指标体系和时空耦合协调模型，运用熵值法进行指标赋权，测算出各省份 2003—2012 年新型城镇化与经济发展的耦合协调度并分析各省份的对比类型[74]。龚艳和郭峥嵘（2017）通过耦合评价模型和耦合指标体系的构建，对江苏省 2001—2013 年两个产业耦合发展的时空演变进行了实证分析[75]。王颖等（2018）在对城乡间互动关联内涵的充分理解的基础上，以东北地区 34 个地级市为研究单位，借助耦合协调度模型对各地级市历年的城乡协调发展水平进行评价[76]。贺三维和邵玺（2018）从物理耦合概念出发，构建了经济城镇化—人口城镇化—土地城镇化的动态耦合度模型和耦合协调度模型，定量分析了京津冀城镇化三个系统及内部子系统间的耦合协调过程与演变趋势[77]。李雪松、龙湘雪和齐晓旭（2019）采用耦合协调评价模型，从时空两个纬度对长江经济带沿线 109 个地级以上城市 2000—2015 年经济—

社会—环境耦合协调发展状况进行评估[78]。程慧、徐琼和郭尧埼（2019）基于旅游资源和生态环境之间的相互作用关系，构建了旅游资源和生态环境的评价指标体系，利用耦合协调度模型测算并分析我国旅游资源开发与生态环境协调发展水平及其时空分异演变机制[79]。刘遗志和胡争艳（2020）以贵州省 2006—2017 年相关数据为依据，运用耦合协调度模型对贵州省旅游发展与生态环境之间的协调关系进行实证分析[80]。包剑飞和张杜鹃（2020）采用耦合协调模型、探索性空间数据分析等方法分析 2000—2017 年该区域旅游产业和区域经济协调发展的时空差异[81]。

由此可以看出，耦合协调度模型是使用较为广泛的协调发展模型。它可以测量系统之间或不断发展的系统内部元素之间的和谐程度，反映了系统从无序到有序的趋势，也可以更加全面地测量系统及系统各自的发展度与耦合度，体现了协调状况的好坏程度。

2.4
产业与经济协调发展评价指标

指标是衡量目标的单位或方法，包括定性的主观指标和定量的客观指标。主观指标反映了人们对客观对象的感觉、需求和态度，是很难获得准确或易于量化的值作为研究指标。所以，产业与经济系统所研究的指标主要是客观的或是易于量化的指标。

2.4.1　产业发展评价指标

我国对于产业发展指标的研究主要表现为对于产业综合竞争力的评价和指标制度体系两个方面，一小部分文献针对特定行业当中的具体复杂性而开发了合适的评级和指标制度。也有少量文献针对特定行业中的特定复杂程度开发了适当的评级指标系统。关于产业可持续发展的主要指标系统（如高新技术产业等）以及评估产业发展潜力的主要指标系统为数不多。评价资源产业发展的主要指标体系及其他评价手段，是衡量资源产业实现可持续发展目标的基本依据，也是工业发展理论的重要组成部分。

李廉水、杨浩昌和刘军（2014）根据制造业"新型化"的内涵，按照评价指标的简明性及数据的可得性原则，从经济创造能力、科技创新能力、资源环境保护能力等三个方面构建了包含 18 个子指标的区域制造业综合发展能力评价指标体系，主要包括：制造业总产值占工业总产值比重、产品销售率、企业单位产值、在岗职工人数占地方职工数比重、制造业企业利润总额、R&D 经费支出、R&D 投入强度、专利拥有数、制造业废水排放量等[82]。杜左龙（2015）构建了经济—煤炭产业—生态环境的指标体系，煤炭产业发展水平从产业规模、产业效率、经济效益和相关产业发展情况四个方面来考察。其中，产业规模用煤炭生产总量和从业人员数量 2 个指标表示；产业效率用平均每万元总产值煤炭消费量表示；经济效应用规模以上企业增加值、利润总额和资产贡献率 3 个指标表示；相关产业发展情况用生铁产量、合成氨产量、水泥产量和火力发电量表示[83]。周戈耀等（2017）在回顾了相关文献并进行了专门的小组讨论之后，确定了以生产制造能力、资源投入回报能力、研究开发能力、组织管理能力、市场营销能力和社会效益能力为一级指标的评价指标体系，并采用实地调查方式对所构建的指标体系进行检验，评价其合理性和有效性[84]。陈文俊等（2018）以《中国高新技术产业统计年鉴 2016》为基础，结合《中国科技统计年鉴 2016》和行业特点，从三个维度构建了中国生物医药产业发展水平研究指标体系，具体指标主要包括：企业数、从业人员平均数、资产总计、主营业务收入、利润总额、投资额、新增固定资产、出口交货值、有 R&D 活动的企业数、R&D 人员、R&D 经费内部支出、R&D 经费外部支出、新产品开发项目数、新产品开发经费支出、新产品销售收入、专利申请数、有效发明专利数、固定资产交付使用率等[85]。陈文锋和刘薇（2016）打破利用速度、规模等单一指标去评价战略性新兴产业发展水平的表象，建立了由产业导向性、产业带动性、产业市场化、产业创新性、产业效益性 5 个一级指标和 17 个细化的二级指标组成的评价指标体系，对全国 28 个省份新一代信息技术产业发展质量进行了较为全面、系统且客观的评价[86]。魏言妮（2017）在借鉴前人相关研究的基础上，共选取 20 个评价指标对黑龙江省 2001—2014 年农业经济—农业生态环境—玉米产业耦合协调关系进行合理评价。在玉米产业子系统中，从产业生产和发展的角度进行评价指标的选取[87]。

2.4.2 经济发展评价指标

衡量经济发展的优势和劣势是一个更复杂的话题。从理论上讲，对经济发展的衡量应以对经济发展概念的全面理解为基础。若对经济发展的理解有些模糊，则不可能准确地、定量地判断经济发展水平。当前，有两种方法可以衡量经济发展水平。一种是仅测量人均 GDP。库兹涅茨（Kuznets）等人建立了一种采用 GNP 或者人均 GNP 作为评价一国经济增长水平的指标，但是它不能够明确反映产品与劳务的构成与类型，不能够清楚地显示收入是如何分配的。第二种是采用多指标体系来衡量经济发展水平。对多指标系统的研究始于 20 世纪 60 年代。多年来，受到许多国家和国际组织、政府和统计人员的广泛关注，并建立了许多独特的指标体系。

在区域经济评价指标方面，也有学者做了大量的研究。范柏乃、张维维和朱华（2014）对我国 1986—2006 年的市场经济社会发展现状进行了实证分析和评价，构建了一个关于我国市场经济社会协调发展的评价体系，其中，市场经济的评价子系统主要包括市场经济结构、市场经济能力、市场经济活动和市场经济效率，社会评价子系统主要包括人们的生活品质、科学技术教育、社会稳定、医疗健康、生态环境等因素[88]。周成、冯学钢和唐睿（2016）以长江经济带沿线 11 个省市为研究对象，分别从经济规模、经济结构、经济建设、生态环境禀赋、生态环境污染、环境治理成果、旅游市场规模、产业要素结构、人力资源等九大维度出发，运用加权 TOPSIS 法对该区各省市经济—生态—旅游的综合发展水平进行评价[73]。李永平（2020）根据 TEE 系统的耦合协调关系，遵循科学、简便、易得、利于操作的评价原则，选取 GDP、人均 GDP、财政总收入、社会消费品零售总额、城镇居民和农村居民人均消费支出、城镇居民和农村居民人均可支配收入、在岗职工年平均工资等 9 个指标衡量区域经济发展水平[89]。苏永伟和陈池波（2019）根据高质量发展的内涵，在参考有关资料的基础上，结合数据的可获得性，选取质量效益提升、结构优化、动能转换、绿色低碳、风险防控、民生改善这 6 个一级指标纳入经济高质量指标体系[90]。张云云、张新华和李雪辉（2019）结合结构方程和 2014—2016 年全国 31 个省（区、市）的相关数据，对理论模型指标体系进行拟合修正，从经济效益、创新发展、人民生活、可持续发展四个维度

17 个指标来构建相对合理的衡量经济发展质量水平的指标体系[91]。王蔷、丁延武和郭晓鸣（2020）基于对我国县域产业升级、要素激活、城乡融合、制度改革创新的综合性总体分析和测量，构建了县域经济高质量发展的评价指标体系，设计得出了经济活力、发展潜力、城乡合力、生态实力 4 个一级指标和 24 个二级指标，为科学地评价我国县域经济的高质量发展提供了指标参考与目标导向[92]。

2.4.3　生态环境评价指标

环境质量评估始于 20 世纪 60 年代，许多国家和地区都开展了出色的工作，包括美国、加拿大、日本和中国。1969 年，美国首先根据《国家环境政策法案》提出了一项环境影响评估系统。随着英国、加拿大、日本、澳大利亚等国相继引进了环境影响评价制度，环境评估的范围、目的和情况也在发生变化，评估范围和深度已得到改进。在考虑评级指标时，国外许多国家和地区提供了基于标准的评级指标来衡量可持续发展。经济合作与发展组织（OECD）在 1990 年引入了压力反应指标（PSR）框架的概念。在此项研究的基础上，从 13 个一般环境问题入手，建立了第一个国际环境指标体系。

我国从 20 世纪 80 年代开始着重于环境质量研究，而第一项研究着重于污染和自然灾害等方面。得益于理论和技术手段的不断进步，在国内已经进行了许多关于环境质量评估体系的学术研究，并提出了相关的环境评估体系。叶业平和刘鲁军（2000）从生态形成机理入手，提出了生态环境评价指标，包括生态环境的背景、人类对生态环境的影响程度及人类对生态的需求三部分[93]。而左伟等（2002）则基于"压力—状态—影响"模型的应用和扩展，创建了用于评估环境安全性的概念框架和度量系统[94]。雷思友和范君（2015）根据《安徽统计年鉴 2013》，选择了三种可用于全面研究城市生态环境质量的指标。包含了直接反映城市环境质量、生态环境和污染物控制的 11 个指标，并从不同的角度解释了一个城市生态环境的质量[95]。陈永春和耿宜定（2015）根据淮南矿区的生态环境现状和特点，确定了淮南矿区自然资源生态环境管理质量的综合评估体系。该指标结构有三个层次的结构，包括目标层 A、准则层 B（生态环境承载力、发展能力和持久力）和评价方案层 C（9 个评价指标）[96]。赵宇哲和刘芳（2015）立足于"生态文明"与"绿色经济"之间的关系，利用定性、定量相互有机地结合的筛选手段，构建了一套全新的生态港口质量评价指标体系，该评价体系主要划分为三个层次：第一层为准则层，包括压力、承压和状态 3 个准则；第二层为因素层，包括人口社会发展、资源消耗、污染排放、绿色经济、生产效率、污染控制、生态资源、自然条件、交通环境、企业情况 10 个因素[97]。从国内研究成果来看，P－S－R 模型在环境、生态学、地球科学等领域中被广泛认可和使用。

2.5
公共政策供给与需求

2.5.1　公共政策概念研究

公共政策组成复杂，包括政治学、行政学和社会学中的概念与理解，不同学者对其进行界定的角度也会存在差异。Lasswell 和 Kaplan（1950）从计划方面认为公共政策是一种为达到某种目标、价值、实践的大型计划[98]。Easton（1977）认为公共政策是政府对社会总价值进行权威性的分配[99]。Dye（1995）从是非判断方面认为公共政策是政府进行或者选择不进行的事情[100]。随着公共政策概念的引入，我国学者结合中国实际对其概念进行了解释。陈振明等（2003）认为公共政策是政府通过采取政治手段以实现各项目标的过程[101]。宁骚（2011）从社会公平性方面，认为公共政策通过对公共问题的解决来达成社会公共利益的目标[102]。刘宗庆（2017）从公共利益方面，认为公共政策的本质是利益如何进行选择、分配和落实[103]。政策工具是公共政策的重要组成之一，Salamon（2002）将公共政策工具定义为公共政策主体通过某种手段以达成政策的目标[104]。王宏新、邵俊霖和张文杰（2017）认为公共政策工具是政府为了解决政策存在的问题的行动方式，是政府进行治理的核心，是为了达到政策既定目标的必要条件[105]。对于公共政策工具分类，Vedung（2007）按照政府权力的强弱程度，将公共政策工具分为管制类、经济类和信息类[106]。郭随磊（2015）认为政府制定推动汽车产业政策采用的政策工具主要包括公共事业、管制、补贴、信息和劝戒、私人市场、资源性组织[107]。王世英（2017）根据产业政策工具的三力模型对政策工具进行分析，分为供给型政策工具、环境型政策工具、需求型政策工具[108]。赵欣彤和杨燕绥（2020）针对劳动力市场采用税收、基本收入保障、劳动力市场等政策工具进行综合治理[109]。

2.5.2 公共政策需求研究

对于政策需求的研究，在研究途径方面，主要途径以调查问卷、访谈资料梳理为主；在分析方法方面，主要是定性的理论分析或简单定量实证分析等。周笑（2008）利用深度访谈和调查问卷等实证分析方法对企业与高校在产学研合作过程的实际政策需求进行了调查，据此对政府运用产学研合作方面进行政策设计[110]。谢运（2012）运用公共政策评价理论分析了创新政策的激励程度，在需求调查的基础之上，优化了相关政策[111]。张玉赋和江长柳（2014）对江苏省企业研发机构对政府公共服务的需求进行深度访谈及问卷调查，认为对于政策存在的问题，政府应根据其实际需求来设计相关政策[112]。Bear、Buslovich 和 Searcy（2014）对加拿大企业需求进行了实证的调查，认为企业的可持续发展与公共政策存在相关性，企业希望政府制定出满足其需求的政策，有利于促进企业的持续发展[113]。Kung 和 Ma（2016）通过对中国民营企业进行调查，认为私营企业与政府建立良好关系，政府根据私营企业的需求制定相关政策，有利于帮助企业的高效发展[114]。在方法方面，偏重定性的理论分析和定量的描述统计、线性回归分析。在定性理论分析方面，刘太刚（2011）使用需求溢出等理论来分析民生政策的差异化水平，按照供需的原则，主张政府应采用对弱者进行补强的方式，帮助弱者跟上市场发展的进度来实现民生保障[115]。成海燕和徐治立（2017）、王子丹和袁永（2019）运用生命周期理论，利用资料分析的方法，对同一企业不同时期的政策需求进行了分析，根据企业的发展阶段制定不同政策，以满足企业的政策需求[116][117]。赵莉（2020）对北京市属企业迁移的已有配套政策进行梳理，并对迁出地和迁入地政策存在问题及需求进行理论化分析，找出可操作性的配套政策措施[118]。在分析方面，Mishkin（1982）通过对预期总需求进行预测，运用实证分析方法得出结论[119]。Tassey（2010）利用描述性统计等手段，根据制造业的实际需求搭建政策运行的框架和机制，增强制造

业在国际市场的竞争力[120]。范柏乃、龙海波和王光华（2011）运用问卷
调查等方法对西部地区的政策进行实证调研，利用描述性统计等方法对西
部地区政策需求进行分析[121]。

2.5.3　公共政策供给研究

在政策供给方面，主要侧重于过程研究，部分学者通过时间维度对政
策供给进行梳理，还有部分学者从政策效力、产业特征等方面进行梳理。
Lepori 等（2007）测度 30 年间欧洲国家政策的差异，并给出了欧洲国家
政策供给演进过程[122]。Bodas 和 Von Tunzelmann（2008）基于英法两国
政策规划，给出两国创新政策的供给演进过程[123]。刘长才和宋志涛
（2010）对 1992—2010 年资产证券化政策进行梳理，将其分为探索阶段、
标准证券化准备阶段和正规证券化阶段，来分析政府供给与资产证券发展
之间的关系[124]。段忠贤（2014）对改革开放后的创新政策进行了梳理，
按照时间顺序将其划分为重构期、研发投入期、成果转化期、创新体系建
立期[125]。李国平和刘生胜（2018）对改革开放以来的中国生态补偿政策
进行梳理，将政策供给分为初级、形成和完善阶段[126]。周颖等（2020）
对我国改革开放以来的防沙治沙政策供给进行系统梳理，将其政策演进分
为起步形成、全面推进、快速发展、提升转变四个阶段，并总结了每个阶
段的特点[127]。另外，还有其他学者从不同的角度对政策供给演进进行梳
理。于潇（2017）根据环境规制类别，认为中国环境政策经历了从命令
控制型、市场型规制兴起，并快速发展，再向多元化规制演进[128]。李晓
萍、张亿军和江飞涛（2019）根据绿色产业政策的特征，对绿色产业政
策供给进行梳理，将其划分为重发展轻环保期、政策萌芽期、政策起步期
三个阶段[129]。

2.5.4　污染产业防治政策存在问题研究

污染产业治理政策存在问题研究主要集中在政策设计不合理、政策制
定不协调、政策实施效果差等方面。在政策设计不合理方面，Feinerman
等（2001）认为向污染制造企业收取费用的政策容易造成企业和政府推
诿责任，导致环境治理效率下降，影响污染产业与经济协调发展[130]。逯
元堂等（2008）认为我国污染产业税收政策存在环境治理成本远高于违
法成本、环境污染的惩罚成本过低的问题，企业宁愿选择承担违法成本来

获取排污权，而不是治理污染问题[131]。熊波等（2016）认为征收环境税收对于大气环境的提高没有显著的积极作用，反而有促进大气污染和加重污染产业负担的作用[132]。赵敏、吴鸣然和王艳红（2017）认为我国技术创新资金支持力度弱，投入产出不平衡，研发效率低，导致产业技术创新波动性大，可持续性差[133]。在政策制定协调方面，董战峰等（2016）、王恒等（2019）认为环境资源的定价机制不健全，企业外部性的内部化不到位，行政区域划分无法对产业造成的大气污染进行协同治理，环境政策和经济政策的深度融合程度不高，造成了污染产业与经济发展的不协调[134][135]。杨得前、徐艳和刘仁济（2019）认为现阶段环境经济政策仍是一种辅助性政策，协调性、完整性差，环境经济手段和治理机制等方面存在弊端[136]。戴其文、魏也华和宁越敏（2015），林光祥、吕韬和彭路（2017）认为当前科学文化、社会文化与经济协调发展度较低，公共服务与经济协调发展仍是以经济增长为驱动力[137][138]。在政策实施效果方面，Zhou、Zhu 和 He（2017）认为政府政策强度与企业生产率是非线性关系，企业创新结果的不确定性、创新形式容易使得环境政策效果偏离原有的路径，无法达到预测的效果[139]。涂正革等（2019）通过对省级经济环境数据进行分析，认为排污费标准的提高并未实现预期的降低碳排放的目标[140]。陈兆年和李静（2020）对工业行业数据进行分析，认为我国金融体系配置效率低、波动大，金融尚未发挥作用[141]。

2.5.5 污染产业防治政策优化研究

污染产业与经济协调发展政策优化主要集中在财政、税收、环境、技术政策方面。在财政政策方面，Petrakis 和 Payago – Theotoky（2002），曹坤、周学仁和王轶（2016）认为财政应直接鼓励各类产业进行技术创新，利用激励机制实现以支促收，培育"新财源"，弥补技术创新外部性不足的问题[142][143]。Nemet 和 Baker（2009）认为绿色价格的补贴效果好于研发补助，成果转化率高[144]。张倩和邓明（2017）、冯伟和苏娅（2019）认为应进一步优化财政分权制度，促进产业专业化的分工，给予经济协调发展更多财政支持，规范地方政府财政收支行为，并将政府竞争的发展重心转移到经济协调发展上[145][146]。刘建民和张翼飞（2020）认为财政上充分支持企业发展方式转型升级，加大企业的直接补贴和贴息贷款，实现企业在技术方面的创新[147]。在税收政策方面，Glomm、Kawaguchi 和

Sepulveda（2008）认为用环境税来代替资本收益税能够从消费量和环境质量两个方面来提高经济协调程度，有助于降低产业有害污染物的排放量，激励企业的技术创新[148]。Nemet 和 Baker（2009）认为静态的环境税可以实现环境外部性的内部化，同时能够为企业降低环境规制成本，破除"环境困境"[149]。Oueslati（2014）认为环境税能够有效地促进经济协调发展，环境税加上不断调整的资本成本能有效地促进产业与经济协调发展[150]。张希、罗能生和李佳佳（2014）认为在纳税人可承受的条件下，合理设计税种、降低税负，推进资源税改革，对资源税的征收对象尽量放大，实现从价计征，提高资源税的税负水平[151]。在技术创新政策方面，Feng 和 Chen（2018）认为绿色创新能够更好地处理资源和环境的关系，实现经济与环境和谐共生[152]。杜传忠、金华旺和金文翰（2019）认为加强基础性创新研究及行业共性突破技术创新的支持力度，为产业的技术改造提供支持，满足产业技术改造升级的需求[153]。在环境政策方面，Manning 等（2012）、Costantini 等（2015）、毛建辉和管超（2019）认为不同产业建立差异化环境约束政策，激励地方政府在追求经济增长时注重环境质量，同时差异化的环境政策能有效地激发企业的环境创新能力和企业间的竞争性，可以提高环境规制的效益[154][155][156]。Altenburg 和 Rodrik（2017）认为通过政策的干预能使环境外部成本内部化，实现经济的可持续增长，产业政策要根据社会发展的需求制定长远的目标，控制环境污染[157]。

2.6
文献评价与前沿动态分析

2.6.1　文献评价

定量测量产业空间分布特征、产业与经济协调发展水平是了解产业与经济协调发展状态的重要手段，而产业空间特征分析方法和协调模型均是重要工具，已有文献也在这方面进行了研究。总体而言，针对产业空间分布特征、产业与经济协调发展所进行的相关研究比较丰富，研究的问题也比较突出和具体，对促进我国产业与经济协调发展具有重要指导意义。但是，已有文献在以下问题上的研究还略显不足。

①空间分析方法略显不足。传统的研究方法使用单个就业指数、产值或价格指数来计算聚集度。默认的理解是每个地区的劳动生产率或技术贡献的规模是相同的，因此其针对性不足。新开发的测量方法（如 DO 指数）在理论上具有很大的优势，但是也难以计算实际数据。

②动态监测评价指标体系略显不足。指标体系设计的科学性是确保监测结果可靠的重要保障。已有研究在设计指标体系时大多遵循将产业与经济协调发展看成一个大系统，而产业发展与经济发展是其中的两个子系统，分别设计各自的指标体系，然后根据子系统指数计算其协调发展水平。这种思路相对科学，但遗憾的是，严格按照指标体系的建构程序所建立起的指标体系并不多见。

③协调模型略显不足。协调模型是衡量产业与经济协调发展水平的重要工具，这些工具科学与否，直接关系到计算结论的质量。协调发展问题的复杂性以及借用的工具和方法存在普适性的问题让学者们开始探索自认为合适的方法，从而出现了多样化的测度产业与经济协调发展的模型。遗憾的是，这些模型不可避免地存在或多或少的问题，更重要的是，究竟哪个模型更为科学合理，学者们在这一问题上并未形成共识。

④政策研究略显不足。通过对已有文献进行分析后发现，国内外学者对公共政策概念、公共政策的供给演进和需求进行了较为深入的研究，揭示了公共政策的主要研究方法和途径，并针对污染产业防治政策存在的问题及优化对策进行了较为深入的分析，为完善我国污染产业污染防治的政策完善作出了一定的贡献，但是仍存在一些不足。污染产业政策研究对象集中在整个污染产业，较少涉及高雾霾污染产业，由于污染产业行业较多，部分污染产业对大气污染的影响较小，因此，进行整体性研究的针对性较弱。根据环境要素从污染产业划分出高雾霾污染产业，能更加高效地进行雾霾防治，帮助高雾霾污染产业升级。国内学者在对污染企业相关政策研究时，基于政策供需匹配分析成果较少，对政策进行匹配定量分析的更少。因此，本书通过构建供给需求匹配模型，对京津冀地区高雾霾污染产业与经济协调发展进行供给需求匹配分析，找出京津冀地区供给需求匹配问题，有利于提高政策供给效率及实施效果。

2.6.2　前沿动态分析

已有研究在产业与经济协调发展问题上进行了大量的探索，为后续研究提供了丰富的素材。基于已有研究成果及其不足，在以后的研究中拟从以下方面展开。

①选取合理的产业空间分布研究方法。产业空间分布研究方法不合理，最终得出的结果极有可能与现实情况截然不同。因此，在选取产业空间分布研究方法时，有必要彻底分析各种研究方法的使用特点和条件，并根据研究目的选择合适的研究方法。

②构建科学的动态监测指标体系。指标体系科学与否，直接关系到研究结论是否可靠。在以后的研究中，应按照概念—纬度—指标的逻辑、严格遵循指标的理论遴选—指标的实证筛选—指标体系的信度与效度检验过程建构科学合理的指标体系。

③寻求满意的协调发展模型。寻求令人满意的模型是后续研究中重要的任务，需要充分认识各个模型的优缺点，比较各个模型对研究对象的适用性，综合多种因素，选择令人满意的模型。

| 第 3 章 |

京津冀地区高雾霾污染产业与经济协调发展的理论基础

3.1
高雾霾污染产业识别及相关概念

3.1.1 高雾霾污染产业识别

雾霾包括雾和霾两部分，雾的化学成分以水为主，霾的化学成分以二氧化硫、氮氧化物等有毒化学成分为主，霾中的有毒化学成分与雾中的水汽结合，造成了雾霾污染。郭俊华和刘奕玮（2014）、魏巍贤和马喜立（2015）认为火电等污染行业产生大量的工业废气是造成大气污染的重要因素[158][159]。李云燕等（2016）认为京津冀地区化工、电力、冶金等行业是大气颗粒物排放量最大的行业，占雾霾的成因比重较大[160]。回莹和戴宏伟（2017）认为持续雾霾天气的主要原因是电力、热力生产和供应业等高污染行业产生大量的二氧化硫、氮氧化物和可吸入颗粒物[161]。因此，高污染产业大量有害废气的排放是形成雾霾天气的重要原因。形成持续雾霾污染的方式有两种。一是高污染产业直接排放二氧化硫、氮氧化物和可吸入颗粒物等一次污染物到空气中，与雾中的水汽结合，形成雾霾。高天明等（2017）、赵羚杰（2016）认为钢铁、火电等高污染行业耗能以煤炭为主，造成雾霾污染主要源头是煤炭的超量使用，煤炭燃烧时主要会排放包含二氧化硫、氮氧化物等酸性气体，形成雾霾天气[162][163]。二是火电行业、钢铁行业等高污染产业排放的二氧化硫、氮氧化物等与大气中的氨气发生化学反应生成硫酸盐和硝酸盐等次生细颗粒物，造成雾霾二次污染[164][165]。无论是一次污染直接排放的二氧化硫、氮氧化物和可吸入颗粒物造成的雾霾污染，还是二次污染产生的硫酸和硝酸盐气溶胶等新的污染物造成的雾霾污染，都是由于高污染产业排放大量二氧化硫、氮氧化物和可吸入颗粒物造成的，因此，对高雾霾污染产业主要依靠二氧化硫、氮氧化物和可吸入颗粒三个指标进行识别。高雾霾污染产业是排放大量包含二氧化硫、氮氧化物、可吸入颗粒物等有害化学成分废气、易造成雾霾污染的污染产业，具有排放集中、浓度高、污染强度大的特点。

对于污染产业的识别主要有三种方法：第一种方法是 Tobey（1990）、Low 和 Yeat（1992）采用产业污染治理成本对该产业生产总成本占比进行界定[166][167]；第二种方法是 Mani 和 Wheeler（1997）、赵细康（2003）采用排放强度即一单位产出所释放多少污染物界定[168][169]；第三种方法是 Bartik（1988）、Randy 和 Henderson（2000）按照污染物的排放规模测量[170][171]。第一种方法只考虑污染的成本，没有考虑其自身属性；第二和第三种方法只考虑到污染的规模或排放强度，没有综合考虑。基于此，高雾霾污染产业界定充分考虑到排放规模和排放强度，根据《中国环境年鉴》（2009—2015 年）中二氧化硫、氮氧化物、PM2.5 排放量的数据，计算各行业高雾霾污染的密集指数，以此来识别高雾霾污染产业，高雾霾污染产业污染指数计算公式如下。

$$I_i = Q_i + G_i = \alpha \cdot \frac{E_i}{B_i} + (1 - \alpha) \cdot \frac{E_i}{D}$$

其中，I_i 代表产业 i 高雾霾污染指数；Q_i 代表产业 i 的排放强度；G_i 代表产业 i 的排放规模；E_i 代表产业 i 的污染排放量；B_i 代表产业 i 的总产值；D 代表废气污染物的排放总量；α 取值为 0.5。

本书将排名前六的产业定义为高雾霾污染产业：第一是电力、热力生产和供应业；第二是非金属矿物制品业；第三是黑色金属冶炼及压延加工业；第四是有色金属冶炼及压延加工业；第五是化学原料及化学制品制造业；第六是石油、煤炭及其他燃料加工业。高雾霾污染指数见表 3-1。

表 3-1　　　　　2009—2015 年部分行业的高雾霾污染指数

行业名称	2009 年	2011 年	2013 年	2015 年
煤炭开采和洗选业	2.32	1.13	1.29	1.12
石油和天然气开采业	1.92	1.36	1.20	1.77
黑色金属矿采选业	4.94	4.72	4.89	4.27
有色金属矿采选业	1.46	0.46	0.62	1.74
非金属矿采选业	4.37	1.84	2.17	2.12
其他采矿业	11.79	5.45	15.76	9.26
农副食品加工业	2.66	2.53	2.14	1.93
食品制造业	5.01	2.33	2.28	1.61
饮料制造业	3.49	2.53	2.10	2.04
烟草制品业	1.25	0.90	0.78	0.70
纺织业	2.80	2.38	1.55	1.32
纺织服装、鞋、帽制造业	0.18	0.54	0.02	0.06
皮革毛皮羽毛（绒）及其制品业	0.64	0.50	0.26	0.25
木材加工及木竹藤棕草制品业	4.85	5.95	3.67	6.02
家具制造业	0.51	0.75	1.27	0.44
造纸及纸制品业	10.60	20.22	7.62	6.96
印刷业和记录媒介业	1.66	1.25	0.53	0.49
文教体育用品制造业	1.24	0.36	0.12	0.12
石油、煤炭及其他燃料加工业	13.93	11.64	11.07	11.05
化学原料及化学制品制造业	15.24	12.87	12.54	13.20
医药制造业	1.88	3.47	1.44	2.51
化学纤维制造业	10.83	3.93	4.30	3.64
橡胶和塑料制品业	1.83	3.39	2.51	2.47
非金属矿物制品业	64.37	66.84	58.96	52.47
黑色金属冶炼及压延加工业	64.27	70.45	68.71	66.94
有色金属冶炼及压延加工业	17.66	17.40	17.39	18.73
金属制品业	1.92	6.28	3.30	3.33
通用设备制造业	1.34	0.68	0.52	0.73
专用设备制造业	4.21	1.91	0.66	0.34

续表

行业名称	2009 年	2011 年	2013 年	2015 年
交通运输设备制造业	4.93	2.65	2.46	2.45
电气机械及器材制造业	0.61	0.53	0.92	1.07
通信计算机及其他电子设备制造业	1.91	2.36	2.39	2.78
其他制造业	8.50	6.11	4.74	28.47
废弃资源和废旧材料回收加工业	0.47	1.18	1.30	1.52
电力、热力的生产和供应业	100.00	95.61	102.32	88.66
燃气生产和供应业	19.60	1.97	2.10	0.80
水的生产和供应业	0.00	-0.07	-0.15	1.12

3.1.2　协调发展概念

"协调"一词应用范围较广，通常在经济学领域、管理学领域、系统学领域都涉及此概念。余利平（1990）从经济学领域对协调进行定义，认为协调是使得经济要素及指标等变量，按照某种方式变化从而达到预期目标的过程[172]。经济学对于协调的定义是达到经济实现均衡状态的过程。张效莉（2007）从系统学领域出发，认为协调是一种两个及其以上系统或要素间的和谐状态[173]。韩京伟和刘凯（2014）从管理学领域对协调进行定义，认为协调是对各种要素的综合管理以实现管理目标的一种过程[174]。不同领域对于协调的界定不尽相同，但都包含着目标与过程两个要素。熊德平（2009）综合各学科对于协调的定义，认为协调是在客观规律性和系统相互原理的前提下，通过对多种方法的综合使用，利用科学的管理与组织，帮助各系统之间的关系形成理想状态，以达到整体目标的过程[175]。其中，理想状态指的是为了实现系统的目标，各系统或要素之间的相互促进协调的良性循环状态。对于发展的定义，我国学者形成了普遍的共识，发展是指系统及其组成要素从低到高、从无序到有序的演变过程[176]。

"协调"与"发展"交叉部分则是协调发展的，廖重斌（1999）认为协调发展是整体的发展，各要素之间相互协调适应的过程，不仅是单系统要素的发展，更是多系统多要素的综合发展[177]。茶洪旺（2008）认为协调发展是一个动态的概念，是非均衡发展水平下的一种最佳状态，是一种能够得到社会认同的公平发展差距[178]。胡晓鹏和李庆科（2009）从制造业的角度给出了协调发展的定义，认为产业的协调发展包含着数量和质量两个层次的协调，数量层次的协调是指供给与需求双向链接的投入产出关系，质量协调是指产业技术水平和发展能力得到最大化的提升[179]。郭晓东和李莺飞（2014）认为协调发展包括多层次的含义，一是各系统要素的协调配合，二是当某一要素对其他要素或整体系统造成不利影响时，可以及时进行调整，三是系统之间或者系统内部各要素之间实现和谐统一，各要素以协调为原则，相互配合，实现整体的优化[180]。程丽（2016）认为协调发展是追求要素和谐有序，实现相互促进、全局最优的理想状态[181]。综合上述学者的观点，协调发展是对协调的进一步延伸，系统内部单一的发展已经不能满足需求，需要多系统或多要素的相互协作配合，在良性循环基础之上实现由简单到复杂、从无序到有序的演变过程。在整个过程中，协调保障了多个系统和要素的和谐发展，发展则是系统内各要素的演化过程。在协调发展中，系统通过运动变化最终要达到的目标是发展，促进系统朝着正确方向运动的约束是协调。

3.1.3 产业与经济协调发展概念

对于产业与经济协调发展的概念，不同学者的理解也有区别。刘玥、张怡曼和聂锐（2009）认为资源产业与地方经济协调发展是指资源产业与地方经济存在共同利益驱动，高效利用经济资源和要素，打造取长补短的产业发展模式[182]。Martin（2010）指出石油产业与经济协调发展时，油气企业与政府达成共同利益、共同目标，满足资源地区在发展方面的需求，履行社会义务，驱动可持续的企业发展[183]。张梅清、周叶和周长龙（2012）基于共生理论认为，物流产业与经济协调发展是指物流产业与经济互惠互利，合作共享中实现优化和发展，实现对称性共生[184]。包剑飞和张杜鹃（2020）认为旅游产业与区域经济的协调发展是产业与经济良性互动、相互促进，旅游产业能够促进经济有质量的发展，经济发展为旅游产业的发展提供保障，二者实现良好的动态关联性[185]。梁威和刘满凤（2016）、谢国根、蒋诗泉和赵春艳（2018）认为战略新兴产业与经济的协调发展是两个系统相互影响，新兴的产业促进传统产业的升级，提高经济发展的活力；而经济的发展为新兴产业的发展提供机会，即在系统内部各个环节相互作用实现良性发展，同时系统间又能够实现多环节、多层次的相互影响[186][187]。

综合上述观点，将高雾霾污染产业与经济协调发展定义为在大气环境承载力的约束下，高雾霾污染产业系统与经济协调系统各要素、各环节之间的相互协作、相互配合，形成系统间良性循环发展，以实现产业转型升级、经济的高质量发展和大气环境质量逐步改善协调联动的目的。高雾霾污染产业清洁生产、转型升级等方面的优化促进经济的高质量发展，而经济发展方式又进一步影响产业结构，二者相互配合协调、相互发展，实现整体京津冀地区绿色低碳循环发展。

3.2
产业与经济协调发展动态监测的理论基础

3.2.1　系统论

系统论（system theory）于 20 世纪 40 年代诞生，是与控制论、信息论等理论同属于一个时期兴起的新兴科学，由理论生物学家 L. V. 贝塔朗菲（Ludwig Von Bertalanffy）创立，源自对当时生物学研究领域流行的机械论的批判，贝塔朗菲认为应把有机体作为一个整体或者系统来考察。整体观念是系统论的核心思想。贝塔朗菲指出，每个系统都是一个有机整体，系统整体功能的发挥不是靠各个部分简单相加或机械组合，而是各个部分有机组合而形成的新特质。他强调，系统中各要素不是孤立存在，每一个要素在系统中都处于特定的位置上，扮演特定的角色，要素之间通过相互关联，构成了一个不可分割的有机整体。系统论的基本设计思想就是将进行研究和处理的目标对象作为一个系统，并进一步分析这个系统的总体结构及其功能。通过研究各种系统、元素与环境之间的相互关系及更改频率，来完善和提高系统整体性。因此，从系统的角度来看，世界上的所有事物都可以视为一个系统，并且该系统是通用的。

根据系统论的基本要义，将研究对象视为一个整体性系统，从该系统的内在结构与功能出发，探索研究系统、要素与外界环境三者之间的互动关系及变化规律性。研究系统的目的就在于从优化系统各要素之间的关系入手，从而调整系统结构，促进其整体功能发挥。本书研究的高雾霾污染产业发展、经济发展和生态发展即一个整体性的系统组织，三者有机联系又相互制约，共同构成我国可持续发展系统。探索研究产业经济协调发展问题，需要从整体性、关联性、有序性、动态性等原则出发，如此才能有效促进产业经济的协调可持续发展。

系统论是研究系统的一般模式、结构和规律的学问，它研究各种系统的共同特征，用数学方法定量地描述其功能，寻求并确立适用于一切系统的原理、原则和数学模型，是具有逻辑和数学性质的一门新兴的科学。系统论的基本思想方法是把所研究和处理的对象当作一个系统，分析系统的结构和功能。研究系统、要素、环境三者的相互关系和变动规律性，并优化系统的整体功能。系统论的任务不仅在于认识系统的特点和规律，更重要的是在于利用这些特点和规律去控制、管理、改造或创造一个系统，使它的存在与发展合乎人的目的需要。也就是说，研究系统的目的在于调整系统结构，协调各要素关系，使系统达到优化目标。

根据系统论的观点，高雾霾污染产业系统与经济系统是一个动态系统，该系统在基础设施改善、环境保护日益受到重视的条件下，由粗放型发展向绿色集约型发展转变。高雾霾污染产业系统与经济系统是开放的系统，两个系统在发展过程中要充分考虑到大气环境等外部环境条件，与之相适应。同时，该系统也会能影响外部环境，系统的协调发展能够改善大气环境、节约资源等。只有高雾霾污染产业与经济协调发展才能实现整体功能大于各要素功能的总和，更好地实现地区高质量发展。

3.2.2 增长极限理论

1866年德国动物学家赫克尔（Haeckel）首次定义了生态学，认为生态学是"研究动物与其有机及无机环境之间相互关系的科学"，由此揭开了生态学发展的序幕。近年来，随着人口的快速增长，人类对环境的破坏以及对资源的过度利用，使得生态学在研究内容上越来越关注人与生态的和谐发展，并运用生态学知识调整各种有关人与自然、环境及资源的关系，协调生态环境与经济社会的发展，从而促进整个人类的可持续发展。在生态学体系中，增长极限理论是与京津冀高雾霾污染产业和地方经济协调发展密切相关的理论。

1972年美国经济学家梅多斯在其《增长的极限》一书中提出增长极限理论，书的引言中介绍，通过运用计算机等手段模拟了全球的发展趋势，结果表明，世界工业、粮食、污染、人口及资源消耗如果继续按照现有的方式发展，那么最多在 103 年内经济增长则会达到极限，之后经济增长就会面临可怕的衰退，甚至崩溃。但是如果能够建立起一种正确的发展思路和模式，保持生态健康和经济稳定，那么发展的极限将永远都不会到来。增长极限理论指出了现今发展中存在的问题，即以过度的资源消耗和严重污染生态环境的方式追求经济的高速增长，必然会在某一时刻达到极限，随之下滑。随后，这一理论也指出了发展的出路，要保持生态和经济的稳定可持续，一个关键点就是协调。这里的协调有多重含义，其中主要指经济增长与生态环境相协调，经济增长与污染产业发展相协调，社会发展与人口增长相协调等。总而言之，整个人类社会都处于一种协调的状态。

高雾霾污染产业发展、经济发展和生态发展，是整个人类社会发展的三个核心领域，保持三者的协调发展尤为关键。生态环境作为产业活动的基础，一方面它为产业经济提供生产要素资源，另一方面，吸纳、降解生产活动所排放的污染物，因此，生态环境是产业经济发展所必须的要素禀赋，是经济社会协调、可持续发展的前提与保障，其优劣往往决定了产业经济的发展方向和发展动能。而高雾霾污染产业产业、区域经济的发展又会促进生态文明建设，有利于加强和改善环境保护。但值得注意的是，生态环境对产业经济承载力是有限的，经济发展具有一定的外部性，这些外部性将直接作用于产业发展，比如经济发展片面追求 GDP，会引起产业结构不合理；与此同时，如果高雾霾污染产业发展只注重经济效益，忽略环境污染，势必会影响经济发展质量，甚至造成生态环境不可逆转的恶化。因而，增长极限理论为高雾霾污染产业与地方经济协调发展奠定了坚实的理论基础。

3.2.3　可持续发展理论

可持续发展（sustainable development）理论是 20 世纪 80 年代末、90 年代初伴随着国际上经济高速增长而经济发展环境恶化、社会矛盾突出的现象形成的一种新兴的发展理论。目前，对可持续发展没有统一认可的定义，在联合国世界与环境发展委员会发表的报告——《我们共同的未来》中，给出了最为广泛认可的定义：可持续发展是既满足当代需要，又不对后代满足其需要构成威胁的发展。在这一定义中，包含了两个重要的理念，一是需求，尤其是世界上穷人的基本需求，应该被优先考虑；二是技术和社会组织为保证当前和未来的需求，应对一些领域进行限制。可持续发展基于正确解决代内公平和代际公平问题，寻求经济、社会和环境的协调发展，在此过程中，生态环境得到改善，人的全面发展得到实现。这意味着经济发展对生态环境的影响必须降到最低点。可持续发展是一个动态的过程，在此过程中协调和促进各种产业、经济、资源和环境因素是实施可持续发展战略的关键。

产业和经济相互协调发展这一概念的提出与实现可持续发展之间有着紧密的联系。从内容上来讲，产业与经济协调发展强调产业系统与经济系统的协调，而产业系统与经济系统又是整个世界大系统中的子系统，从这一点上来看，产业与经济相互协调发展被认为是其可持续发展的重要组成部分；从发展的基本原则上来讲，产业与经济协调就是要求产业发展与经济发展协调同步，产业发展不能剥夺或压抑经济发展，也就是说，在发展产业过程中，应该遵循可持续发展的公平原则，在保证代内公平的同时还需要保证代际公平，可见，产业与经济协调发展是可持续发展的应有之义，他们遵守共同的发展原则；从发展的最终目标上讲，产业与经济协调发展是为了实现经济的高质量发展，满足广大人民对于美好生活品质和服务的迫切需求，而可持续发展也是追求人类社会的秩序、福利和永恒，二者在终极目标上，也是具有天然的一致性。可持续发展将为分析高雾霾污染产业与地方经济协调发展提供坚实的理论基础。

高雾霾污染产业与经济协调发展以可持续发展为基础，不仅强调高雾霾污染产业与经济发展的协调，更加强调的是高雾霾污染产业与环境之间的协调，力求在环保护境的基础上发展经济，从而实现产业、经济和环境三者之间的协调。高雾霾污染产业与经济协调发展政策是在可持续发展理论指导下，制定绿色发展政策，保障高雾霾污染产业可以绿色循环发展，提高经济发展质量，改善当代人的生活水平，同时又不损害后代人的利益。

3.2.4 耦合协调理论

耦合协调理论由"耦合"和"协调"两个独立的部分组成，它们是可持续发展理论的一部分，是对可持续发展理论的完善。从协同学的角度看，相互耦合作用及其协调发展程度决定了该系统在达到临界范围时走向何种情况和结构，即决定了系统由无序走向有序的趋势。系统从无序到有序过渡机制的关键在于系统内有序参数之间的协同效应，这影响了系统相变的特性和规律。耦合协调是指在许多因素的共同作用下，由各种因素形成的从无序到低水平再到高水平动态平衡的过程，以达到预期的目的，在这个过程中，具有指导性的科学思想。耦合协调是一种不断调整的动态平衡，即便在某个时刻各个要素都产生了向目标靠近的正面作用，但这并不总是最佳的调整状态。耦合作用不限于各种因素的独立作用，更多的是每个元素的叠加，其效应大于任何一个独立作用的效果之和。在耦合过程中，各个元素之间是否存在协调主要取决于每个元素的连接效果是否为正，只有耦合作用为正，才能确定它们之间是否存在协调。

耦合协调理论的最根本问题就是协调系统的效益问题。效益同人类的活动密切关联，是指某种活动或通过某种活动给人类带来的后果。协调发展由多个再生产系统组成，各系统的后果也存在多样性，但就人类的全面发展而言，可以主要从经济效益、产业效益和环境效益三个方面进行衡量，三者之间是既对立又统一的关系，那么协调发展最终要实现的就是经济效益、产业效益和环境效益三者同步提高和发展。这就要求在再生产过程中，不能只考虑单纯的经济效益、产业效益或环境效益的提高，必须要综合权衡三者效益的实现和同步提高，实现协调系统的效益提高，最终实现协调发展。

3.2.5　环境承载力理论

承载力、土地承载力、环境容量概念是生态学中的基本概念，三者相互交叉融合形成环境承载力[188]。1974 年 Bishop 在 *Carrying Capacity in Regional Environmental Management* 一书中首次提及环境承载力的概念，在能够达到基本生活水平的情况下，能够承载人类各项生产生活的最大程度[189]。Bishop 仅仅是提出了环境承载力的概念，真正建立一套环境承载力理论则是在 20 世纪 90 年代，在《福建省湄洲湾开发区环境规划综合研究总报告》中，指出某一时期、状态或条件下，在维持人与自然环境之间协调发展的前提下，某地区的环境所能承受的人类活动作用的阈值[190]。其中，大气环境承载力是在一定标准和单位容积下大气能够容纳并消解污染的最大量[191]。环境承载力表示经济与环境系统协调度，是客观的、区域的、可动态调节的。客观性是指其是可以利用数据等进行具体计算和量化的。而衡量的方法也是有所变化的，会随着时间、空间等外部环境的变化而变化，充分体现了区域性和动态性，人们以特定的方式来控制环境承载力。评价指标设置一是直接评价，即多种系统之间交互作用形成多要素的评价指标；二是间接评价，即对承载要素进行评价来反推承载力大小[192]。

京津冀地区作为高雾霾污染产业的集聚区，特别是天津市和河北省，经济的快速发展加重了对资源的消耗和大气环境的负担，对高雾霾污染产业不加以控制，长此以往会导致生态环境和经济社会的失控，制约社会的发展。因此，高雾霾污染产业和经济的发展是建立在区域大气环境承载力基础之上的，以可持续发展的增长方式避免产业无节制的发展，在大气环境相协调的产业结构和功能之下，环境承载力也得到保护和巩固。环境承载理论愈发与国家政策相结合，成为区域发展及生态文明建设的评价方法和预警手段，能够帮助政府在制定相关政策时充分考虑大气环境承载力，实现环境效率最大。

3.2.6 绿色经济理论

1962 年各国开始反思由于过度发展工业造成的环境破坏问题，1989年 Pearce、Markandya 和 Barbier 在《绿色经济蓝图》中提出了"绿色经济"的概念，但仅对绿色经济作出模糊性阐述[193]。2007 年联合国环境规划署（UNEP）首次对"绿色经济"进行定义，绿色经济是重视人与自然、能创造体面高薪工作的经济[194]。同时，联合国又提出了"褐色经济"的概念，即"资源不可持续利用带来高度气候变化风险的经济"[195]。这一时期绿色经济理论主要是利用绿色发展的构想去转变生产到消费的全过程[196]。2010 年 UNEP 再次对"绿色经济"进行定义，能显著降低环境风险和改善生态环境的经济[197]。目前的绿色经济理论完善了自然和社会资本的生产函数，将投资从传统工业以消耗为主的资本转向以维护和扩展为主的资本中[198]。绿色经济理论主要包括效率、规模和公平三个维度的内容。绿色经济中以效率导向为主导，在效率导向下，通过引导资本由资源利用效率低、污染排放大的企业向资源利用效率高、污染排放小的企业转变，提高效率来解决发展问题。在这一维度下，绿色经济主要是研究市场外部成本内部化、经济核算方式、经济结构的调整三个方面。在规模维度，主要研究生态空间的极限、自然生态的保护政策、控制生产消费，建立降低资源消耗、污染排放的绿色发展文化。在公平维度，主要是研究社会公平能够减轻生态系统的压力，有效地实现可持续发展。

依据绿色经济理论，应转变粗放型的产业发展模式，实现绿色经济的发展。在绿色经济理论的效率维度下，提升高雾霾污染产业效率，利用经济的绿色化来解决传统产业对大气环境破坏的问题，关注产业结构的调整升级，充分利用资本的流动效应，降低产业利用不可再生资源的强度，制定经济增长和环境保护相互影响的政策。即制定提高经济发展的效率、激励高效的利用资源、使污染者付出高昂代价的复合政策。在规模维度下，利用规模限制迫使产业朝着更加绿色的方向发展，避免过度消费能源突破环境边界，以及过度污染排放突破环境承载力，制定相对严格的政策，如对污染排放进行监管、征税、处罚的方式来实现绿色发展。在公平维度上，主要是引导对大气污染严重地区的加强资金支持，以推动高雾霾污染产业的转型升级，促使大气污染严重地区经济朝着向绿色化方向发展。

3.3
政策供需理论

在微观经济学角度，社会公众对公共政策消费不会影响其他人的利益，同时又产生公共政策的效应，公共政策具有符合公共物品的非竞争性和非排他性的基本属性。公共政策作为一种公共物品，社会公众都可以进行消费。公共物品又具有稀缺性，即相对于需求来讲，供给是有限的，政策供给不可能满足所有的公共需求，在生产和提供公共政策制定时考虑到制定成本和社会收益，使得社会收益呈现出最大化。公共政策的制定符合微观经济领域对于供求基本原理的界定，政策供需平衡主要是从均衡的角度来研究政策的供给。

公共政策供需平衡是指在影响政策供需因素不变的情况下，供给能够满足政策的相关需求，政策制定者与需求者均不想改变现有的政策，此时的政策供给与需求为完全匹配，实现帕累托最优。但是在实际过程中，政策供求往往处于不平衡的状态，主要包括缺乏供给和供给过量两种情况。

供给不足主要是从需求产生到政策实际供给存在时间上的滞后性，另外，政府具有单一性，制定政策视角相对狭窄，又受到既得利益和惯性的影响，造成政策供给不足。政策供给过剩则是政策过细过多，或者是没有效用的政策过多而导致其超出需求量。近年来京津冀地区颁发了一系列高雾霾污染产业政策，但是在实际执行的过程中会存在公共政策供给与需求不匹配的问题。本书依据供给需求理论，对京津冀地区高雾霾污染产业与经济协调发展政策需求进行调查，梳理近年来高雾霾污染产业与经济协调发展政策的供给情况，分析京津冀相关政策的供需情况，对相关政策进行优化。

| 第 4 章 |

京津冀地区高雾霾污染产业空间分布特征分析

　　空间分布是指对象在特定地理区域中的空间排列，通常用于地理和生命科学研究中。在区域经济发展过程中，不同的产业由于发展条件的不同而形成各自的分布格局，不同的区域由于产业结构的不同而具有不同的空间分布格局，从而形成了产业的空间分布。产业空间分布特点主要包括产业空间分布的类型、空间相关度、地理集中度、均衡度、行业集中度、专业化程度、产业密度等，可以对某一种或多个产业在空间上的分布情况进行具体的分析。本书将利用空间六分位图、区位熵与基尼系数等方法来分析高雾霾污染产业的时空分布状况、均衡程度、专业化程度等空间分布特征，从而对高雾霾污染产业的空间分布情况有一个较为全面的认识。

4.1
高雾霾污染产业的时空分布状况

　　空间分位图可以将各空间单元的相应指标观测值按数值大小进行分级，来体现所考察指标的空间分布状况。该分析方法可以通过 GeoDa 软件实现，该软件在对数据进行分类时，力求能够达到实现组内差异最小、组间差异最大的目标，分类临界值通常建立在对数据具有较大跳跃性的节点上。为了详细描述高雾霾污染产业的整体空间分布状况及其变化，本书对京津冀高雾霾污染产业的销售产值①进行分级，绘制出 2000 年、2005 年、2010 年、2015 年和 2017 年高雾霾污染产业在各个地区的区域变化图，并通过对比这五幅图分析高雾霾污染产业在区域层面的转移情况。如果某一地区的高雾霾污染产业销售产值较大，则说明该地区高雾霾污染产业的企业数量较多，视为高雾霾污染产业密集分布区。

4.1.1 高雾霾污染产业整体时空分布状况

图 4 - 1 显示了京津冀高雾霾污染产业销售产值空间分位图。

在图 4 - 1 中，2000 年第一分位图为北京和秦皇岛，联系实际分析认为：（1）2000 年，北京重工业以电力、化工和冶金为主，并主要集中在石景山地区和东南郊化工区，工业体系在投入大量资金来治理环境污染的基础上，利用先进的高新技术改造和升华传统产业，工业经济实现了快速健康的发展，综合实力显著增强；（2）秦皇岛 2000 年通过了加快中小微型企业兼并改革重组和对新型企业技术改造项目的投入等一系列优惠政策措施，纺织、建筑材料等行业再次焕发出新的生机，全年规模以上的重工业总增加值同比增长 18.3%，主要工业产品如化肥、机制纸及印刷物、铝材、水泥、平板玻璃等产量均一直保持较大幅度的快速增长。2005 年与 2000 年相比，高雾霾污染产业开始向中部地区和冀南地区集中，同时东部沿海地区的集聚程度依然很高，其中，天津的聚集程度明显提高，秦皇岛降幅显著。分析认为可能是由于 2004 年党的十六大提出"可持续发展战略"的指导思想，秦皇岛市面临着推进工业结构战略性调整的压力。同时，由于企业规模小、支柱产业不突出、产业科技层次水平低等原因导致 2005 年秦皇岛工业企业效益有所下降。

而 2010—2017 年的高雾霾污染产业分布态势稳定，天津和唐山稳居第一梯度，北京降至第二梯度。分析认为，天津 2005—2017 年污染产业集中度始终处于第一位，这与其拥有的制造业基础有关，同时，天津的八

---

① 高雾霾污染产业销售产值数据来源：2001—2018 年的《北京统计年鉴》《天津统计年鉴》《河北经济统计年鉴》以及河北省 11 个地级市的统计年鉴。

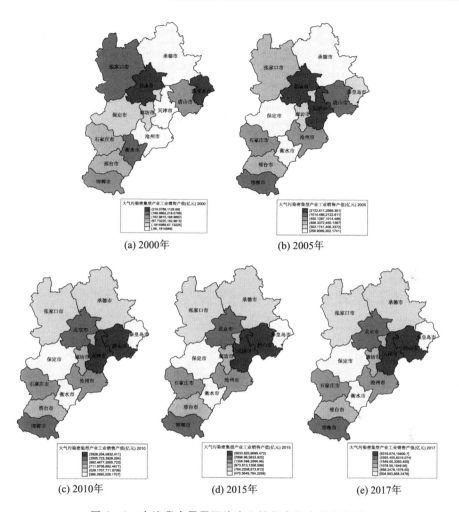

(a) 2000年　　　　　　　(b) 2005年

(c) 2010年　　　　(d) 2015年　　　　(e) 2017年

图 4 - 1　京津冀高雾霾污染产业销售产值空间分位图

大支柱产业中有三个属于高雾霾污染产业，这也使得其相对集中水平较高。唐山 2010 年积极有效地适应国际金融危机后复杂多变的社会经济环境和形势变化，整体经济进一步实现了由快速的回升逐渐转型到正常健康发展的平稳转型过渡，工业结构优化调整的步伐加快，在规模以上工业增加值中，钢铁、建材、能源、化工、炼焦、电力六大主要高能耗装备制造行业共计完成增加值 1378.32 亿元，同比上年增长 8.7%。而北京高雾霾污染产业聚集度降至第二梯度，这与 2008 年奥运会前北京污染产业外迁以及近年非首都功能疏解是分不开的。总体而言，京津冀高雾霾污染产业呈聚集趋势，在京、津、石（家庄）、邯（郸）及沿着中国经济轴线的一些地区进行了集聚，并且整体向东部沿海和南部内陆的地区发生变化。保定、廊坊、张家口等地环绕京津周围，高雾霾污染产业发展水平相对较弱，与京津等核心地区产业关联不足；河北南部的衡水和邢台自身高雾霾污染产业水平较低，且相距核心地区较远，难以得到资金和技术的支持；同属冀南的石家庄作为河北省会，吸引周边地区人才、资本等要素资源向自身流动形成极化效应。上述地区构成冀南边缘区，区域整体发展滞后。京津冀区域核心城市高雾霾污染工业产业发达，而由于腹地经济发展落后，必须要认真正视与各地之间的发展水平差距，强调推动产业的错位和共享，打造一个优势的、相辅并存的一体化产业链，进而减少与各个地区之间的差距，实现产业链的协同发展。

4.1.2 按行业分的高雾霾污染产业时空分布状况

（1）化学原料及化学制品制造业的时空分布状况

由图 4-2 可知，2000 年京津冀化学原料及化学制品制造业整体发展水平不高，第一分位为保定和秦皇岛；2005 年该产业的销售产值显著提高，主要集中于天津和石家庄两地，并一直保持至 2017 年。

以下分别从保定、秦皇岛、天津和石家庄四地实际情况进行分析：

①2000 年。保定工业企业改革进一步深入，经济运行质量提高，完成了保定天鹅化纤集团有限公司和河北宝硕集团有限公司的增资配股工作，且当时优势产业主要包括化学原材料及其他化学制品生产行业和非金属性矿物制品行业。但是在"十五"期间，资本科技人才综合能力相对较好、经济效益水平相对较高的交通运输设备制造业和有色金属冶炼压延及加工业发展迅速，化学原料产业经济地位下滑严重。秦皇岛部分重工业企业生产的快速发展得益于国家一系列宏观调控政策的落实，主要的工业产品产量如配混合饲料、化肥等产量均保持快速增长。到了 2005 年，秦皇岛市第二产业中初加工、低附加值的原材料制造工业已经占据了主导地位，玻璃、水泥、造纸、化肥等这些生命周期长线产品和高耗能、高污染的产品随着科学技术的进步而逐渐面临淘汰，因此其产业聚集度有所下降。

②2005—2017 年。尽管"九五"时期天津产业结构调整取得较大进展，但是工业经济整体发展仍然较为缓慢。经过"九五"期间的开发与建设，天津"六个化工基地"基本形成；"十一五"期间在临港工业区至

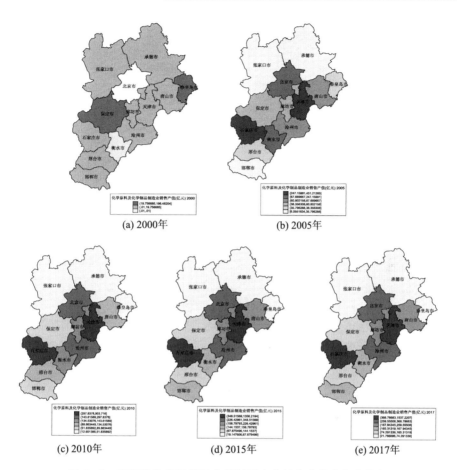

图 4 - 2　京津冀化学原料及化学制品产业销售产值空间分位图

大港区沿海岸线形成了布局合理、上下游紧密关联、公共设施充分利用、科学技术一流、经济效益良好、产业带动性强的化工产业带，为化学工业发展打下了坚实的基础。石家庄市工业产销衔接良好，经济效益稳步增长。"药都"建设取得新成绩，成为国家 3 个生物产业基地之一，全市医药产业总产值实现了 156. 68 亿元，占到了全市工业总产值的 7. 8%，其经济地位毋庸置疑。高度的产业关联性意味着以制药业为主导的化学工业已实现规模经济效益，并已成为石家庄的主要业务，提高了石家庄化学原料及化学制品制造业的相对集中度。

（2）有色金属冶炼及压延加工业的时空分布状况

由图 4 - 3 可知，2000 年第一分位为保定和秦皇岛；2005 年有色金属冶炼及压延加工业空间分布变化明显，主要集聚于保定和天津，并延续至 2017 年。

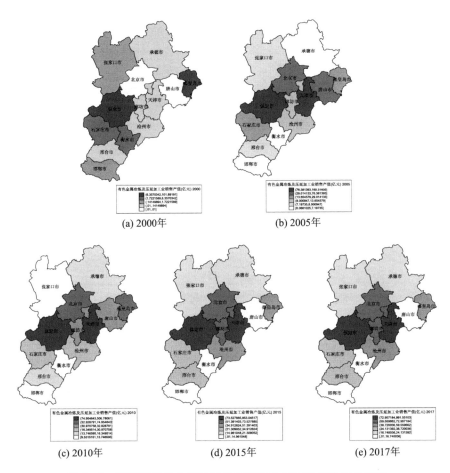

图4-3　京津冀有色金属冶炼及压延产业销售产值空间分位图

以下联系保定、秦皇岛、天津三地实际情况进行分析：

①2000年。保定具备两大优势，首先，矿物质资源丰富。西部地区拥有50多种主要的金属和非金属矿产资源，如铜、铅、锌、花岗岩、石灰石等，发展的潜在价值是巨大的。其次，地理位置优越，市场广阔。京广铁路和京深高速公路横贯南北，而神黄铁路和金宝高速公路横贯东西。随着建设"大北京经济圈"战略构想的提出，拥有了4000多万人口的多层次、大容量消费市场。其中，有色金属冶炼及压延加工业在全省市场占有率高达47%，而且研发创新活动排在上游水平，发展优势明显。"九五"后期，有色金属市场价格全面回升，秦皇岛有色金属工业在产量持续增长的情况下，经营环境出现好转，10种常用有色金属产量在1999年

4.71万吨的基础上进一步上升，预计将达到10万吨以上，秦皇岛常用有色金属产业在国际市场上的地位进一步提高。但是到了2005年，秦皇岛产业结构失衡，重要的生产原材料无法满足需求，价格大幅飙升。铝加工和铜产业的产品行业结构聚焦程度降低，产品价格结构不合理；电解铝加铜的产品价格太贵，使得许多加铜化工厂的整体经营困难；屡屡出现生产铅锌和铝的冶炼加工企业污染环境及安全事故等，一系列问题导致秦皇岛有色金属冶炼产业集中度降低。

②2005—2017年。在"十五"期间，天津对有色金属工业加大结构调整力度，有取有舍、培育特色，发挥存量优势、争取增量发展，形成以铝型材、铜冶炼、铜管棒型线为龙头的三大企业群体，开发具有自主特征的高品质产品和技术含量高、附加值高的适销对路产品，限制一般加工材料的生产，淘汰陈旧产品，不断提高经济活动质量，实现经济可行性，以崭新的姿态跨入21世纪。

（3）电力、热力的生产及供应业的时空分布状况

由图4-4可知，2000年第一分位为张家口和唐山；到2005年，电力热力产业空间分布变化明显，张家口和唐山聚集度降低，产业整体向内陆沿海区域转移，主要集中于北京和天津，一直维持至2017年。

以下联系张家口、唐山、北京、天津实际情况进行分析：

①2000年。基础工业制约国民经济发展的矛盾得到有效缓解，冀蔚矿区崔家寨矿井、宣东二号井建设基本竣工，对现有矿井进行了治理整顿，取得了积极进展。沙洲电厂二期扩建基本完工，已有7台30万千瓦机组并网发电，张家口发电总厂总装机容量达到250万千瓦。而唐山拥有当时全国一流火力发电厂——陡河发电厂，因此在2000年时，电力热力产业主要集中于张家口和唐山两地。

②2005年。电力行业在"十五"规划时对张家口的宏观经济发展趋势提供了不准确的评估，缓慢的电力预测延迟了对电力建设的需求，导致电力供给量不足，供需不平衡拉紧了电力、热力供应这根工业发展的生命线。虽然唐山2005年基本改变了连续10多年缺电的局面，电力供给基本满足了唐山经济的发展及人民生活的需要，但是唐山电力产业内部的结构性矛盾凸显。例如，由于我国电网的建设要求远远落后于传统的电源系统，而且由于电网结构薄弱，在某些地区优化和分配电力资源仍然存在瓶颈；电网的调峰能力普遍较低，唐山的能源开发和电气化水平仍然较差；

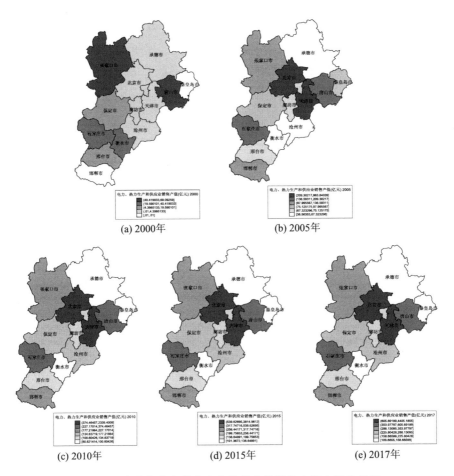

图 4 - 4   京津冀电力热力生产及供应业销售产值空间分位图

再加上火电厂大气污染物的排放量尚未完全得到有效的控制，这已经成为唐山当年推进电力产业实行可持续发展策略的一个重要制约性因素。因此，2005 年张家口和唐山的电力热力产业集中度均出现下降态势。

③2010—2017 年。随着 "9950" 工程及 "西电东送" 工程的实施，北京电网的供应能力有了较大提高。在 "十一五" 规划中，北京电网的设备和网络结构也得到了很大改善，供电能力得到了进一步提高。此外，已经彻底调查了对北京电网安全的潜在威胁，并消除了停电和 "三线连接" 的风险，改善了北京电网的外部运行环境。在天津第十个 "五年计划" 期间，沿海地区尤其是滨海地区采用国内先进技术，利用海水资源来建造大型超临界发电装置，从而形成电力生产和海水淡化的产业链，实

现电力工业生产循环经济模式。并建立了以热电联产、综合供热锅炉为基础和主体，集中供热、加热锅炉作为调峰、补给，充分利用地热、天然气等清洁可再生能源的新型城市供热系统。因此，在 2005 年以后，该产业主要聚集于北京和天津。

（4）石油加工及炼焦加工业的时空分布状况

由图 4 - 5 可知，2000 年石油加工业整体发展缓慢，保定和秦皇岛的石油产业销售产值相对较高，因此处于第一分位。2005 年，该产业销售产值提高的同时，出现向中部及东南沿海地区转移的迹象，北京和天津跃居第一分位，并延续至 2010 年。以下联系各地实际情况进行分析。

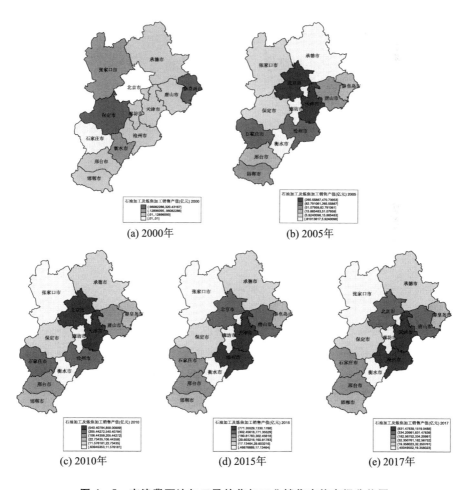

图 4 - 5　京津冀石油加工及炼焦加工业销售产值空间分位图

①2000 年。"九五"期间，北京主导产业发生变化，石油和其他炼焦产品加工及其行业主导地位大幅下降，一批不符合北京首都计划经济和国民社会建设发展实际需求的重量级产业产值的增长速度逐年明显趋缓，其产值占行业比重也逐年呈持续下降趋势，其中，石油炼焦加工及其他炼焦产品加工业总产值每年占工业综合总产值的比重由 1995 年的 9% 逐年下降到 1999 年的 6.7%。从 2002 年下半年 1 月开始，我国国民经济正式启动了新一轮以适应我国石油重化工业快速发展趋势为主要驱动特点的经济快速增长模式，北京市重工业的年均增长速度已经远远超过了全国轻工业的年均增速 3.3 个百分点，其中，增长最快的行业是石油炼焦加工业，增速为 34.5%。

②2010—2017 年。"十五"期间，天津石油和重化工业的发展进程速度明显加快，石化工业产值规模占全市石油总产值的比重已经提升 24 个百分点，随着百万吨乙烯炼油和千万吨石油炼制项目建设的顺利展开，这一比重将逐渐增大。但是，2015—2017 年北京集中度下降，沧州跃居第一分位。分析认为主要是因为当前我国对于炼油行业的中长期发展战略有所规划，提倡逐渐引导资源类产业向资源型城市迁移，并将其布局到市场需求量较大且有益于从中国进口原材料的沿海地区。而沧州的石油和化学工业则是发展历史悠久，经过多年的探索和发展已经建立起来，并且形成了一个包括石油化工、煤气化工和精细石油化工等在内的完善的生产制造体系，石化行业的发展总体上呈现出链条化、基地式的发展趋势，并成为当时沧州工业和经济最重要的支撑。

（5）非金属矿物制品业的时空分布状况

由图 4-6 可知，2000 年京津冀非金属矿物制品业发展缓慢，第一分位图为唐山和衡水。2005 年非金属矿物制品业空间分布变化明显，主要聚集在北京和石家庄及其以南地区，尤其北京销售产值增速最为显著，此态势延续至 2017 年。

以下分别联系唐山、衡水、北京和石家庄四地实际情况进行分析：

①2000 年。20 世纪 90 年代后期以来，随着新型干法制造技术的突破和国家新兴产业政策的激励，唐山水泥企业在全行业内的生产聚集程度和市场聚集程度均呈现不断上升的趋势，2000 年上半年水泥工业的总体生产集中率和市场集中率分别达到 11.61% 和 15.78%。但是 2005 年以来，在国家宏观调控的影响下，整个水泥行业经历了巨大的波折。唐山水泥产

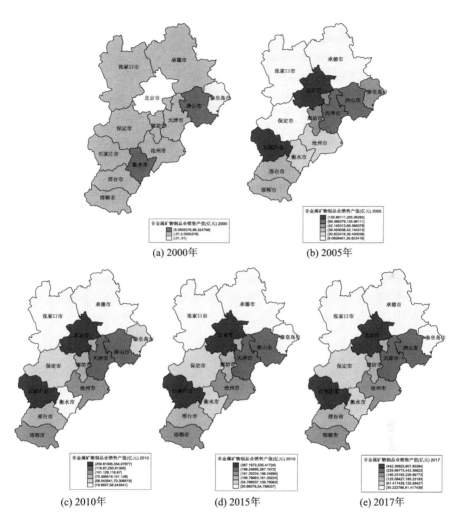

图 4 - 6　京津冀非金属矿物制品业销售产值空间分位图

业集中度下降，全行业约有企业 500 多家，平均规模远低于全国水平。衡水玻璃钢产品在全国市场占有率较高，截至 2000 年 6 月，共有现代化的玻璃钢生产企业 617 家，其中，玻璃钢制品企业主要遍及枣强、冀州、故城等地区。但是到了 2005 年，行业供需关系保持偏紧态势，考虑到环保升级、监管加严，衡水玻璃行业集中度持续下降。

②2005—2017 年。"十五"时期开始，依赖政策支持，行业资源得到优化，同时，在 2008 年北京奥运会之前，国内大玻璃企业纷纷在北京建立自己的加工厂：上海耀皮玻璃集团股份有限公司通过成功兼并北京泛华

玻璃有限公司达到"着陆"北京的目地；洛阳北方玻璃技术股份有限公司2001年在北京成功拥有5条玻璃生产线；北京玉华林玻璃城有限公司、北京华光玻璃有限公司等也纷纷购置钢化玻璃生产设备。众多玻璃企业在北京迅速扎根，提高了北京非金属矿物制品业的集中度。另外，2005年北京金隅集团有限责任公司通过股权结构调整、能源资产重组、业务资源整合等多种投资方式，设立了金隅集团冀东水泥股份有限公司和北京金隅冀东混凝土集团。2007年在中国河北大厂县以相对较低的征地成本标准陆续征地千余亩，建成了大厂金隅现代工业园。2011年，北京金隅集团有限责任公司重组河北太行水泥股份有限公司，产能规模迅速提升，解决了石家庄"九五"时期水泥产业单位产值能耗较大、体制不顺、投入不足和功能不强等问题。以北京的玻璃厂和水泥厂作为企业标杆，金隅集团公司水泥厂转型升级正在迅猛展开，进一步提升了北京和石家庄非金属矿物制品行业的聚集程度。

（6）黑色金属冶炼及压延加工业的时空分布状况

由图4-7可知，2000年第一分位图为张家口和邯郸；2005年黑色金属冶炼及压延加工业空间分布变化明显，由张家口和邯郸向天津和唐山转移并形成产业聚集，且此分布态势一直维持至2017年。

以下分别联系张家口、邯郸、天津和唐山四个地方实际情况进行分析：

①2000年。邯钢冷轧薄板、邯印仿真印染等10个工程被纳入了国家财政债券技改贴息及"双高一优"工程建设项目。但在2005年，邯郸市的钢铁供求关系呈现出总体过剩与结构失衡的明显态势，再加上邯郸市中小型钢铁公司的发展步伐相对缓慢，行业内的兼并或者重组未能取得实质性的进展，邯郸市钢铁行业的集中率也趋于减弱。张家口2000年结构调整积极推进，机械制造、冶金矿山和化工医药行业对全市工业经济的带动作用增强。同时，以著名品牌为中心的销售战略已为许多旗舰产品取得显著成果并增加了市场份额，例如，"宜工"牌工程机械、工业链条、生铁、钢及钢材、铁合金、电石、工业锅炉等名牌产品产量居全省前列，并在国内外市场具有较强的综合竞争力。但是"十五"时期以来，在《钢铁产业发展政策》的巨大压力下，张家口紧急推进和淘汰落后产能，制定了钢铁总体能耗标准，督促其节能减排。许多中小微企业还处于命悬第二线，不得不在今后几十年内面临着停业、转产或者兼并等威胁。

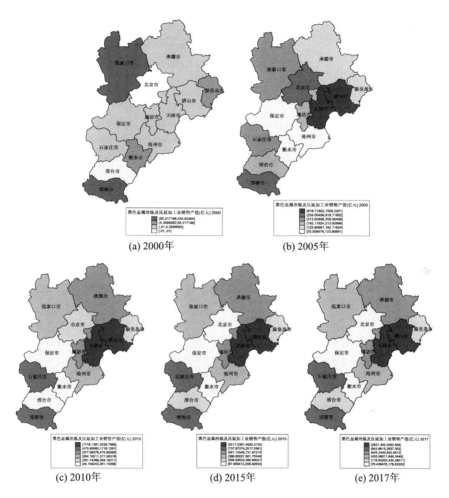

(a) 2000年　　　　　　(b) 2005年

(c) 2010年　　　　(d) 2015年　　　　(e) 2017年

图 4 - 7　京津冀黑色金属冶炼及压延加工业销售产值空间分位图

②2005—2017 年。河北省推动钢铁工业发展的重要任务就是加强对产业布局及产品结构的调整，新增制造业生产能力向沿海地区集中，依托曹妃甸大型煤炭矿石综合码头，建设大规模的钢铁联合企业，把唐山打造为中国最大的钢铁生产基地。并通过对市场及其他产业政策的调节，使得社会生产资源逐步为优势产业服务，其所在区域内的主导产业科学技术水平及生产能力也得到了进一步的提高。2003 年，天津实施钢铁工业结构调整易地改造工程，建设工程项目在烧结、炼铁、冶金、连铸等技术方面引进了当时国内外先进的技术和生产设备，彻底解决了天津市内炼钢系统延续多年的落后的化铁炼钢工艺，为天津市钢铁工业向高科技、高附加值

发展奠定了基础。2005 年适应市场需求的工业产品产量快速增长，并且拥有"达亿钢铁""荣程联合钢铁""新利钢铁"等年产超过 50 亿元的大企业集团，以及一大批企业数量和从业人员众多、分布范围广泛的中小企业。

空间六分位图初步展示了京津冀高雾霾污染产业的时空分布状况，然而，其只是对数据进行简单的归纳处理，并没有充分揭示京津冀城市群高雾霾污染物与产业之间存在的时空关联特征，因此无法透露出其时空分布相似度差异的原因和内在机制。基于此，下文将运用基尼系数和区位熵等方法进一步分析。

4.2
高雾霾污染产业的空间均衡性分析

"空间均衡"既是指在产业发展过程中对各种生产要素的空间配置模式的需求，又代表了一种同国家或地区自然资源和环境禀赋相适应且协调的、符合可持续发展需要的区域性生产能力布局。基尼系数法是一种被广泛应用于描述各个空间因子之间分布差异的重要技术方法，用于将研究物体和地点之间的区域性分布和差异进行对比，从而寻找出它们之间的区域性分布和变化规律。其综合计算公式为 $G = \sum_{i}^{N} (S_i - x_i)^2$。其中，$G$ 为空间基尼系数；S_i 为地区 i 的高雾霾污染产业的相关指标占京津冀的比重；x_i 为地区 i 的相关指标占京津冀的比重；N 为京津冀地区的企业数量[①]。G 的值在 0 和 1 之间，若 G 的平均值越是接近于 0，则该产业分布就越均衡；若 G 的平均值越接近于 1，则不均衡性越大，即产业集聚程度越强。具体计算结果如表 4-1 至表 4-7 所示。

---

① 高雾霾污染产业销售产值与企业个数的数据来源：2001—2018 年的《中国工业统计年鉴》《北京统计年鉴》《天津统计年鉴》《河北经济统计年鉴》及河北省 11 个地级市的统计年鉴。

表 4 - 1　　　2000—2017 年京津冀高雾霾污染产业基尼系数表

年份	高雾霾污染产业销售产值 Gini	年份	高雾霾污染产业销售产值 Gini
2000	0.60280	2009	0.46503
2001	0.48500	2010	0.46946
2002	0.41693	2011	0.47316
2003	0.41383	2012	0.47625
2004	0.42334	2013	0.47887
2005	0.43572	2014	0.48112
2006	0.44503	2015	0.48309
2007	0.45328	2016	0.48486
2008	0.45976	2017	0.48642

表 4 - 2　　　2000—2017 年化学原料及化学制品制造业基尼系数表

年份	化学产业销售产值 Gini	年份	化学产业销售产值 Gini
2000	0.78699	2009	0.54280
2001	0.69743	2010	0.54662
2002	0.58202	2011	0.55041
2003	0.53399	2012	0.55373
2004	0.52399	2013	0.55658
2005	0.52185	2014	0.55906
2006	0.52773	2015	0.56123
2007	0.53332	2016	0.56314
2008	0.53857	2017	0.56485

表 4 - 3　　　2000—2017 年有色金属冶炼及压延加工业基尼系数

年份	有色金属销售产值 Gini	年份	有色金属销售产值 Gini
2000	0.77249	2009	0.64130
2001	0.72444	2010	0.65133
2002	0.67741	2011	0.66380
2003	0.57645	2012	0.67610
2004	0.53401	2013	0.68923
2005	0.56834	2014	0.70261
2006	0.59466	2015	0.71195
2007	0.61416	2016	0.71486
2008	0.62926	2017	0.71740

表 4 - 4　　　2000—2017 年电力、热力生产和供应业基尼系数表

年份	电力热力销售产值 Gini	年份	电力热力销售产值 Gini
2000	0.49464	2009	0.55065
2001	0.38882	2010	0.55991
2002	0.35211	2011	0.56738
2003	0.35848	2012	0.57359
2004	0.43387	2013	0.57891
2005	0.47669	2014	0.58344
2006	0.50397	2015	0.58734
2007	0.52395	2016	0.59073
2008	0.53903	2017	0.59371

表 4 - 5　　　2000—2017 年石油加工及炼焦加工业基尼系数表

年份	石油产业销售产值 Gini	年份	石油产业销售产值 Gini
2000	0.87689	2009	0.63566
2001	0.81364	2010	0.63488
2002	0.72377	2011	0.63424
2003	0.68354	2012	0.63369
2004	0.66346	2013	0.63359
2005	0.65019	2014	0.63428
2006	0.64113	2015	0.63511
2007	0.63780	2016	0.63585
2008	0.63661	2017	0.63650

表 4 - 6　　　2000—2017 年非金属矿物制品业基尼系数表

年份	非金属销售产值 Gini	年份	非金属销售产值 Gini
2000	0.78649	2009	0.40394
2001	0.70444	2010	0.40577
2002	0.57434	2011	0.40780
2003	0.49276	2012	0.40982
2004	0.44558	2013	0.41153
2005	0.42225	2014	0.41301
2006	0.40902	2015	0.41438
2007	0.40177	2016	0.41578
2008	0.40262	2017	0.41701

表 4 - 7　　　2000—2017 年黑色金属冶炼及压延加工业基尼系数表

年份	黑色金属销售产值 Gini	年份	黑色金属销售产值 Gini
2000	0.73083	2009	0.55476
2001	0.60315	2010	0.56226
2002	0.50484	2011	0.56886
2003	0.50357	2012	0.57489
2004	0.51336	2013	0.58020
2005	0.52291	2014	0.58476
2006	0.53093	2015	0.58872
2007	0.53835	2016	0.59220
2008	0.54652	2017	0.59527

运用基尼系数对京津冀高雾霾污染产业空间分布状况进行分析，从而判断其分布均衡状况。经过计算可得：高雾霾污染产业销售产值的空间基尼系数从 2000 年的 0.60280 下降到 2003 年的 0.41383，2003 年以后持续上升，但并未超过 0.5，说明随着京津冀协同发展的推进，京津冀高雾霾污染产业空间分布呈现较低程度的聚集趋势。

分行业来看，石油加工及炼焦加工业、化学原料及化学制品业、非金属矿物制品业和黑色金属冶炼及压延加工业销售产值的空间基尼系数分别下降了 0.24、0.22、0.37、0.14，分布均衡性明显提高，即聚集程度下降；有色金属冶炼及压延加工业集聚程度小幅下降，有所扩散。同时，电力、热力生产和供应业出现了聚集度上升。石化产业的基尼系数下降与京津冀协同发展过程中的产业结构调整是分不开的，大量石油炼焦、化肥、医药企业从北京向天津、石家庄、保定、沧州、廊坊甚至京津冀以外的地区进行转移。这些公司陆续把所有的生产性技术研发、行业配套及制造等各个环节都主动向天津和河北搬迁，研发的总中心还是继续驻扎在北京。这种转移路径势必会调动大量的传统重工业的产业空间分布变动，使它们分布更加均衡，因此还没有形成新的大规模集聚态势。对于石化行业的空间变化，各地区需要设计好转移方案与衔接规划，避免在产业发展过程中出现重构与恶性竞争。非金属矿物制品业的基尼系数下降主要是因为该产业劳动生产率偏低，在我国经济发展方式转型趋势下，高附加值行业逐渐取代低附加值行业。这一项研究结果也验证了近几年京津冀地区在调整结构、促进转型实践中取得了较为丰硕的成果，其成功之处在于不仅实现了产业链的延伸，而且还实现了产业升级。黑色金属冶炼产业的基尼系数下降同样是由京津冀区域协同发展推进中的产业梯度转移引起的，并且这一趋势还在进一步加强。而电力热力产业聚集度上升主要得益于京津冀地区是我国重要的能源消费重心之一。近年来，北京、天津、河北在分工协调、一体化发展的协同模式上逐渐达成共识，并在电力、热力产业所及领域开始探索并进一步推广。在推进我国骨干电力设施配套电网一体化的建设上，三省市共同设计建成了锡盟经北京到山东、蒙西到天津南等三个国家地区重点的特高压电力输电调速线路，增加了对外高压调速的输电比重；进一步共同加强 500 千伏的三省市骨干电力输电网架的建设，优化了三省市各地的骨干电网网架组织网络结构与三地变电所电网布局，推动了我国形成一个以北京、天津两市环网建设为主要核心，河北等三省市环网建设为主要依托的一个全国性输电一体化大型骨干输电网络系统及网架组织结构。这一计划将进一步提高京津冀的电力热力产业的聚集度。

4.3
高雾霾污染产业的专业化程度分析

地区性的生产专业化主要是指企业在生产空间上进行高度集中的一种表现形式，它主要是泛指按劳动者和地域分工的规律，利用特定地区某类产业或者产品所研发和生产的特定有利条件，大规模、集中地发展某个产业或者某类产品，然后将其输出到区外，从而追求最大的经济效益。区位熵指数也被称为区位专门化率，在区域经济学中，往往被用来衡量和评价某一行业是否组建了区域性的专门化单位。区位熵可直观地理解为区域内某一产业所占的市场份额与经济体系中该区域某一产业所占市场份额的绝对比值，其计算公式为：$LQ_{ij} = \dfrac{\dfrac{q_{ij}}{q_j}}{\dfrac{q_i}{q}}$。其中，$LQ_{ij}$ 为 j 地区的 i 产业在全国的区位熵；q_{ij} 为 j 地区的 i 产业的相关指标（如产值、就业人数等）；q_j 为 j

地区所有产业的相关指标；q_i 为在全国范围内 i 产业的相关指标；q 为全国所有产业的相关指标。① 当观测区位熵的指数大于 1 时，可以认为 j 地区的一个专业化部门应该是 i 产业；当观测区位熵指数大于 1.5，可以认为该专业化产业在被观测的地区应该具有相当明显的比较优势；如果观测区位熵指数小于或者指数等于 1，可以认为该专业化产业应该是一般部门或者是自给性的部门，不应该具备这种比较优势。本书根据收集到的 2000—2017 年京津冀高雾霾污染产业的产值测算出的区位熵指数如表 4-8 至表 4-13 所示。

表 4-8　　　　　　　　电力、热力的生产和供应业区位熵

地区	2000 年	2005 年	2010 年	2015 年	2017 年	均值
北京	0.00008	2.14076	2.95193	3.23559	3.30476	2.326625
天津	0.40175	0.59775	0.47854	0.44587	0.43875	0.472532
石家庄	3.25115	0.86958	0.68289	0.62784	0.61555	1.209402
唐山	2.48127	0.55248	0.44187	0.40838	0.40013	0.856824
廊坊	6.76437	0.91637	0.72952	0.67781	0.66650	1.950911
张家口	2.15101	1.68565	1.56917	1.54090	1.53562	1.696471
保定	2.58365	1.91165	1.69817	1.63373	1.61951	1.889341
承德	0.02074	0.74002	0.74191	0.74046	0.74022	0.596668
沧州	0.00039	0.48482	0.50412	0.50975	0.51119	0.402055
衡水	0.92049	0.97447	1.03011	1.08226	1.09916	1.021299
秦皇岛	2.17827	1.16212	0.95550	0.87894	0.86003	1.206972
邢台	0.97102	0.99298	0.87971	0.84535	0.83775	0.905362
邯郸	2.35124	0.64229	0.50487	0.46289	0.45340	0.882939

表 4-9　　　　　　　　非金属矿物制品业区位熵

地区	2000 年	2005 年	2010 年	2015 年	2017 年	均值
北京	0.81035	1.17690	1.10543	1.07594	1.06884	1.047491
天津	0.00276	0.58057	0.55493	0.54802	0.54667	0.446589
石家庄	0.00111	2.16351	2.29207	2.33741	2.34902	1.828626

---

① 高雾霾污染产业销售产值及从业人数的数据来源：2001—2018 年的《中国工业统计年鉴》《北京统计年鉴》《天津统计年鉴》《河北经济统计年鉴》及河北省 11 个地级市的统计年鉴。

续表

地区	2000 年	2005 年	2010 年	2015 年	2017 年	均值
唐山	2.28926	0.84101	0.77178	0.74650	0.73929	1.077568
廊坊	1.24026	1.37802	1.28330	1.25583	1.25004	1.281488
张家口	0.34152	0.64163	0.72961	0.76952	0.78024	0.652506
保定	0.00196	1.30992	1.74359	1.91131	1.95335	1.384027
承德	0.02885	0.41381	0.44827	0.46000	0.46292	0.362769
沧州	0.00055	0.64505	1.01869	1.15202	1.18446	0.800155
衡水	1.37844	1.81912	2.04255	2.16564	2.20167	1.921484
秦皇岛	4.73637	2.46151	1.54486	1.03893	0.89607	2.135549
邢台	0.00075	1.29736	1.83361	2.04875	2.10322	1.456737
邯郸	0.00071	0.45953	0.60009	0.65195	0.66476	0.475408

表 4 – 10　　　　黑色金属冶炼及压延加工业区位熵

地区	2000 年	2005 年	2010 年	2015 年	2017 年	均值
北京	1.20888	0.36807	0.16163	0.08082	0.06079	0.376038
天津	0.00067	1.04795	1.05895	1.06253	1.06371	0.846761
石家庄	0.09125	0.56373	0.56787	0.56934	0.56987	0.472415
唐山	0.00013	1.61527	1.69359	1.72095	1.72494	1.350975
廊坊	0.00585	1.20328	1.23859	1.24955	1.25248	0.989952
张家口	1.83936	1.22175	1.18237	1.16351	1.15885	1.313168
保定	0.16363	0.20125	0.20746	0.20980	0.21044	0.198518
承德	2.80006	1.69599	1.64938	1.63453	1.63160	1.882312
沧州	0.00013	0.35633	0.50602	0.55826	0.57091	0.398331
衡水	0.85372	0.58721	0.56777	0.55578	0.55240	0.623377
秦皇岛	0.07631	0.81361	1.11073	1.26822	1.31268	0.916309
邢台	2.63172	1.06642	0.78300	0.67078	0.64304	1.158992
邯郸	2.14267	1.70097	1.68642	1.68115	1.68041	1.778324

表 4 – 11　　　　化学原料及化学制品制造业区位熵

地区	2000 年	2005 年	2010 年	2015 年	2017 年	均值
北京	0.99456	0.92908	0.73838	0.65904	0.63918	0.792046
天津	6.63030	1.49233	1.33444	1.28942	1.27972	2.405242
石家庄	0.00063	2.16565	2.61968	2.78259	2.82276	2.078261

续表

地区	2000 年	2005 年	2010 年	2015 年	2017 年	均值
唐山	0.45595	0.28681	0.28214	0.28031	0.27945	0.31693
廊坊	0.01375	1.22012	1.37070	1.42088	1.43319	1.091728
张家口	0.70581	0.64465	0.61338	0.59547	0.59065	0.629993
保定	3.10450	1.14768	0.85602	0.73877	0.70969	1.311333
承德	0.01638	0.18036	0.19378	0.19856	0.19978	0.157772
沧州	0.00031	0.94549	1.10389	1.16194	1.17640	0.877604
衡水	3.31463	3.26220	3.06435	2.91482	2.86920	3.08504
秦皇岛	1.31653	0.82938	0.56834	0.41832	0.37550	0.701614
邢台	0.00043	0.78373	1.16655	1.32313	1.36296	0.927361
邯郸	0.00041	0.24012	0.34788	0.38857	0.39867	0.275129

表 4 - 12　　　　　　　　　石油加工及炼焦加工业区位熵

地区	2000 年	2005 年	2010 年	2015 年	2017 年	均值
北京	1.23566	1.55197	1.30180	1.17904	1.14665	1.28303
天津	0.00098	1.14585	1.22605	1.26396	1.27426	0.98222
石家庄	2.35681	1.06353	0.97048	0.93485	0.92633	1.2504
唐山	0.00020	0.28310	0.40076	0.44976	0.46150	0.31906
廊坊	0.54174	0.01687	0.01189	0.01022	0.00983	0.11811
张家口	0.00023	0.00386	0.05111	0.07616	0.08310	0.04289
保定	0.57930	0.37987	0.33999	0.32071	0.31569	0.38711
承德	0.01026	0.14973	0.23161	0.26391	0.27207	0.18552
沧州	4.35333	4.26388	3.74363	3.53107	3.47857	3.87410
衡水	0.01183	0.01451	0.01344	0.01227	0.01188	0.01278
秦皇岛	0.17039	0.40921	0.51566	0.56968	0.58475	0.44994
邢台	0.00027	0.92379	1.46421	1.70775	1.77171	1.17355
邯郸	0.00025	0.32452	0.39398	0.42312	0.43067	0.31451

表 4 - 13　　　　　　　　　有色金属冶炼及压延加工业区位熵

地区	2000 年	2005 年	2010 年	2015 年	2017 年	均值
北京	1.05501	1.18107	0.49133	0.25687	0.19969	0.636795
天津	0.00241	1.08094	2.15302	2.41269	2.44941	1.619693
石家庄	0.62594	0.44011	0.32200	0.28629	0.27607	0.39008

续表

地区	2000 年	2005 年	2010 年	2015 年	2017 年	均值
唐山	4.98899	0.84770	0.19558	0.00004	0.00003	1.206466
廊坊	0.02119	0.95433	0.94665	0.93925	0.93022	0.758329
张家口	0.04892	0.53240	0.57796	0.60142	0.60324	0.472787
保定	0.76695	7.91325	7.66671	7.59609	7.52372	6.293341
承德	0.47398	0.69459	0.60782	0.58111	0.57069	0.585637
沧州	0.00048	0.38898	0.53390	0.57731	0.58279	0.416693
衡水	0.16050	0.62018	0.64600	0.67166	0.67484	0.554635
秦皇岛	1.19576	2.18027	1.63449	1.40479	1.33476	1.550014
邢台	0.00066	0.54988	0.56952	0.57789	0.57568	0.454727
邯郸	0.09186	0.14447	0.12206	0.11496	0.11247	0.117163

　　如数据所示，北京除了电力热力生产和供应业以外，其他五类高雾霾污染产业的专业化程度均呈现下降趋势，北京作为全国科技创新中心正逐步淘汰高能耗、高污染的人力密集型企业，将发展重心转移到高新技术产业，已经基本实现制造业的技术转型升级，形成了以现代化制造业为引领的新兴产业发展格局。天津除了非金属矿物制品业、电力热力产业之外，其他高雾霾污染产业的相对专业化程度在区域中是较高的，且呈现上升的趋势，说明天津高雾霾污染产业的多样化程度在不断提高，地区内各部门发展较为均衡，共同快速增长。河北省的唐山、沧州、保定、廊坊等地专业化程度较高且呈现下降趋势，这些地区经济发展主要依靠地区传统优势产业支撑，如何进一步优化其产业结构，提高产业科技水平和附加值，与周边地区实现相关产业集聚式发展是这些地区发展的关键；相比较而言，邢台、秦皇岛、承德和邯郸等地高雾霾污染产业相对专业化指数较低且增长缓慢，综合其产值规模较小的现状可知，上述地区高雾霾污染整体发展较为滞后，优势产业带动能力不足，未来应当根据区域整体规划和地区实际情况扶持地区特色主导产业，与周边各地区形成产业联合互动发展，实现地区整体经济发展。

　　在核心区方面，北京的优势产业主要包含交通运输业、医药业、仪器仪表制造业、电子设备制造业和电力热力产业，除了电力热力产业的其他几类行业都属于高新技术产业范畴，这也印证了上文分析的北京制造业实现转型并由高端制造引领的结论。天津制造业中具有比较优势的行业囊括了轻工业、化工与金属冶炼等传统重工业及通信制造等高新技术制造业，呈现多样化发展趋势。唐山作为北方工业重镇，黑色金属冶炼与加工业和金属制品业优势明显，在区域乃至全国均居于领先地位。

环京津地区优势产业主要集中在农产品、食品加工、纺织服装、造纸、化工、金冶炼和设备制造业，优势产业以轻工业和传统重工业为主，且相互间产业结构相似度较高。其中，保定以交通运输与电气机械制造业为主；廊坊的化工业和通用设备制造业也具备承接京津高端制造的基础；沧州、张家口的石油加工炼焦业和金属冶炼等重工业实力更为突出；而承德、秦皇岛制造业以食品和饮料加工制造为主，制造业基础最为薄弱。

在冀南地区中，石家庄作为区域重要节点城市，优势产业主要包括农副食品生产与加工业、纺织业和纺织服饰业、生物化学原材料和生物化学制品的生产与制造业、医药的制造业和非金属性矿制品业，除了医药制造业外全部是传统工业，且与衡水、邢台和邯郸产业结构相似度较高，使周边产业要素资源向中心流动形成极化效应；除了食品加工业和纺织业以外，邢台的炼焦业和邯郸的钢铁冶炼加工业也是专业化较强的产业。

| 第 5 章 |

京津冀地区高雾霾污染产业与地方经济协调发展的动态监测

5.1
产业与经济协调发展模型选择

产业与经济协调发展动态监测模型即一种用于分析和计算京津冀高雾霾污染产业与地方经济协调发展水平的体系，是动态监测其协调发展的重要工具。动态监测模型的科学性在很大程度上决定了最终指数的科学性，从这个层面上讲，本书重点需要解决的问题之一是选择科学合理的监测模型。衡量模型是否科学的首要条件是该模型是否比较完整地测量了所要考察的内容，高雾霾污染产业与地方经济协调发展既应看到三个子系统之间的协调度，也应看到三个子系统的发展度。当三个子系统都处于较低发展水平，此时的协调并不是本书所理解的协调发展。同样，当经济发展、产业发展与生态发展都处于较好的发展状态，但三者之间的发展速度有较大差异，此时也不是本书所理解的协调发展。简而言之，本书所理解的协调发展是"在协调中发展，在发展中协调"。

5.1.1　产业与经济协调发展机制分析

　　产业与经济协调发展是互相促进、耦合协同的发展。高雾霾污染产业与地方经济之间关联密切、联系紧密，或相互作用、或相互依存，或相互促进、或相互制约。高雾霾污染产业的发展具有正的外溢效应，有利于地区经济增长，增加就业岗位。而区域经济的发展、竞争优势的提升又会反过来促进高雾霾污染产业的发展。但值得注意的是，生态环境对产业经济承载力是有限的，过度的产业经济活动将会破坏生态环境，甚至造成生态环境不可逆转的恶化。生态环境与产业结构在不断发展过程中形成相互依存的关系，保持这种状态的均衡方可实现产业绩效和经济效益的双赢。三者间关系如图 5－1 所示。

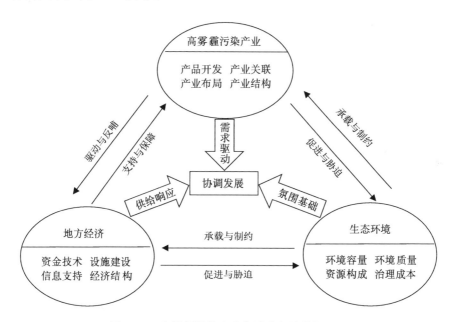

图 5－1　高雾霾污染产业与地方经济协调机理

　　本书基于可持续发展理论、系统理论、增长极限理论及耦合协调理论，对京津冀高雾霾污染产业与地方经济协调发展水平进行动态监测，分析其内在差异及原因所在，为政府对产业和经济进行宏观调控提供一定的参考依据，有利于采取具有针对性的措施以大幅度提高经济运行效率，实现高雾霾污染产业与地方经济向良性的、健康的、可持续的协调方向发展。

5.1.2　产业与经济协调发展模型构建

高雾霾污染产业与地方经济协调发展过程实际上就是通过复合系统内部子系统自身的发展和子系统之间互动来实现。在复合系统发展过程中，子系统的发展速度及各个子系统之间的相互协调性对于发展速度也起着重要的作用，具体模型构建过程如下。

（1）综合评价函数

综合评价函数又称为综合效益函数，指该系统中各项指标的综合得分情况。本书主要依据 1999 年廖重斌对珠江三角洲城市群生态环境与国民经济协调发展的推算进行了研究，将高雾霾污染产业—地方经济—生态环境三系统的综合评价函数量化表示为

$$f(x) = \sum_{i=1}^{m} a_i x'_i \tag{5-1}$$

$$g(y) = \sum_{i=1}^{m} b_i y'_i \tag{5-2}$$

$$h(z) = \sum_{i=1}^{m} c_i z'_i \tag{5-3}$$

公式（5-1）至公式（5-3）中，$f(x)$、$g(y)$ 和 $h(z)$ 分别代表高雾霾污染产业系统综合评价函数、地方经济系统综合评价函数和生态系统综合评价函数；x'_i、y'_i、z'_i 分别表示高雾霾污染产业、地方经济和生态环境的无量纲化值；a_i、b_i、c_i 为待定权数。

（2）耦合度模型

耦合程度可用于测量系统或要素之间相互影响和作用程度，高雾霾污染产业、地方经济和生态环境三系统之间存在互动发展关系，适用于耦合度模型，具体模型建立方法如下。

$$C_n = \left\{ (u_1, u_2, u_3, \cdots, u_m) \middle/ \left[\prod (u^i + u_j) \right] \right\}^{\frac{1}{n}} \tag{5-4}$$

由于系统之间具有相似性，所以该模型也可用于高雾霾污染产业—地方经济—生态环境三维系统的耦合测算。令 $n=3$，可推广得到三系统（或要素）相互作用的耦合度模型，即

$$C_3 = \left\{ \frac{f(x) \times g(y) \times h(z)}{\left[\frac{f(x) + g(y) + h(z)}{3} \right]^3} \right\}^{\frac{1}{3}} \tag{5-5}$$

上述耦合度模型可以反映三系统或要素间相互作用的强弱。其中，$f(x)$、$g(y)$ 和 $h(z)$ 分别表示高雾霾污染产业系统、区域经济系统和生态环境系统的综合评价指数，C_3 表示整体系统的耦合度，取值域为 $[0, 1]$，C 值越大，系统各序参量的耦合度越高。

（3）协调发展度模型

由于产业、经济和生态系统在其本身的变化和发展进程中存在着一定的差别，单纯地运用耦合度模型进行测算时比较容易导致低速率发展和高耦合的情况，这种低速率耦合结果明显与事实相悖。鉴于此，为了更合理地评价高雾霾污染产业与地方经济交互耦合的协调程度，反映其耦合协调规律，避免出现上述的假耦合现象，本书引入协调发展度模型，公式如下。

$$D = \sqrt{C \times T}，其中 T = \alpha f(x) + \beta g(y) + \gamma h(z) \qquad (5-6)$$

（5-6）式中，D 为系统耦合协调度；C 为系统间耦合度；T 为高雾霾污染产业系统、经济系统和生态系统耦合协调发展综合评价指数，反映三者整体发展水平；α、β、γ 为待定系数。

基于可持续发展思想，本书认为高雾霾污染产业、经济与生态同等重要，故 $\alpha = \beta = \gamma = 1/3$。耦合协调函数综合了京津冀高雾霾污染产业、生态环境和地方经济发展的耦合度 C 和三系统综合发展水平 T，$D \in [0, 1]$，当 $D = 0$ 时，高雾霾污染产业—地方经济—生态环境耦合协调度程度最低，随着 D 的增长，三系统耦合协调状况逐渐变好，当 D 达到 1 时，三系统间相互促进良好协调，整个系统由低度和谐发展成为高度和谐，逐渐达到最佳耦合状态。基于上述分析，将高雾霾污染产业与地方经济耦合的协调发展度划分为十大类，具体见表 5-1 所列。

表 5-1　　　　协调发展度分类体系及等级划分标准

协调发展度 D	$[0, 0.1)$	$[0.1, 0.2)$	$[0.2, 0.3)$	$[0.3, 0.4)$	$[0.4, 0.5)$
协调程度	极度失调	严重失调	中度失调	轻度失调	濒临失调
协调发展类型	衰退类	衰退类	衰退类	衰退类	衰退类
协调发展度 D	$[0.5, 0.6)$	$[0.6, 0.7)$	$[0.7, 0.8)$	$[0.8, 0.9)$	$[0.9, 1]$
协调程度	勉强协调	初级协调	中级协调	良好协调	优质协调
协调发展类型	发展类	发展类	发展类	发展类	发展类

5.2
产业与经济协调发展指标体系构建

5.2.1　指标遴选的理论分析

从系统论的角度来看，发展指系统或子系统从小到大、从简单到复杂、从低级到高级、从无序到有序的变化过程，所达到的水平或程度用发展度来表示（杨士弘和郭恒亮，2000）[199]。协调是两种或两种以上子系统间配合得当、和谐一致、良性循环的关系，以达到减少系统运行的负效应、提高系统的整体输出功能和协同效应的目的，协调度是这种效应的测度，指子系统间在发展过程中和谐一致的程度（陈长杰等，2004）[200]。产业与经济协调发展系统是指各个子系统在这一大体系中，各个子系统之间相互依存、有序运行、共同推进发展的过程。在协调发展过程中，经济发展要为产业发展提供必要的基本条件、物质基础和发展动力，同时，产业发展也要最大限度地满足经济发展的需要，为经济发展提供必要的稳定的发展环境，并积极解决经济发展中出现的社会发展的阻碍。在自身发展的基础上能够促进对方发展，最终期望达到一个互相促进良性发展的均衡点，底线是不能够对对方发展造成危害，使对方发展出现危机，即污染生态环境。

从协同理论的观点来看，系统的协调性主要是泛指两个系统之间或者各个系统的组成元件之间在其发展和演化的过程中相互之间的和谐一致。所有各种可能的控制管理活动以及它们所要遵循的各种流程与规律都被称为协调机制。协调度就是衡量系统之间或者体系内部各个要素之间的协调状况完善与否的一个定量指标（吴跃明，1996）。根据协调度的内涵，可以将产业与经济协调发展度定义为：定量地描述在一定的社会经济发展阶段，产业、经济、生态三者之间的彼此和谐一致的程度，它体现了产业系统、经济体系和生态体系由无序走向有序的趋势。因此，高雾霾污染产业与地方经济协调发展动态监测指标体系包括三个概念的指标体系，即经济发展指标体系、高雾霾污染产业发展指标体系和生态环境发展指标体系。

5.2.2　指标体系遴选原则

指标体系是概念操作化的直接产物，这就要求严格遵循既有的原则与程序进行指标体系的建构，以增加其客观性。本书依据以下五项基本原则，进行理论指标的遴选。

第一，有效性原则。本书所构建的评价指标体系必须与所评价对象的内涵与结构相符合，如果构建起来的评价体系能够真实地反映出经济和工业发展的现状，并显示出产业经济发展的优劣程度，那么这种评价体系就可以说是行之有效的。

第二，系统性原则。协调发展是一个系统概念，涵盖经济发展、人民生活水平、基本公共服务、资源环境承载力、市场发育水平等方面的具体内容，所以测度指标的选取必须系统全面，确保每个具体领域均有代表性指标且指标数量相对合理，避免遗漏信息或重点领域的测度被弱化。

第三，可操作性原则。建立评级指标的最终目标是实际应用，因此，在数据收集和统计分析中应具有出色的可操作性。一是数据必须精准可得，各类指标数据资料通过查阅统计年鉴、数据库、相关年度统计公报以及申请政府公开等途径可以准确获取；二是可以对数据进行量化，并在可能的情况下仅使用定量指标；三是要选取具有代表性的指标，应尽可能遵循少而精的原则。

第四，可比性原则。既要便于纵向比较又要便于横向比较，指标概念要科学，内涵要严格。在评估产业经济发展的协调性程度时，评估指标应尽可能采用相对指标，而绝对指标应减少使用以确保可比性。

第五，动态性原则。高雾霾污染行业和地方经济的协调同步发展是一个动态的积累过程，因此，在选择评价标准时，既要有衡量产业经济发展绩效的实际指标，又要有与产业经济发展活动有关的过程指标，可以全面反映产业和经济的现状及未来的发展趋势。

5.2.3　指标体系遴选结果及权重确定

高雾霾污染产业、经济发展与生态环境是三个相互耦合的复杂系统。为了便于对京津冀高雾霾污染产业与地方经济协调发展水平进行客观、可操作和可持续研究，分别采用文献统计法、理论分析法初步确定指标体系，邀请河北经贸大学京津冀研究所专家和产业经济学专业的教授，运用专家咨询法对评价指标进行修正。首先,选取近十年国内核心期刊发表的有关生态环境、经济发展、产业发展的高引用论文各 80 篇,统计并筛选出近年来使用频度较高的指标。其次,对这些指标进行理论分析、分类与剔除:借鉴 P–S–R 模型,将生态环境子系统划分为环境自净能力、生态环境压力和生态环境治理三个要素层;对于经济发展指标构建,国内尚未达成一致,学者多以人均 GDP 单一指标代表经济系统水平,故本书结合当前中国经济发展重点,参考车冰清等 (2012)[201]、周成 (2016)[80] 的研究构建,包含经济总量、经济质量和经济结构三大要素的经济发展子系统;借鉴唐中赋、任学锋和顾培亮 (2004)[202],杨大成 (2006)[203] 的研究成果,从产业投入、产业产出和产业效益等三个方面将高雾霾污染产业子系统予以内涵扩充和特征综合。最后,根据专家反馈进行调整,最终构建京津冀区域高雾霾污染产业—地方经济—生态环境综合评价指标体系,并采用主观的层次分析法与客观的熵值法相结合的综合权重赋值分析法确定指标权重[204],结果见表 5–2 所列。

表 5–2 京津冀高雾霾污染产业与地方经济协调发展评价指标体系

子系统	一级指标	二级指标	层次分析法权重	熵权法权重	综合权重	均值	标准差
经济发展水平	经济总量 0.473	国内生产总值	0.13	0.111	0.121	4286.727	5649.619
		全社会固定资产投资	0.1	0.084	0.092	2460.062	2710.17
		社会消费品零售额	0.06	0.113	0.086	1614.275	2218.843
		地方财政收入	0.11	0.184	0.147	504.1415	1038.145
		地方财政支出*	0.05	0.003	0.026	730.6035	1244.481
	经济质量 0.368	经济增长波动率*	0.09	0.000	0.045	0.1818934	45.1833
		人均社会消费品零售额	0.06	0.066	0.063	19670.96	17398.91
		科研投入占 GDP 比重	0.07	0.091	0.080	0.2225325	0.2925353
		专利授权数	0.05	0.228	0.139	7445.888	19014.94
		城镇化率	0.03	0.051	0.041	44.15731	17.40937
	经济结构 0.160	第一产业增加值占 GDP 比重	0.07	0.024	0.047	11.25016	5.175848
		第二产业增加值占 GDP 比重	0.09	0.011	0.050	46.82199	9.374622
		第三产业增加值占 GDP 比重	0.09	0.034	0.062	41.92732	12.30327

续表

子系统	一级指标	二级指标	层次分析法权重	熵权法权重	综合权重	均值	标准差
高雾霾污染产业发展水平	产业投入 0.405	固定资产	0.08	0.140	0.110	1098.397	1170.414
		流动资产	0.06	0.162	0.111	856.1058	1013.144
		平均从业人数	0.05	0.146	0.098	125920.7	107804
		企业个数	0.06	0.111	0.086	415.1243	345.3285
	产业产出 0.351	工业总产值	0.1	0.139	0.120	2203.972	2260.678
		利润总额	0.09	0.109	0.099	106.1696	146.6673
		主营业务成本 *	0.04	0.012	0.026	1963.157	2049.007
		主营业务收入	0.07	0.142	0.106	2195.161	2267.455
	产业效益 0.244	资产负债率 *	0.13	0.001	0.065	379.8407	112.563
		主营业务利润率	0.1	0.005	0.053	65.89366	24.10814
		成本费用利润率	0.07	0.010	0.040	627.0388	511.4007
		产品销售率	0.15	0.023	0.086	593.3811	90.91154
生态环境水平	环境自净能力 0.328	年平均气温	0.04	0.034	0.037	12.58379	1.7714
		全年累计降水量	0.07	0.049	0.059	530.3757	126.5694
		日降水量≥0.1mm 日数	0.09	0.056	0.073	65.52515	8.947917
		平均两分钟风速	0.1	0.064	0.082	2.108432	0.4520477
		建成区面积 *	0.03	0.034	0.032	262.4453	367.1583
		建成区绿化覆盖率	0.07	0.019	0.045	40.09816	6.0408
	生态环境压力 0.192	人口密度 *	0.02	0.023	0.021	3244.722	2333.992
		工业二氧化硫排放量 *	0.06	0.028	0.044	90902.2	74310.02
		工业烟（粉）尘排放量*	0.04	0.001	0.020	75929.54	166140.1
		PM2.5 年均浓度 *	0.08	0.068	0.074	61.18935	24.69359
		PM10 年均浓度 *	0.05	0.014	0.032	112.8225	43.11443
	生态环境治理 0.480	空气质量二级及以上天数	0.12	0.044	0.082	256.7155	83.59919
		燃气普及率	0.05	0.002	0.026	97.35858	7.368114
		工业烟（粉）尘去除量	0.08	0.345	0.213	4265750	7068673
		工业二氧化硫去除量	0.1	0.219	0.159	173806.1	157389

注：＊表示负向指标。

5.2.3.1 经济发展评价指标说明

（1）经济总量

经济总量狭义指社会财富总量即社会价值总量，包括能够用货币来计算的与不能用货币来计算的社会真正财富总量，既包括社会财富的量，也包括社会财富的质。狭义的经济总量是有效经济总量，不包括无效经济总量。经济总量广义指所有能够用货币来计算的国民经济总量，既包括有效经济总量，也包括无效经济总量。经济总量评价指标包括：国内生产总值、全社会固定资产投资、社会消费品零售总额、财政收入、财政支出等5个基础指标。

①国内生产总值（GDP）。GDP是指按国家市场价格计算的一个国家（或地区）所有常驻单位在一定时期内生产活动的最终成果，是一国新国民经济核算体系中的核心指标，它反映了一国（或地区）的经济实力和市场规模。市域的国内生产总值是指在市域范围内一定时期里生产活动的最终成果。

②全社会固定资产投资。全社会固定资产投资是以货币形式表现的在一定时期内全社会建造和购置固定资产的工作量以及与此有关费用的总称。该指标是反映固定资产投资规模、结构和发展速度的综合性指标。

③社会消费品零售额。社会消费品零售额是指各种经济类型的批发零售贸易业、餐饮业和其他行业对城乡居民和社会集团的消费品零售额总和。这个指标反映通过各种商品流通渠道向居民和社会集团供应的生活消费品来满足他们的生活需要，是研究人民生活、社会消费品购买力、货币流通等问题的重要指标。

④地方财政收入。地方财政收入是指国家财政参与社会产品分配所取得的收入，是国家行使职能的财力保障。财政收入主要包括：各项税收、专项收入、其他收入、国家企业亏损补贴。最后一项为负收入，冲减财政收入。

⑤地方财政支出。地方财政支出是指政府可以支配的货币额，是政府分配活动的一个重要方面，财政对社会经济的影响作用主要是通过财政支出来实现的。财政支出的规模和结构往往反映一国政府为实现其职能所进行的活动范围和政策选择的倾向性。

（2）经济质量

经济质量是对国家和地区经济发展状况的综合评价，它从民众生活和社会活动的角度来度量经济发展对其带来的变化状况，从而表征该国家或者地区的经济发展的综合情况，而不是仅仅看其经济总量。经济质量评价指标包括：经济增长波动率、人均社会消费品零售额、科研投入占 GDP 比重、专利授权数、城镇化率等 5 个基础指标。

①经济增长波动率 =（当年 GDP 增长率 - 上年 GDP 增长率）÷上年 GDP 增长率×100%

②人均社会消费品零售额 = 社会消费品零售额（亿元）÷区域年末人口总数（万人）×100%

③科研投入占 GDP 比重 = 科研支出（亿元）÷国内生产总值 GDP（亿元）×100%

④专利授权数。专利授权数是指报告期内由专利行政部门授予专利权的件数，是发明、实用新颖、外观设计三种专利授权数的总和。

⑤城镇化率 = 城镇人口÷总人口×100%，其中，总人口包括农业与非农业。

（3）经济结构

经济结构是指经济系统中各个要素之间的空间关系，包括企业结构、产业结构、区结构等。从国民经济各部门和社会再生产的各个方面的组成和构造考察，经济结构则包括产业结构（如一次、二次、三次产业的构成，农业、轻工业、重工业的构成等）、分配结构（如积累与消费的比例及其内部的结构等）、交换结构（如价格结构、进出口结构等）、消费结构、技术结构、劳动力结构等。经济结构评价指标包括：第一产业增加值占 GDP 比重、第二产业增加值占 GDP 比重、第三产业增加值占 GDP 比重等 3 个基础指标。

①第一产业增加值占 GDP 比重 = 第一产业增加值÷国内生产总值 GDP×100%

②第二产业增加值占 GDP 比重 = 第二产业增加值÷国内生产总值 GDP×100%

③第三产业增加值占 GDP 比重 = 第三产业增加值÷国内生产总值 GDP×100%

5.2.3.2 高雾霾污染产业评价指标说明

（1）产业投入

产业投入即产业投资，是指为获取预期收益，以货币购买生产要素，从而将货币收入转化为产业资本，形成固定资产、流动资产和无形资产的经济活动。它是指一种对企业进行股权投资和提供经营管理服务的利益共享、风险共担的投资方式。产业投入评价指标包括：固定资产、流动资产、企业个数、平均从业人数等4个基础指标。

①固定资产。固定资产是指企业为生产产品、提供劳务、出租或者经营管理而持有的、使用时间超过12个月的，价值达到一定标准的非货币性资产，是企业的劳动手段，也是企业赖以生产经营的主要资产。

②流动资产。流动资产是指企业可以在一年或者超过一年的一个营业周期内变现或者运用的资产，是企业资产中必不可少的组成部分。加强对流动资产业务的审计，有利于确定流动资产业务的合法性、合规性，有利于检查流动资产业务账务处理的正确性，揭露其存在的弊端，提高流动资产的使用效益。

③企业个数。企业个数是统计的工业企业的户数之和。

④平均从业人数＝报告内12个月平均人数之和÷12，全年平均职工人数不包括工资照发的离休干部，停薪留职人员，在乡办、村办和个体企业中参加生产或工作的人员（不论其是否以工资形式取得劳动报酬），以及被剥夺政治权利的犯人等，也不包括中外合营、外资经营、华侨或港澳工业者经营等单位中的外籍人员。

（2）产业产出

产业产出指工业企业（单位）在一定时期内工业生产活动的总成果，是以货币表现在工业最终产品和提供工业劳务活动的总价值量。产业产出评价指标包括工业总产值、利润总额、主营业务收入、主营业务成本等4个基础指标。

①工业总产值。工业总产值是以货币形式表现的工业企业在一定时期内生产的已出售或可供出售工业产品总量。反映一定时间内工业生产的总规模和总水平。

②利润总额。利润总额是企业在一定时期内通过生产经营活动所实现的最终财务成果，是企业纯收入构成内容之一。工业企业的利润总额主要

由销售利润和营业外净收支（营业外支出抵减利润）两部分构成。

③主营业务收入。主营业务收入是指企业从事本行业生产经营活动所取得的营业收入。主营业务收入根据各行业企业所从事的不同活动而有所区别，例如，工业企业的主营业务收入指"产品销售收入"；建筑业企业的主营业务收入指工程结算收入。

④主营业务成本。主要业务成本是指企业销售商品、提供劳务等经营性活动所发生的成本。企业一般在确认销售商品、提供劳务等主营业务收入时，或在月末，将已销售商品、已提供劳务的成本转入主营业务成本。

（3）产业效益

产业作为市场经济的组成部分，经济效益是其存在的基础和前提。产业发展不仅体现在规模、结构上，还要求质量的提高，发展效益是从投入产出角度考察产业资源配置状况的综合指标。产业效益评价指标包括资产负债率、主营业务利润率、成本费用利润率等 4 个基础指标。

①资产负债率 = 负债总额 ÷ 资产总额 × 100%。资产负债率是用以衡量企业利用债权人提供资金进行经营活动的能力，以及反映债权人发放贷款的安全程度的指标。

②主营业务利润率 = （主营业务收入 – 主营业务成本 – 主营业务税金及附加）÷ 主营业务收入 × 100%。主营业务利润率表明企业每单位主营业务收入能带来多少主营业务利润，反映了企业主营业务的获利能力，是评价企业经营效益的主要指标。

③成本费用利润率 = 利润总额 ÷（销售费用 + 管理费用 + 财务费用）× 100%。成本费用利润率表明每付出一元成本费用可获得多少利润，体现了经营耗费所带来的经营成果。该项指标越高，利润就越大，反映企业的经济效益越好。

④产品销售率 = 工业销售产值 ÷ 工业总产值（现价）× 100%。产品销售率可以十分直观地看出该产品的销售状况，从而帮助促进销售商的工作盈利。

5.2.3.3　生态环境评价指标说明

（1）环境自净能力

环境自净能力指的是自然环境可以通过大气、水流的扩散、氧化及微生物的分解作用，将污染物化为无害物的能力。其评价指标包括：年平均气温、全年累计降水量、日降水量≥0.1mm日数、平均两分钟风速、建成区面积、建成区绿化覆盖率。

①年平均气温。气象站点当年测出的每日平均温度的总和除以当年天数得到的该地方或该站点当年的年平均温度。

②全年累计降水量。降水量是指从天空降落到地面上的液态和固态（经融化后）降水，没有经过蒸发、渗透和流失而在水平面上积聚的深度。全年累计降水量为一年中降水的总量。

③建成区面积。建成区面积是指城市行政区内实际已成片开发建设、市政公用设施和公共设施基本具备的区域。对于核心城市，它包括集中连片的部分以及分散的若干个已经成片建设起来的市政公用设施和公共设施基本具备的区域。

④建成区绿化覆盖率。建成区绿化覆盖率是指在城市建成区的绿化覆盖面积占建成区的比重。

（2）生态环境压力

生态环境压力指危及生态系统稳定性的外界干扰（如人口增长、资源短缺或环境污染等）及其所产生的生态效应。其评价指标包括：人口密度、工业二氧化硫排放量、工业烟（粉）尘排放量、PM2.5年均浓度、PM10年均浓度等5个基础指标。

①人口密度。人口密度是单位土地面积上的人口数量，它是衡量一个国家或地区人口分布状况的重要指标。人口集聚度越高的地区经济活动越频繁，对环境产生的污染也越高。

②工业二氧化硫排放量。工业二氧化硫排放量是指企业在燃料燃烧和生产工艺过程中排入大气的二氧化硫数量，污染来源包括含硫燃料的燃烧，含硫化氢油气井作业中硫化氢的燃烧排放，含硫矿石的冶炼，化工、炼油和硫酸厂等的生产过程。

③工业烟（粉）尘排放量。工业烟（粉）尘排放量是指企业在生产工艺过程中排放的颗粒物重量，如钢铁企业的耐火材料粉尘、焦化企业的筛焦系统粉尘、烧结机的粉尘、石灰窑的粉尘、建材企业的水泥粉尘等。不包括电厂排入大气的烟尘。

④PM2.5年均浓度。PM2.5是指直径小于或等于2.5微米的尘埃或飘尘在环境空气中的颗粒物。它能较长时间悬浮于空气中，其在空气中含

量浓度越高，就代表空气污染越严重。PM2.5 浓度以每立方米空气中可吸入颗粒物的毫克数表示。

⑤PM10 年均浓度。PM10 是指粒径在 10 微米以下的可吸入颗粒物，通常来自在未铺的沥青、水泥的路面上行驶的机动车、材料的破碎碾磨处理过程及被风扬起的尘土。PM10 浓度以每立方米空气中可吸入颗粒物的毫克数表示。

（3）生态环境治理

生态环境治理是依据环境政策、法律法规和标准，调控人类生产生活行为，限制损害城市环境相关活动的总称。其评价指标包括：空气质量达到二级及以上天数、燃气普及率、工业烟（粉）尘去除量、工业二氧化硫去除量。

①空气质量达到二级及以上天数。城市空气质量等级是根据城市空气环境质量标准和各项污染物的生态环境效应及其对人体健康的影响，所确定的污染指数分级及相应的污染物浓度限值，划分为五级。当空气污染指数达到 51—100 时为二级。

②燃气普及率 = 城市建成区使用燃气人数 ÷ 城市建成区人口 ×100%

③工业烟（粉）尘去除量。烟（粉）尘是指在燃烧过程中产生的烟气中夹带的颗粒物，工业烟（粉）尘去除量指报告期内企业利用各种废气治理设施去除的烟（粉）尘量。其计算公式为：工业烟（粉）尘去除量 = 工业烟（粉）尘产生量 − 工业烟（粉）尘排放量。

④工业二氧化硫去除量。是指生产单位通过技术手段减少了工业二氧化硫排放量，其计算公式为：工业二氧化硫去除量 = 工业二氧化硫产生量 − 工业二氧化硫排放量。

5.3
产业与经济协调发展动态监测

动态监测是一个复杂的系统工程，它适应环境科学多维结构，可应用多平台、多时相、多波段和多源数据对地球资源与环境各要素时空变化进行的监视与探测。把握京津冀高雾霾污染产业与地方经济协调发展水平，一个重要的方面就是从纵向上了解京津冀高雾霾污染产业与地方经济协调发展水平的变迁，观察其在一定时间范围内的发展变化趋势，这有利于更加深刻地理解其协调发展水平的现状。此外，京津冀13个城市群之间人文、资源及自然禀赋差异较大，因而在产业经济发展方面也必然存在较大差异，本书在把握各城市的经济发展度、产业发展度和生态发展度的基础上，计算各城市的协调发展度，以便更加直观地了解京津冀城市群的高雾霾污染产业与地方经济的协调发展状况。

5.3.1 数据的采集与处理

本书以 2006—2018 年为研究的样本区间，数据主要来源于 2007—2019 年的《中国统计年鉴》《中国城市统计年鉴》《中国环境统计公报》《中国科技统计年鉴》《北京统计年鉴》《天津统计年鉴》《河北经济统计年鉴》《石家庄统计年鉴》《唐山统计年鉴》《秦皇岛统计年鉴》《邢台统计年鉴》《张家口经济年鉴》《承德统计年鉴》《廊坊经济统计年鉴》《邯郸统计年鉴》《沧州统计年鉴》《衡水统计年鉴》《保定经济统计年鉴》《河北生态环境公报》河北省 11 个地级市的统计年鉴和中国气象数据网等，同时利用相应年份的各城市国民经济和社会发展统计公报对部分缺失数据进行插补，最终获得京津冀13个城市的全部数据。

由于所选的指标属性不同且存在不同量纲，所以本书在对数据进行处理之前，采用功效函数来对原始的数据量纲进行了标准化的处理。

$$u_{ij} = \begin{cases} [x_{ij} - \min(x_{ij})] / [\max(x_{ij}) - \min(x_{ij})], u_{ij}具有正功效 \\ [\max(x_{ij}) - x_{ij}] / [\max(x_{ij}) - \min(x_{ij})], u_{ij}具有负功效 \end{cases} \quad (5-7)$$

其中，u_{ij} 为变量对系统功效贡献度，其取值域为 $[0, 1]$，即 u 越趋近于 0，则贡献度越低。

5.3.2 横向监测结果及分析

由图 5-2 可以看出，2006—2018 年北京市耦合协调发展速度递减，但在京津冀城市群仍旧遥遥领先，反映出北京在高雾霾污染产业、经济、生态之间出现一些不协调，需要进一步优化调整。天津耦合协调度在 2011—2016 年超过北京，2017 年下降后缓慢上升，说明天津在 2017 年三系统出现不协调因素。河北耦合协调度更是远远落后于京津，2006—2012

年稳步上升，2013 年和 2014 年突然走低，说明这两年河北的污染产业、经济和生态环境之间严重不协调，2015 年以后呈阶梯式缓慢上升。从河北省 11 个地级市来看（见表 5-3），石家庄、承德和沧州三地耦合度呈阶梯式上升，且上升最多，高达 0.008 及以上；唐山、邯郸、张家口和廊坊呈阶梯式缓慢上升，在 2006—2018 年仅上升 0.003 左右；秦皇岛和衡水先升后跌，最终协调度几乎保持不变。邢台和保定市经历了快速的增长和下降，2018 年的协调水平比 2006 年弱。

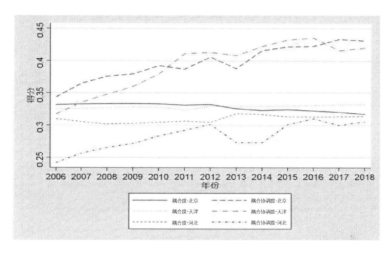

图 5-2 北京、天津、河北高雾霾污染产业—经济—生态环境的耦合度及耦合协调度

京津冀城市群耦合度及协调发展度形成差异的原因包括三个方面（见图 5-3、表 5-4）。

（1）优势子系统不同

北京为经济发展系统，天津为高雾霾污染产业系统，河北为生态环境系统。这是地区发展策略和政策导向长期累积所形成的结果，也成为京津冀区域合作中三地功能定位的基础。《京津冀协同发展规划纲要》对三省市功能定位：北京为"全国政治中心、文化中心、国际交往中心、科技创新中心"，天津为"全国先进制造研发基地、金融创新运营示范区、改革开放先行区"；河北为"全国现代商贸物流重要基地、京津冀生态环境支撑区"。可以预期到 2030 年，三地仍将保持各自优势系统，并以此为基础塑造京津冀区域一体化格局。

表 5-3 河北省 11 个地级市高雾霾污染产业—经济—生态环境耦合度及耦合协调度

年份		2006	2007	2008	2009	2010	2011	2012	2013	2014	2015	2016	2017	2018
石家庄	耦合度 C	0.320	0.321	0.316	0.314	0.319	0.316	0.316	0.329	0.328	0.326	0.326	0.325	0.328
	耦合协调度 D	0.281	0.292	0.299	0.308	0.317	0.332	0.333	0.319	0.324	0.341	0.346	0.348	0.346
唐山	耦合度 C	0.312	0.304	0.309	0.309	0.308	0.310	0.312	0.319	0.314	0.319	0.317	0.315	0.315
	耦合协调度 D	0.304	0.325	0.325	0.334	0.343	0.349	0.353	0.345	0.356	0.354	0.365	0.367	0.376
秦皇岛	耦合度 C	0.301	0.297	0.293	0.292	0.292	0.282	0.288	0.302	0.307	0.297	0.295	0.302	0.302
	耦合协调度 D	0.266	0.271	0.271	0.272	0.278	0.286	0.287	0.280	0.266	0.275	0.280	0.278	0.287
邯郸	耦合度 C	0.309	0.309	0.305	0.305	0.301	0.309	0.309	0.322	0.311	0.316	0.313	0.312	0.313
	耦合协调度 D	0.278	0.295	0.303	0.304	0.292	0.319	0.322	0.312	0.307	0.327	0.335	0.328	0.335
邢台	耦合度 C	0.319	0.314	0.303	0.302	0.308	0.312	0.311	0.328	0.326	0.313	0.305	0.308	0.311
	耦合协调度 D	0.264	0.274	0.270	0.275	0.282	0.281	0.278	0.272	0.270	0.290	0.299	0.296	0.296
保定	耦合度 C	0.316	0.305	0.301	0.307	0.303	0.304	0.306	0.321	0.321	0.321	0.324	0.314	0.312
	耦合协调度 D	0.283	0.269	0.270	0.276	0.278	0.288	0.291	0.277	0.276	0.303	0.307	0.288	0.276
张家口	耦合度 C	0.301	0.300	0.289	0.298	0.299	0.300	0.295	0.298	0.295	0.294	0.296	0.303	0.304
	耦合协调度 D	0.269	0.268	0.277	0.282	0.297	0.289	0.296	0.297	0.296	0.302	0.303	0.300	0.300
承德	耦合度 C	0.295	0.300	0.295	0.304	0.299	0.306	0.297	0.310	0.311	0.307	0.306	0.310	0.314
	耦合协调度 D	0.263	0.269	0.274	0.279	0.284	0.290	0.288	0.293	0.285	0.298	0.294	0.292	0.294
沧州	耦合度 C	0.309	0.305	0.302	0.290	0.309	0.310	0.304	0.321	0.321	0.317	0.323	0.321	0.321
	耦合协调度 D	0.272	0.271	0.278	0.270	0.299	0.293	0.308	0.296	0.296	0.307	0.311	0.301	0.307
廊坊	耦合度 C	0.314	0.295	0.304	0.306	0.309	0.315	0.309	0.326	0.326	0.319	0.320	0.320	0.317
	耦合协调度 D	0.271	0.278	0.278	0.283	0.285	0.285	0.291	0.279	0.279	0.296	0.297	0.287	0.297
衡水	耦合度 C	0.314	0.309	0.303	0.305	0.303	0.308	0.301	0.323	0.323	0.316	0.316	0.315	0.314
	耦合协调度 D	0.259	0.264	0.264	0.270	0.272	0.273	0.276	0.263	0.264	0.277	0.279	0.275	0.281

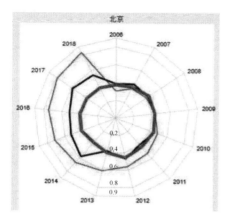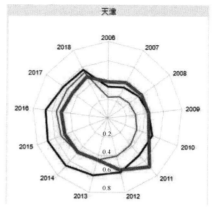

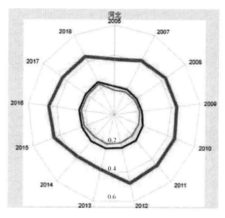

———— 经济发展水平　　————高雾霾污染产业发展水平　　████生态环境水平

图 5 - 3　北京、天津、河北高雾霾污染产业—经济—生态环境子系统综合指数

（2）子系统差距不同

近年来，北京这三个子系统的增长率具有很大的差距。与高雾霾污染产业和地方经济子系统快速增长相反，生态子系统最近几年增长缓慢，甚至下降。北京机动车数量快速增长，2017 年北京汽车数量与 2016 年相比增长了 2.92％，机动车排放的尾气对空气污染的影响不断增加。2015—2018 年，天津子系统之间的差距逐渐缩小。一方面是因为在滨海新区的带动下，工业化、计算机化、城市化与农业现代化的发展并驾齐驱。另一方面是环境管理取得了非常显著的效果，通过加快实施"四清一绿"的行动，妥善应对重污染天气。监测数据显示，PM2.5 平均浓度下降了15.7％。河北三个子系统之间的差距已经存在了 13 年之久，在 2008 年且

表 5-4　河北省 11 个地级市高雾霾污染产业—经济—生态环境子系统综合指数

年份		2006	2007	2008	2009	2010	2011	2012	2013	2014	2015	2016	2017	2018
石家庄	经济	0.181	0.192	0.201	0.205	0.227	0.225	0.238	0.246	0.255	0.279	0.289	0.274	0.294
	污染产业	0.210	0.236	0.227	0.247	0.269	0.317	0.304	0.311	0.312	0.329	0.337	0.371	0.351
	生态	0.352	0.367	0.419	0.455	0.453	0.502	0.512	0.373	0.392	0.465	0.472	0.469	0.451
唐山	经济	0.168	0.177	0.186	0.193	0.199	0.208	0.220	0.229	0.228	0.248	0.257	0.247	0.258
	污染产业	0.310	0.341	0.351	0.384	0.416	0.449	0.452	0.436	0.527	0.423	0.444	0.502	0.565
	生态	0.408	0.523	0.491	0.504	0.535	0.523	0.525	0.453	0.460	0.504	0.563	0.533	0.522
秦皇岛	经济	0.159	0.166	0.168	0.175	0.177	0.183	0.189	0.199	0.188	0.200	0.211	0.213	0.217
	污染产业	0.153	0.152	0.144	0.141	0.152	0.151	0.155	0.154	0.140	0.136	0.138	0.143	0.156
	生态	0.391	0.422	0.438	0.442	0.469	0.538	0.514	0.429	0.360	0.427	0.450	0.414	0.442
邯郸	经济	0.162	0.170	0.175	0.178	0.182	0.189	0.198	0.209	0.171	0.221	0.227	0.215	0.223
	污染产业	0.199	0.242	0.248	0.246	0.195	0.304	0.301	0.297	0.310	0.306	0.313	0.304	0.325
	生态	0.392	0.435	0.481	0.487	0.475	0.494	0.509	0.396	0.430	0.485	0.535	0.514	0.529
邢台	经济	0.161	0.168	0.170	0.173	0.175	0.181	0.188	0.197	0.199	0.216	0.219	0.214	0.224
	污染产业	0.180	0.187	0.155	0.162	0.188	0.190	0.173	0.192	0.182	0.183	0.185	0.187	0.186
	生态	0.314	0.361	0.400	0.418	0.409	0.391	0.386	0.288	0.290	0.409	0.475	0.450	0.435
保定	经济	0.166	0.164	0.169	0.174	0.180	0.186	0.192	0.198	0.200	0.211	0.224	0.220	0.206
	污染产业	0.230	0.161	0.153	0.172	0.164	0.186	0.193	0.182	0.181	0.250	0.259	0.177	0.157
	生态	0.364	0.385	0.402	0.398	0.418	0.447	0.446	0.335	0.332	0.399	0.389	0.392	0.367

续表

年份		2006	2007	2008	2009	2010	2011	2012	2013	2014	2015	2016	2017	2018
张家口	经济	0.164	0.168	0.174	0.194	0.180	0.189	0.195	0.202	0.207	0.216	0.227	0.223	0.230
	污染产业	0.155	0.147	0.148	0.155	0.205	0.176	0.181	0.182	0.170	0.176	0.175	0.182	0.178
	生态	0.402	0.400	0.478	0.449	0.498	0.469	0.516	0.505	0.513	0.541	0.531	0.488	0.478
承德	经济	0.161	0.169	0.171	0.173	0.183	0.182	0.189	0.197	0.197	0.213	0.215	0.212	0.223
	污染产业	0.138	0.149	0.152	0.174	0.168	0.199	0.171	0.199	0.182	0.192	0.180	0.183	0.188
	生态	0.406	0.402	0.441	0.420	0.456	0.441	0.478	0.436	0.403	0.464	0.452	0.431	0.413
沧州	经济	0.158	0.163	0.166	0.171	0.172	0.179	0.185	0.192	0.195	0.209	0.218	0.208	0.222
	污染产业	0.183	0.169	0.178	0.137	0.256	0.220	0.247	0.255	0.246	0.252	0.278	0.249	0.248
	生态	0.377	0.393	0.424	0.446	0.441	0.430	0.501	0.370	0.376	0.432	0.406	0.391	0.412
廊坊	经济	0.161	0.171	0.175	0.180	0.179	0.187	0.188	0.195	0.194	0.216	0.230	0.227	0.236
	污染产业	0.188	0.160	0.171	0.182	0.194	0.200	0.201	0.208	0.210	0.211	0.208	0.183	0.195
	生态	0.352	0.453	0.417	0.422	0.416	0.388	0.430	0.316	0.316	0.398	0.391	0.362	0.404
衡水	经济	0.165	0.168	0.152	0.171	0.173	0.179	0.183	0.182	0.182	0.203	0.210	0.216	0.225
	污染产业	0.152	0.152	0.156	0.157	0.157	0.161	0.155	0.166	0.169	0.168	0.167	0.155	0.161
	生态	0.323	0.353	0.380	0.390	0.402	0.383	0.420	0.293	0.297	0.355	0.363	0.349	0.371

还有一个有待完善的生态系统，经济和高雾霾污染行业发展水平很低，尤其是经济发展，因此耦合水平非常薄弱。造成这一局面的原因主要包括三个方面。第一，经济总量较低。2008 年受美国金融危机的重大影响，河北省全社会固定资产投资完成 3806.8 亿元，其中，城镇投资增速同比下降 7.7 个百分点。第二，经济质量较差。2008 年河北省城乡二元结构矛盾突出，城乡居民收入差距仍在扩大。第三，经济结构存在问题。服务业发展滞后，工业发展不足限制了产业结构的逐步发展，导致经济增长不稳定，社会效益下降。但是近年来，河北省加快污染产业结构调整、质量升级，2015 年进一步优化企业结构，科技型中小企业两年增长 2.6 万家，开展"万企转型"，经济质量显著提升。因此，高雾霾污染产业—经济—生态逐步达到相对耦合，耦合度稳定在 0.313 左右。

（3）子系统水平不同

天津各子系统水平整体较高，故其协调整体发展推进程度也一直始终处于领先地位，但是 2017 年以来出现了大幅下降，主要构成原因可能是由于 2017 年以来天津地区经济年均增速大幅下降至多年来的历史最低点。全社会从业人数、市级科研成果等各项指标均于 2017 年首次出现了负高速增长，冶金、石化等有色传统产业总量占比较大，对于全市实体经济的长期拉动支撑作用不但有所轻微回落，甚至还有可能会再次出现负高速增长。虽然近年来北京经济发展达到较高水平，高雾霾污染产业发展水平居中，但其生态环境系统具有显著弱势，故其协调发展水平较为逊色，甚至在 2013 年出现下降趋势。主要原因之一是 2013 年北京水泥、平板玻璃、化工等传统的高污染塑料产品和化工行业众多，"散乱污"生产企业的化工有害化学成分及无组织废气的排放直接严重地加剧了北京市城区大气污染。统计资料分析显示，2013 年 9 月北京市全年重度污染空气天数共 58 天，占到了平均全年的 15.9%，相当于平均每周至少有一天重度污染。河北除生态环境系统具有区域显著优势，经济发展和高雾霾污染产业系统均显著低于京津两市，故其协调发展度水平很低。尤其在 2013 年、2014 年下降严重，主要是由于河北是我国工业大气污染综合治理工作任务最严峻的地区之一，2013 年在我国河北率先启动了煤炭去产能"6643"重点项目，全省各级人民政府安排全省压减生产炼铁煤炭总产能 1077 万吨、炼钢炼铁总产能 820 万吨，压减投入生产利用煤炭总产能储量 1309 万吨，退出生产煤矿 50 处；2014 年对河北全省化解严重工业污染过剩产能、治理严重雾霾大气污染，影响河北省全年计划实现区域经济协调发展目标总量同比增长约 1.75 个季度百分点，影响河北省整体工业产值增速约 3 个季度百分点。在"铁腕治污""零容忍"等要求下，钢铁、石油产品的加工和炼焦、化学原材料及其他化学制品、非金属和矿物质的复合材料等污染产业发展将受到很大的影响。

从协调发展类型看（见图 5 - 4），河北与京津起点不同，发展差距显著，经过 13 年发展，依然处于失调衰退类。经历了 2006—2011 年第一个瓶颈期以后，2012 年三地协调发展度均迈入高层次，但 2013 和 2014 年时骤降，尤其是河北。分析认为主要是因为河北省这两年生态环境污染严重，2013 年以来全省 7 个省级设区市的重度以上大气污染集中天数约合计占了该省全年环境治理总污染天数的 21.92%，除张家口、承德、秦皇岛和沧州外，其他 7 个设区市都污染严重，成为区域性问题。2014 年上半年 11 个设区市达标天数平均仅为 56 天，占 30.9%。除此以外，2013 年河北省经济一度下滑，第三产业占比低于全国 10% 以上。因此，在经济低迷和环境污染严重的阻碍下，河北省 2013 年和 2014 年协调发展度急剧下降。2015 年以来京津冀三地又进入第二个难以突破的瓶颈期，协调发展类型均未能实现向更高层次迈进。其中，北京和天津领跑京津冀区域，起点高（2006 年就已进入轻度失调），但是 2013 年以后一直未实现向勉强协调发展类过渡。分析认为，北京协调发展最大的阻碍是生态环境，2013—2018 年北京市大气污染物年平均浓度虽然呈现出明显的下降趋势，但是总体上这个数值仍居高不下。另外，2018 年除二氧化硫年平均污染物浓度值已经达到了国家标准，其他所有的污染物仍然超标，其中，以细颗粒物 PM2.5 为最严重，超标率达 46%。天津协调发展最大的阻碍是经济，一方面，推进供给侧结构性改革，调整优化经济结构，短期内带来投资约束的副作用。另一方面，经济增长动力转换，投资主体没有及时跟进，天津固有经济特征加速了投资下滑。天津已形成"三二一"产业格局，第三产业投资出现下降，投资结构与产业结构存在一定程度的不匹配，第三产业比重提高并未吸引大量投资。河北一直处于落后状态，由于人才结构不合理，工业主导产业集中度不高，缺少在全国有重大影响的大企业和产业集群，大气污染、水污染最严重，资源环境与发展矛盾尖锐等原因，起点就远低于京津（2006—2011 年为中度失调衰退类）；2012 年之所以快速发展，主要由于 2012 年是实施"十二五"规划承上启下的关键一年，工业化、城镇化和农业现代化加速推进，2012 年河北省生产总值增长 9%，全部财政收入增长 13.5%；化学需氧量、二氧化硫、氨氮、氮氧化物排放量分别削减 2.2%、3.2%、3.1% 和 1.5%；城镇登记失业率为 2.5%，居民消费价格涨幅 4%。2015 年以后，河北省的自然生态环境和社会经济发展状态虽然都已经有所好转，但是整个河北的生态环境和社会经济发展仍然存在着许多新的问题。2013 年以后废气排放量迅速增加，2015—2018 年排放量大幅度增加，从 2016 年的 7889 亿标立方米上升到 2018 年的 79121 亿标立方米，增长了 10 倍。2013 年的"雾霾大暴发"引起了各界的强烈关注。工业废气的排放量还是有上升的趋势，因此导致 2015 年以后河北省污染产业—经济—生态协调发展度一直处于瓶颈期。

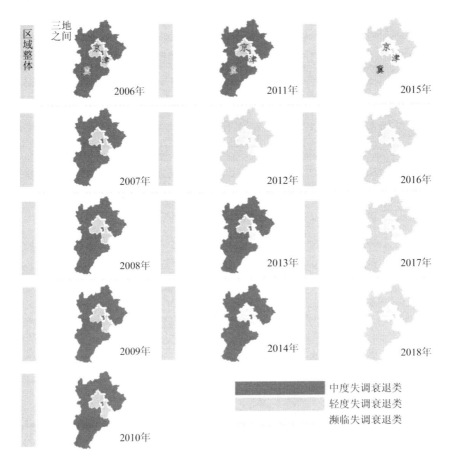

图 5 - 4 北京、天津、河北高雾霾污染—经济—生态环境的协调发展类型演化

5.3.3　纵向监测结果及分析

从京津冀区域整体来看（见表 5－5），2006 年耦合协调度极低，分析认为主要包括两个方面的原因。

表 5－5　　京津冀区域高雾霾污染产业—地方经济—生态环境耦合度及耦合协调度

年份	经济发展水平	产业发展水平	生态环境水平	综合协调指数（T）	耦合度（C）	耦合协调度（D）
2006	0.17922641	0.21645917	0.37200034	0.25589531	0.31280915	0.28233452
2007	0.19249814	0.22221698	0.40823475	0.27431662	0.30913877	0.29025577
2008	0.19918928	0.22377005	0.43412624	0.28569519	0.30608781	0.29481005
2009	0.20943513	0.23297935	0.43871469	0.29370973	0.30711467	0.29931861
2010	0.21938169	0.25587288	0.4528063	0.30935362	0.30849615	0.30760683
2011	0.22983425	0.26662614	0.47057092	0.32234376	0.30965663	0.3139938
2012	0.2409436	0.27592507	0.48113753	0.33266874	0.30857209	0.31862389
2013	0.25425316	0.27539014	0.3876836	0.30577564	0.31940703	0.30986209
2014	0.25842061	0.2977641	0.38538515	0.31385661	0.31812315	0.31207524
2015	0.28282154	0.29490088	0.44393503	0.34055248	0.31532293	0.32496711
2016	0.29424027	0.29732376	0.4557558	0.34910661	0.31493583	0.32883821
2017	0.29102283	0.291891	0.43402342	0.33897908	0.31530299	0.32378387
2018	0.30170597	0.29401043	0.43802907	0.34458182	0.31555886	0.32658898

第一，京津冀不同区域整体经济社会结构发展趋同化形势十分严峻。北京和天津这两个大地区的现代工业经济发展战略取向依然主要集中分布于重要的化工、机器、冶金、食品等多个方面。严重的异质同构产业链直接地导致了京津两个主要大城市之间形成了我国经济发展理论实践当中的"囚徒困境"这一特殊现象，既直接恶化了京津两个区域之间的经济合作联系，又严重限制了京津两个区域中心城市，特别是天津市健康较快地发展。河北省内所有的中心城市之间均已开始呈现出"浓厚的重工业色彩"。据统计，在 11 个发达地区和重点城市中，将有色石油化工、建筑材料、冶金产业作为其三大支柱产业的综合选择率分别为 72.7%、63.6%、45.5%。第二，经济梯度不合理。2006 年河北地市及周边县市、地区规模偏小，经济发展水平并不高，很难实现与京津地区产业转移等方

面的有效衔接。同时，京津冀地区内部差距也十分明显。因此，京津冀耦合协调度在2006年处于最低水平。经过四年缓慢发展期后，在2010年达到轻度失调状态。但是由于湿法脱硫工程取消GGH以及2012—2015年脱硝工程设施迅速建成，脱硝和湿法脱硫工程在燃煤电厂所排放的烟气中含有可能会凝结的颗粒物、氨和三氧化硫等具有水溶性的物质逐渐增加，导致其在空气中排放的PM2.5粒数会迅速提升，进而吸收空气引起"雾霾大暴发"[110]，从而导致京津冀之间耦合协调程度在2013年骤降。后续八年则经过波动协调发展度缓慢达到0.327。

从京津冀区域各子系统的发展状况来看（见图5-5），经济子系统和产业经济子系统的整体综合性评价值在过去的13年间一直呈现出快速增长的趋势，并在2018年分别达到了0.178和0.151，大大超过了其他生态经济子系统的整体综合性评价。2006年生态子系统的综合影响评价平均值为0.125，明显优先于经济发展子系统（0.077）和产业发展子系统（0.101）。可见当时我国的生态环境保护基础相对比较好，人类的活动对其生态环境所造成的影响压力相对较小。在随后的变化和发展中，生态子系统的综合性评价平均值在周期性波动中迅速增加，2011年已经达到了最高位0.174，但是2012年和2013年下降严重，最低为0.136，原因很有可能包括以下三个方面。第一，城市居民超载。2013年京津冀内部优势互补能力最大的是可以完成承载北京市9800万人口，而实际则是达到1.12亿人。第二，无序新型城镇化的建设对于城市生态环境造成破坏性的直接影响。京津冀周边城市规划建成区土地总面积从2004年的2949平方千米逐渐快速增加扩大到2012年的3776平方千米，伴随着京津冀周边地区城镇居民人口规模的持续多年快速增长，以及京津冀周边地区各个城镇规划建设区总规模的进一步快速扩张。如果京津冀周边地区没有有序加强监管，城镇规划建设和城市生态环境之间的矛盾也将永远根本无法真正得到有效率的调解，随之不断扩散，直接导致跨区域污染。第三，大气污染严重而又难以治理。2012年京津冀地区空气质量总体情况较差，平均达标天数占总天数的37.5%，所有大中型城市的细颗粒物出现年均浓度均已经超标。2013年京津冀各大区域更是连续多次出现了数天的雾霾天气，北京和天津空气中的细颗粒物就有三至四成多来自周边，河北地区的大气污染向北方蔓延和扩散。

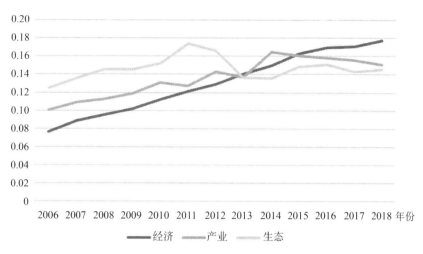

图 5 - 5　2006—2018 年京津冀各子系统综合发展评价值的时序变化

通过深入研究分析评估指标体系中各指标和历年数据平均值，从京津冀的生态环境情况来看，在过去的 13 年间京津冀地区建成区土地总面积增加了 48%，建成区绿化覆盖率也增加了 26%，且对环境保护力度不断提高，京津冀燃气普及率在 2018 年几乎都达到了 100% 以上，工业烟（粉）尘和工业二氧化硫除去率可以达到 90% 以上。但由于经济快速发展所带来的环境压力也在急速上升，其中，仅工业二氧化硫排放量这一项就由 2006 年的 211545 吨增加到了 2013 年的 424033 吨。从京津冀地区经济发展总量和经济结构情况来看，2006—2018 年京津冀地区的 GDP 规模和总量在从 8197.8 亿元迅速增加到了 28029.79 亿元，翻了三番，而农业在 GDP 中所占的比重却下降了 2.11 个百分点，相反工业产业在 GDP 中所占的比重却上升了 1.1 个百分点。经济的快速发展，尤其是现代工业的发展和进步为我国的生态环境提供了巨大的压力，尽管近年来人类在自身对于生态环境的重视、保护意识和防治措施也在不断加强，但仍然没有办法缓解它们给生态环境所带来的压力，这就导致京津冀地区的大气环境、土壤环境都在持续恶化，环境污染事故频发。

由表 5 - 5 和图 5 - 6，可以发现：1）整体耦合度基本优于分地区耦合度。因为京津冀各地各具优势和弱势系统，无论是区域整体各子系统还是各地的高雾霾污染产业—经济发展—生态环境综合指数，都在区域层次平衡了地区间各子系统差异。故相比分地区耦合度较弱，优势互补使得区域各子系统水平更为均衡，从而提升了区域整体耦合度。故区域整体发展水平高，并不能代表各地区协调发展水平高。但如果区域之间优势互补，则能实现区域的整体耦合协调发展。2）京津冀三地间耦合度较高，三地具有紧密的内在联系，在区域中各具独特作用和地位，三地应当站在同等地位推动区域协同发展。3）区域整体耦合度和协调发展度偏低，主要因为占京津冀全域人口比重约70%的河北经济发展和高雾霾污染产业子系统指数极低，从而拉低区域整体的发展水平，使得区域协调发展度难以突破濒临失调衰退类向勉强协调发展类跨越。

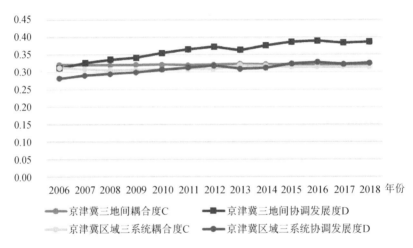

图 5 – 6　京津冀三地间及区域整体三系统间耦合度与协调发展度

由此可见，京津冀区域协同发展战略的必要性和紧迫性，只有将京津冀三地作为一个整体协同发展，构建优势互补、互利共赢的协同发展新格局，加快产业转移，在明确各自功能定位基础上，推动天津，特别是河北经济产业和高雾霾污染产业的发展，才能实现京津冀区域高雾霾污染产业—经济发展—生态环境的耦合协调发展。

5.3.4　时空演变机制分析

为了深入分析京津冀区域高雾霾污染产业—地方经济—生态环境协调发展的时空演变内在根源，本书通过进一步计算各子系统京津冀三地之间的耦合度和协调发展度，并深入分析各子系统要素层间的时空差异，从而探究其内在演化机制。

（1）经济子系统比较分析

2006—2018 年京津冀三地经济发展子系统的耦合度在 0.3 左右波动

（见图 5 - 7），耦合度值并不理想，预示京津冀三地经济发展不协调。京津冀三地经济发展水平都出现增长，但三地增长速度的巨大差异也导致京津与河北地区贫富差距日益悬殊，2006 年京津冀经济发展水平比值为 0.1:0.07:0.05，而到 2018 年其比值为 0.28:0.18:0.08，河北与京津间的贫富差距不仅没有缩小，反而日益增大。北京经济发展水平几乎一路领先，其京津冀区域经济中心地位非常显著。这种局面直到 2009 年国务院批复成立天津滨海新区以后发生变化，天津经济发展逐步赶上北京，在国家宏观政策导向下，天津作为中国北方经济中心的地位开始显现。但是在 2017 年经济发展突然降低，分析认为有三点原因。第一，经济增长过于依赖投资。2012—2016 年，随着投资增速从 18.5% 腰斩至 8%，天津的 GDP 增速也从近 14% 降至 9% 左右。2017 年，天津固定资产投资仅增长了 0.5%。这也表明天津的经济增长模式依旧过于粗放，产业转型已经是迫在眉睫。第二，2017 年天津市市级科研成果较 2016 下降 300 多件，甚至低于 2013 年的水平。科技创新活力不足，且有向弱趋势。第三，经济结构不合理，第二产业占比过高，重工业更甚。在 2017 年的限产"环保风暴"中，直接关闭了能耗高、污染重的重工业企业，对全市 GDP 增长趋势产生了严重影响。形成鲜明对比的是，河北经济发展水平增长非常缓慢，2018 年河北经济发展水平才达到北京 2006 年以前的发展水平。京津虹吸效应是环京津贫困带形成的重要原因，如再考虑通货膨胀因素，河北经济发展水平将更为滞后。特别是 2011 年以来，国家节能减排规划（2011—2015 年）出台，河北成为开展节能减排的重点地区。为实现河北省"十二五"规划节能减排约束性目标，作为传统工业大省，河北占规模以上工业增加值的一半以上的钢铁、石化、建材三大高耗能行业受到极大冲击，2014 年唐山、秦皇岛、邯郸、承德和廊坊五个城市经济发展均出现不同程度的下降，停产减产高压下的产业结构强制转型也导致河北在 2011 年以来经济发展出现停滞，而同期京津则迎来新一轮的快速增长期。区域经济发展水平与天津保持了一致趋势并仅略低于天津，协调发展类型从极度失调衰退类发展为严重协调发展类，其增长贡献主要来自整体经济水平的提升，而河北的经济发展水平是其决定性制约因素。

　　分析三地经济发展系统要素层（见图 5 - 8），河北均显著落后于京津，各地经济增长来自经济总量的贡献。在经济结构方面，三地变化趋势高度一致，京津为"三二一"结构，河北则为"二三一"，京津与河北的

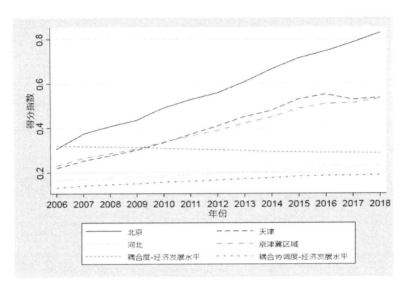

图5-7 京津冀经济发展子系统综合指数、耦合度和协调发展度

产业布局和结构形成地域差异；在经济质量方面，河北一直处于落后状态，而京津持续增长，自2008年以来增速不断提高。从河北11个地级市的经济质量来看（见表5-6），唐山、邯郸、保定和沧州四个地市的经济质量低于河北省经济质量水平。分析认为：唐山R&D经费用在实验发展上比重相对较低，产业规模迅速扩大与核心技术缺乏的矛盾突出，与高校和科研院所利息联系不紧密，中试环节薄弱，人才资源成为自主创新的最大制约。邯郸市的大多数企业的规模不是很大，技术基础方面和力量方面相对比较薄弱，且过多依赖技术转移，自主研发不够，科技内涵低，工艺创新产品比例较大。同时，由于钢铁行业带来的环境污染和楼市的不确定性，造成比邻京津的邯郸城镇化率仅有52.53%。保定一方面是创新驱动不足，科技短板明显，高端科学技术人才严重缺乏，导致企业研发能力薄弱。另一方面，由于经济发展不够发达和社会保障制度不健全，导致居民收入水平低，消费能力相对欠缺。沧州城镇化率明显低于河北水平，截至2016年年底，沧州市城镇化率为53.27%，低于河北水平近3个百分点。同时，高新技术产业增加值完成281.94亿元，同比增长4.46%，低于沧州规上工业平均增速2.54个百分点，低于全省平均水平8.5个百分点。京津冀地区如果不加快改善地区贫富差距、调整河北产业结构、提升河北经济活力、促进河北经济快速发展，不仅区域整体经济发展水平将滞后，

也将影响到京津冀协同发展战略的实施。

图 5 - 8　京津冀经济发展子系统要素层指数分布

表 5 - 6　　　　　　　河北省及其 11 个地级市经济质量发展水平

年份	2006	2007	2008	2009	2010	2011	2012	2013	2014	2015	2016	2017	2018
河北	0.047	0.052	0.053	0.057	0.056	0.059	0.062	0.066	0.060	0.077	0.083	0.087	0.090
石家庄	0.055	0.063	0.067	0.065	0.089	0.072	0.076	0.078	0.078	0.094	0.102	0.100	0.112
唐山	0.045	0.050	0.053	0.053	0.051	0.055	0.059	0.063	0.056	0.072	0.075	0.077	0.079
秦皇岛	0.053	0.058	0.059	0.063	0.062	0.067	0.071	0.078	0.067	0.078	0.088	0.092	0.096
邯郸	0.044	0.050	0.052	0.051	0.048	0.052	0.056	0.064	0.022	0.069	0.071	0.073	0.077
邢台	0.043	0.049	0.051	0.052	0.051	0.055	0.060	0.067	0.066	0.080	0.084	0.089	0.094
保定	0.043	0.042	0.044	0.045	0.048	0.050	0.051	0.056	0.052	0.065	0.069	0.080	0.058

续表

年份	2006	2007	2008	2009	2010	2011	2012	2013	2014	2015	2016	2017	2018
张家口	0.051	0.055	0.057	0.077	0.060	0.066	0.069	0.072	0.076	0.084	0.093	0.097	0.104
承德	0.045	0.054	0.056	0.057	0.054	0.061	0.065	0.071	0.068	0.083	0.085	0.089	0.095
沧州	0.044	0.047	0.047	0.049	0.046	0.049	0.050	0.054	0.053	0.064	0.070	0.073	0.081
廊坊	0.045	0.055	0.057	0.060	0.060	0.065	0.063	0.068	0.066	0.083	0.093	0.089	0.098
衡水	0.048	0.053	0.036	0.052	0.051	0.056	0.059	0.060	0.058	0.080	0.086	0.096	0.102

（2）产业子系统比较分析

京津冀区域高雾霾污染产业综合指数平均值逐年稳步上升（见图5-9），从2006年的0.1到2018年的0.15，高雾霾污染产业水平有了较为显著的提升。然而，天津工业区位于渤海湾附近的西太平洋海岸，由于其明显的优势，所以高雾霾污染产业发展水平远高于北京和河北。北京正逐步赶上天津，主要是因为北京电力热力产业发展非常迅速，且地理位置特殊，北京扼守连接东北与关内的咽喉地带，是联系华北平原和东北平原的交通要道。而河北达到天津高雾霾污染产业水平具有极大难度，河北雾霾污染产业水平最低，但近几年增速曾略高于京津。三地间不平衡直接表现在高雾霾污染产业子系统三地的耦合度上，耦合度在2006—2018年一直维持在0.3左右，几乎没有提高。高雾霾污染产业协调发展度类型始终为严重失调衰退类。

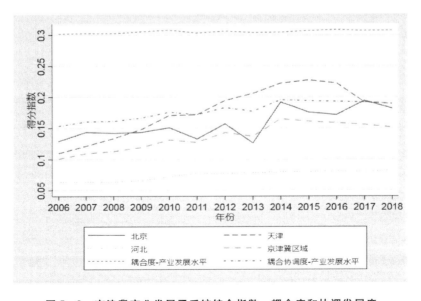

图5-9 京津冀产业发展子系统综合指数、耦合度和协调发展度

　　从要素层可知（见图 5 - 10），北京、天津、河北产业效益水平 2006—2018 年保持一致稳定；在产业投入方面，2009 年以前，北京的高雾霾污染产业投入水平远高于天津，但随着环境规制和产业转移，北京企业个数和平均用工人数等指标下降，使得北京高雾霾污染产业投入缓慢下降，河北作为京津冀中环境污染最严重的区域，受环境规制的影响，其高雾霾污染产业发展水平一直较低，甚至近几年出现了下降趋势。虽然承接了京津的产业转移，但碍于科技水平较低，并未起到太多的正向作用。在产业产出方面，天津一直稳定处于较高水平状态，北京远低于天津，并保持稳定增长，在 2017 年超过天津，而河北一直远低于京津。从表 5 - 7 可以看出，沧州与河北整体水平一致，而秦皇岛、邢台、保定、张家口、承德、廊坊和衡水这几个城市的产业产出最低，且远远低于河北整体水平。分析认为：秦皇岛本身是一座新兴的工业城市，其工业基础相对薄弱，且核心竞争力不突出。其工业总产值仅占河北省的 5%，居全省第 8 位，属于全省的工业“凹地”。同时，在“十一五”以后，大力发展旅游业，高雾霾污染产业产值逐渐走低。邢台大企业少，企业规模小，一直是制约邢台制造业快速发展的重要因素之一。同时，高污染、高排放的黑色金属冶炼和压延加工业、石油加工炼焦及核燃料加工业和非金属矿物制品业，因化解过剩产能和大气防污治理，生产总量减少，比重下降。保定与北京、天津等其他地区相比，仍然普遍存在着传统产业结构不太合理、新兴产业资源匮乏等突出问题。同时，近几年的停工限产令导致保定污染产业产出大幅度降低。张家口黑色冶金、水泥生产和热力工程等行业是煤炭的主要消费者，它们承受着降低生产能力的巨大压力，生存和发展受到限制。在第十二个五年计划中，由于缺乏市场需求和某些部门的产能过剩，工业固定资产投资的增速有所放缓。廊坊传统制造业普遍过时，新兴产业规模小，技术创新的机会薄弱，许多小型企业面临因业务中断无法在该地区生存的窘境。衡水市人民政府制定并组织出台了《衡水市化工企业污染治理专项实施方案》，集中一切主要力量努力根治衡水市化工企业环境污染治理顽疾，整治环境提升一批、关停企业淘汰一批，推动衡水化工制品产业转型振兴和环境再造。对于那些涉嫌严重违反环保产业政策和没有经过国家环境保护质量监督审批相关手续的给予企业关停或者直接淘汰。

　　由此可见，产业投入和产业产出是造成京津冀高雾霾污染产业差异的最显著的影响因素。提升京冀高雾霾污染产业企业个数、用工人数、产业

表 5－7　河北省及其 11 个地级市产业投入与产业产出水平

年份		2006	2007	2008	2009	2010	2011	2012	2013	2014	2015	2016	2017	2018
河北	产业投入	0.027	0.028	0.033	0.036	0.043	0.046	0.048	0.051	0.059	0.057	0.059	0.051	0.055
	产业产出	0.047	0.048	0.052	0.054	0.059	0.073	0.072	0.072	0.072	0.068	0.072	0.075	0.080
石家庄	产业投入	0.048	0.056	0.060	0.065	0.069	0.101	0.086	0.087	0.087	0.092	0.093	0.090	0.088
	产业产出	0.052	0.061	0.063	0.066	0.081	0.106	0.102	0.110	0.105	0.115	0.116	0.131	0.123
唐山	产业投入	0.102	0.107	0.119	0.139	0.155	0.159	0.174	0.166	0.252	0.171	0.159	0.170	0.203
	产业产出	0.096	0.114	0.131	0.133	0.147	0.177	0.167	0.162	0.170	0.149	0.175	0.220	0.251
秦皇岛	产业投入	0.007	0.009	0.011	0.012	0.014	0.013	0.014	0.016	0.015	0.012	0.011	0.012	0.012
	产业产出	0.030	0.035	0.036	0.033	0.037	0.039	0.038	0.040	0.040	0.037	0.038	0.040	0.045
邯郸	产业投入	0.037	0.048	0.058	0.062	0.043	0.078	0.082	0.093	0.096	0.106	0.101	0.096	0.102
	产业产出	0.057	0.070	0.081	0.077	0.044	0.116	0.114	0.102	0.108	0.097	0.102	0.104	0.114
邢台	产业投入	0.017	0.020	0.022	0.021	0.025	0.025	0.014	0.028	0.029	0.028	0.026	0.027	0.026
	产业产出	0.038	0.043	0.044	0.043	0.049	0.053	0.053	0.052	0.051	0.048	0.049	0.048	0.049
保定	产业投入	0.016	0.016	0.014	0.019	0.021	0.022	0.028	0.022	0.022	0.022	0.088	0.015	0.015
	产业产出	0.031	0.034	0.034	0.037	0.041	0.049	0.050	0.044	0.044	0.044	0.048	0.038	0.038
张家口	产业投入	0.005	0.007	0.012	0.012	0.033	0.019	0.018	0.025	0.020	0.028	0.030	0.030	0.030
	产业产出	0.031	0.033	0.033	0.034	0.054	0.040	0.038	0.041	0.042	0.041	0.040	0.040	0.040
承德	产业投入	0.008	0.006	0.010	0.013	0.015	0.017	0.018	0.014	0.022	0.042	0.023	0.025	0.026
	产业产出	0.032	0.035	0.038	0.038	0.045	0.049	0.043	0.050	0.044	0.042	0.044	0.045	0.049
沧州	产业投入	0.018	0.017	0.023	0.026	0.072	0.032	0.048	0.055	0.057	0.067	0.070	0.053	0.056
	产业产出	0.067	0.039	0.041	0.050	0.061	0.072	0.083	0.087	0.078	0.077	0.088	0.081	0.080
廊坊	产业投入	0.031	0.013	0.020	0.022	0.028	0.028	0.032	0.037	0.040	0.040	0.036	0.033	0.035
	产业产出	0.047	0.037	0.040	0.045	0.054	0.061	0.065	0.066	0.066	0.059	0.061	0.048	0.055
衡水	产业投入	0.007	0.008	0.009	0.008	0.004	0.009	0.010	0.013	0.014	0.015	0.013	0.011	0.012
	产业产出	0.031	0.032	0.033	0.033	0.036	0.039	0.038	0.039	0.039	0.039	0.036	0.034	0.035

总产值和利润总额，才能真正提升京津冀的高雾霾污染产业水平。

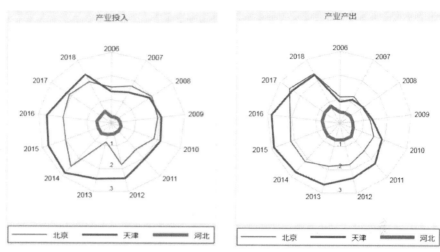

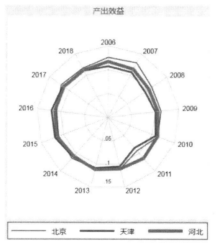

图 5 – 10　京津冀产业发展子系统要素层指数分布

（3）生态子系统比较分析

在时间维度上（见图 5 – 11），京津冀三地的生态环境综合指数均呈现缓慢波动上升趋势。在空间维度上，京津冀三地的生态环境综合指数除 2008 年和 2013 年外，基本保持较为稳定的天津 > 河北 > 北京态势。京津冀三地生态环境耦合度在 0.33 上下波动，2018 年京津冀三地生态环境指数比值为 0.13∶0.16∶0.15。生态环境协调发展度由 0.17 缓慢波动上升到 0.19，三地生态环境子系统严重失调。

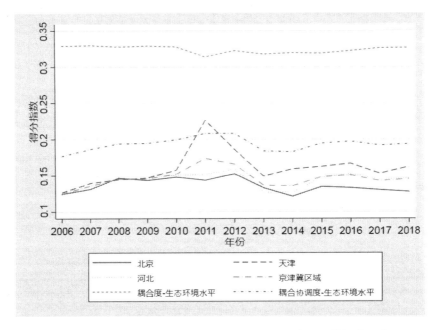

图 5 –11　京津冀生态发展子系统综合指数、耦合度和协调发展度

深入生态环境子系统要素层维度（见图 5 – 12），2006—2018 年生态环境压力因素得分一直仅为 1.5 左右，成为制约京津冀生态环境发展的关键因素，也是长期以来难以突破的头号难题。作为空间上紧密聚合的区域，随着时间推移京津冀承担的生态环境压力也越来越趋同，环境压力在区域内扩散传递，并不因产业发展水平不同而产生差距，肆虐京津冀全域的雾霾就是环境压力一体化的信号。占据京津冀地区 86.89% 面积的河北正处于工业化发展中期阶段，以重化工业为主导的产业结构特征导致河北产业高污染特性，河北只要未实现产业转型升级，产业结构性失调和污染排放就将持续影响京津冀区域。由于人口过度集中，京津大气资源、土地资源、生态承载均已到达瓶颈，由此产生的交通污染、工业污染等各类生态环境问题突显。故京津和河北的双向环境压力互相叠加，成为京津冀区域亟待解决的关键瓶颈问题。环境自净能力差异较小，河北地大物博且人口密度低，其人均生态资源占有量显著高于京津；京津作为超大城市和特大城市自然资源条件弱，再复合虹吸效应带来的区域人口过度聚集，使得人均生态资源占有量降低。生态环境系统增长的内因则来自生态环境治理因素。三地生态环境治理力度在长期内都显著增加，但在短期内会出现骤增骤减，例如，2008 年北京奥运会和 2014 年 APEC 会议前两三年北京和河北的治理力度都显著增加，2006 年、2007 年度北京治理力度一度与河北同步。这也反映出京津冀尚未形成环境共建共治的长效机制，短期区域联防联控虽能解一时之急，却无法预防和根治区域环境问题。所以十多年来，虽然京津冀生态环境治理力度一直在增加，但仅够维持环境自净能力和生态环境压力保持原有水平，呈现被动环保状态。天津生态环境治理力度最大，为保障京津良好生态环境进而实施八大举措，加强大气污染综合防治。

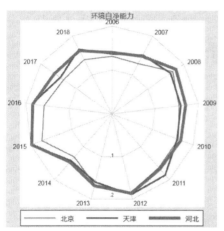
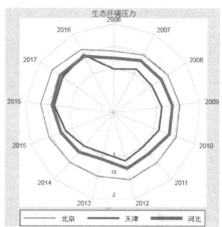
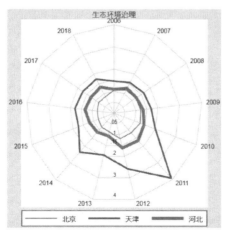

图 5－12　京津冀生态环境子系统要素层指数分布

| 第 6 章 |

京津冀地区高雾霾污染产业与经济协调 发展政策需求实证调查

6.1
高雾霾污染产业与经济协调发展政策需求体系构建

　　高雾霾污染产业与经济协调发展政策的需求调查对象为社会、政府、企业三个对象。高雾霾污染产业排放大量废气，造成严重的雾霾污染，危害了社会公众的身体健康，公众对于优良的空气质量需求增加。社会公众需求是政府制定政策的重要依据，因此本书将社会公众作为需求调查对象之一。政府为了提高空气质量、满足工作需求，需要制定政策，对排放大量有害废气的高雾霾污染产业发展进行引导，帮助其转型升级，降低废气的排放，因此本书将政府作为需求调查对象之一。在高质量发展的背景下，高雾霾污染产业发展空间压缩，产业急需转型升级，企业政策需求增强，政府供给能否满足需求，直接关系到政策执行效果，影响企业转型升级效率，因此本书将企业作为需求调查对象之一。

　　较少学者对高雾霾污染产业与经济协调发展的政策进行分类，但是不少学者在公共政策方面进行相关分类研究。一是政策的具体内容和应用领域,刘凤朝和孙玉涛(2007)按照科技、产业、财政、税收和金融五类对创新政策进行分类[205];周锐和李爽(2011)将公共政策分为科技投入、税收激励、金融支持、人才队伍政策[206];周景坤、余钧、黎雅婷(2019)将中国雾霾防治政策分为产业、财政、税收、金融、科技、人才和公共服务[207]。二是从政策着力点进行分类,张永安、耿喆、王燕妮将公共政策划分为供给型、需求型及环境型[208];张炜、费小燕、方辉(2016)将公共政策划分为供给导向型、需求导向、创新导向三大类[209]。本书主要是从政策具体内容及应用场景进行分类,借鉴中国雾霾防治需求政策的分类[205],将高雾霾污染产业与经济协调发展的政策分为了财政、税收、金融、技术、公共服务五类。在划分京津冀地区高雾霾污染产业与经济协调发展政策需求类型的基础上,进一步探讨不同类型政策的具体内容。较少学者对于高雾霾污染产业与经济协调发展的政策进行分类,因此本书对于五类政策类型具体政策的划分,是在周景坤的中国雾霾防治政策划分的基础上[207],借鉴其他学者对于污染产业与经济结构调整、优化政策的划分,结合高雾霾污染产业与经济协调发展的政策需求进行划分。第一是财政政策。财政政策对于填补市场自发利益机制带来的漏洞,合理配置资源,调节产业的能源、生产等方面的结构具有积极的意义。郗立涛(2014)、蒋炳蔚(2018)将我国的产业转型和经济结构调整的财政政策划分为财政投资、政府购买、财政补贴及转移支付[210][211]。同时,周景坤将中国雾霾防治财政政策划分为财政投入、财政补贴、政府购买及专项资金政策[205];结合京津冀地区政策供给,将财政政策划分为财政投资、财政补贴、政府采购及专项资金。第二是税收政策。杨春静(2017)将产业结构优化的税收政策划分为税收种类、差别税率、税收征管、税收优惠[212],周景坤将中国雾霾污染政策划分为环境税、清洁能源税、税收优惠、税收改革[205],以及结合税收政策供给情况,将税收政策分为税收种类、税收征管和税收优惠。第三是金融政策。木其坚(2019)认为,节能环保产业与经济协调发展的金融政策主要是指绿色金融政策[213],中国人民银行将绿色金融政策划分为绿色信贷、绿色债券、绿色基金、绿色保险、排污权交易[214]。同时,田智宇和杨宏伟(2013)还认为绿色金融政策中金融创新也十分重要[215]。因此将高雾霾污染产业与经济协调发展的金融政策划分为绿色信贷、绿色债券、绿色基金、绿色保险、排污权交易及其他金融创新政策。第四是技术政策。对于技术政策划分，主要是在对相关技术政策梳理后，结合国家产业技术政策将技术政策划分为知识产权、技术引进、技术合作、成果转化，将技术政策划分为技术升级改造、技术合作、成果转化、知识产权、技术标准和技术服务。第五是公共服务政策。本书结合周景坤公共服务政策的划分[205]，李晓萍、张忆军和江飞涛（2019）、江飞涛和李晓萍（2020）对于绿色产业政策和制造业高质量发展的产业政策分类[216][217]，以及对于高雾霾污染产业与经济协调发展的政策整理，将政府为保障高雾霾污染产业转型升级、实现产业与经济协调发展、满足改善大气环境的需求，提供的除财政、税收、金融、技术政策以外的服务，纳入公共服务政策中，主要有信息公开、产业规划、监测预警、监督考核、联防联控、环境准入及落后产能淘汰政策。京津冀地区高雾霾污染产业与经济协调发展政策需求体系如表 6-1 所示。

表 6-1　　京津冀地区高雾霾污染产业与经济协调发展政策需求体系

政策类型	具体政策	内容
财政政策	财政投资	政府为产业环保技术研发、废气处理设备更新等资金需求量大的绿色项目进行资金投资，包括无偿性和有偿性投资
	财政补贴	政府对产业降低有害废气排放、绿色技术升级等活动给予利益补偿，如现金、实物、技术补助等
	政府采购	政府从大气环境角度出发，综合考虑政府采购对大气环境保护的效果情况，采取有限采购、禁止采购等措施，引导企业的生产、销售有利于大气环境的保护
	专项资金	政府对降低资源消耗、废气污染防治等绿色产业项目给予的专项资金支持
税收政策	税收种类	政府对高雾霾产业有害废气污染排放和治理直接相关的生态税种的管理，如环境税、资源税等
	税收征管	政府对高雾霾污染产业税收工作实施管理、征收、检查、改革等活动，如规定征税范围、出口退税、税务检查等
	税收优惠	政府对高雾霾污染产业生产中废气净化设备购买、绿色技术改造等绿色行为给予减税或免税的优惠

续表

政策类型	具体政策	内容
金融政策	绿色信贷	金融机构在贷款受理过程中将企业大气污染环境信息纳入审核之中，或者是为绿色发展的产业项目提供贷款优惠
	绿色债券	政府、金融机构发行有固定收益的普通债券，将全部资金用于对产业有害废气治理、清洁化生产等帮助产业循环绿色发展项目中
	绿色基金	政府鼓励金融机构与其合作，针对有害废气的治理、绿色循环经济等方面资金需求建立专项投资基金
	绿色保险	政府保障环境污染责任险有效实行，鼓励金融机构对大气污染防治产生正面影响的绿色保险产品的创新和推广
	排污权交易	制定科学合理的配额、定价、交易政策，鼓励和保障产业与金融机构进行排污交易
	其他金融创新	政府为满足产业转型升级、废气污染治理的庞大资金需求，丰富产业的融资渠道，鼓励金融机构进行创新
技术政策	技术改造升级	政府帮助企业采用先进的、适用的绿色技术、工艺、设备等对现有设施、生产工艺条件所进行的绿色化改造
	技术合作	政府帮助区域克服绿色技术研发中的关键性技术、缩短研发周期、节约研发成本而制定的区域合作性政策
	成果转化	政府鼓励绿色技术最新成果进行后续开发与应用，直至形成新的生产工艺、排污技术
	知识产权	根据产业绿色技术发展阶段的特点，合理确定、动态调整知识产权的申请、应用与保护的范围
	技术标准	政府对产业废气防治领域中，废气净化、新能源的利用等绿色技术、环保设备制定严格的标准，以达到规范废气排放技术市场目的
	技术服务	政府在技术市场中发挥引导监督的管理职能，扶持各类绿色技术中介服务机构发展，形成良好的技术市场环境
公共服务政策	信息公开	政府主动将高雾霾污染企业废气排放、治理等方面的环境信息向社会公众公开
	产业规划	政府制订的有关产业调整结构、空间布局、雾霾污染防治等长期或短期计划
	监测预警	政府对产业有害废气排放的监测以及对雾霾天气的预警
	监督考核	政府监督企业废气治理政策执行情况以及对废气污染防治目标的完成情况

续表

政策类型	具体政策	内容
公共服务 政策	联防联控	政府以区域为单位共同进行有害废气污染防治，解决区域大气环境严重污染的问题
	环境准入	政府严禁不符合废气污染防治要求的企业或项目进入市场，包括项目环境准入和产业环境准入两类
	落后产能 淘汰	政府引导、激励和保障高雾霾污染产业落后或过剩的产能退出市场

6.2
高雾霾污染产业与经济协调发展政策需求问卷调查

6.2.1　政策需求问卷设计与调查

京津冀地区高雾霾污染产业与经济协调发展的政策需求问卷调查以问卷设计理论为依据，设计了具备较高信效度的调查问卷。问卷设计共包括三个部分，第一部分是被调查者的基本信息情况，第二部分是京津冀地区高雾霾污染产业与经济协调发展财政、税收、金融、技术、公共服务政策总体需求程度，第三部分是京津冀地区高雾霾污染产业与经济协调发展具体政策的需求程度，包括了京津冀地区高雾霾污染产业与经济协调发展政策要素体系涉及的 26 项具体政策要素。本问卷采用 Likert 量表法，将被调查者对高雾霾污染产业与经济协调发展政策的需求程度分为七个等级，重点调查京津冀地区对高雾霾污染产业与协调发展相关政策的需求程度。为了更好地获得京津冀高雾霾污染产业与经济协调发展政策需求的第一手数据资料，在问卷调查过程中，主要采用了互联网问卷调查形式进行发放和收集。在调查对象选择上，在京津冀地区选择企业、高校、政府部门等进行实证测量，确保调查对象是来自多个与高雾霾污染产业相关的领域，或者是长期从事京津冀地区政策研究的专家。

6.2.2 政策需求问卷信效度检验

信度检验是指利用相同的方法对同一对象进行反复测量所得结果的一致性，反映了结果的一致性程度，信度与一致性成正比。本书主要采用内部一致性信度，主要采用 Cronbach 的 α 系数方法进行测量，α 系数达到0.7级以上，表明测评量表的信度良好。通过 SPSS 26.0 统计分析软件对样本数据进行信度检验，分析结果显示，量表的 α 系数为 0.922，大于0.7，表明京津冀地区高雾霾污染产业与经济协调发展政策需求量表有良好的信度。效度可以判断监测测量工具是否是准确有效的工具。本书采用内容效度和结构性检验，利用 SPSS 26.0 进行 KMO 和 Bartlett 的效度检验，分析结果显示，KMO 的度量值为 0.896，大于 0.5，Bartlett 显著性较好，说明问卷效度良好；在结构校度方面，一级政策指标全部通过总体相关性检验，二级政策指标绝大部分通过 5% 水平的显著性检验，具有很好的结构效度（见表 6 - 2 至表 6 - 4）。

表 6 - 2 　　　　　　　　　　可靠性统计

项数	克隆巴赫系数
31	0.922

表 6 - 3 　　　　　　　　　KMO 和 Bartlett 检验

KMO 取样适切性量数		0.896
Bartlett 球形度检验	近似卡方	2770.563
	自由度	465
	显著性	0.000

表 6 - 4 　　　　　　　　　结构校度检验

政策需求	pearson 相关性	政策需求	pearson 相关性
财政政策	0.720	财政投资	0.299
		财政补贴	0.417
		财政采购	0.183
		专项资金	0.299
税收政策	0.709	税收种类	0.490
		税收征管	0.254
		税收优惠	0.268

续表

政策需求	pearson 相关性	政策需求	pearson 相关性
金融政策	0.718	绿色信贷	0.110
		绿色债券	0.239
		绿色基金	0.147
		绿色保险	0.413
		排污权交易	0.321
		其他金融创新	0.024
技术政策	0.687	技术改造升级	0.303
		技术合作	0.258
		成果转化	0.367
		技术标准	0.324
		技术服务	0.323
		知识产权	0.277
公共服务政策	0.692	产业规划	0.348
		信息公开	0.214
		监测预警	0.139
		监督考核	0.289
		环境准入	0.250
		联防联控	0.166
		落后产能淘汰	0.185

6.3
高雾霾污染产业与经济协调发展政策需求问卷统计分析

本次需求调查问卷共回收了 257 份，有效问卷 205 份，占回收问卷的 79.97%。有效问卷中来自企业的共有 62 份，占总量的 30.24%；来自高校的共有 99 份，占总量的 48.29%；来自科研院所的共有 4 份，占总量的 1.95%；来自政府部门的共有 33 份，占总量的 16.10%；来自其他岗位的共有 7 份, 占总量的 3.42%。详见表 6 – 5。

表 6 – 5　　　　　　　　　被调查者工作单位分布情况

—	频率	有效百分比（%）	累计百分比（%）
企业	62	30.24	30.24
高校	99	48.29	78.53
科研院所	4	1.95	80.48
政府机关	33	16.10	96.58
其他	7	3.42	100
合计	205	100	—

从地区层面上, 北京市共回收有效问卷 55 份, 占总份数的 26.83%；天津市共回收有效问卷 56 份, 占总有效份数的 27.32%；河北省共回收有效问卷 94 份, 占总有效份数的 45.85%。在学历层面上, 专科为 15 份, 占总有效份数的 7.32%；本科为 96 份, 占总有效份数的 46.83%；研究生及以上为 94 份, 占总有效份数的 45.85%。从年龄层面上, 18—25 岁的有效问卷为 60 份, 占总有效份数的 29.27%；26—30 岁的有效问卷为 63 份, 占总有效份数的 30.73%；31—40 岁的有效问卷为 51 份, 占总有效份数的 24.88%；41—50 岁的有效问卷为 23 份, 占总有效份数的 11.22%；51—60 岁的有效问卷为 8 份, 占总有效份数的 3.90%。

| 第 7 章 |

京津冀地区高雾霾污染产业与经济
协调发展政策供给演进

7.1
高雾霾污染产业与经济协调发展财政政策供给演进

7.1.1 财政政策萌芽阶段

党的十二届三中全会通过了《中共中央关于经济体制改革的决定》，工作重点从"以阶级斗争为纲"转到经济建设中来，单一的计划经济向市场经济转变，中国经济快速发展，高雾霾污染产业在此背景下得到快速发展，特别是京津冀地区，依赖其丰富的资源，大力发展污染密集型产业，采取一系列政策来促进其发展。高雾霾污染产业促进了经济的发展，但是在快速发展高雾霾污染产业的同时，产生了大量的废气，对大气环境产生了损害，大气环境污染问题初显端倪，产业发展开始出现不协调性。高雾霾污染产业与经济协调发展财政政策萌芽阶段是指 1978—1992 年，京津冀地区开始关注工业废气排放问题，制定排污收费政策，增加对技术改造的财政投入，鼓励产业进行技术改造升级，主要政策如表 7 - 1 所示。

表 7 - 1　　　　　　　　财政政策萌芽阶段的主要政策及其阶段特点

主要政策（年份）	阶段特点
环境保护工作汇编要点（1978）	在发展高雾霾污染产业促进经济过程中开始考虑能源消耗以及大气污染物排放问题，制定了以征收超标排污费为主的环保政策，产品质量提高，出现清洁生产的萌芽
中华人民共和国环境保护法（试行）（1979）	
征收排污费暂行办法（1982）	
征收超标准排污费财务管理和会计核算办法（1984）	
污染源治理专项基金有偿使用暂行办法（1988）	
中国环境与发展的十大对策（1992）	
北京市执行国务院《征收排污费暂行办法》的实施办法（1982）	
北京市污染源治理专项基金有偿使用实施办法（1989）	
北京市工业产品质量监督行政处罚规定（1990）	
北京市关于进一步搞好国营大中型工业企业的若干政策（1991）	
北京市关于支持工业发展的若干政策和措施（1991）	
天津市对排放污染物实行超标收费和罚款暂行办法（1981）	
天津市人民政府关于颁布《天津市征收排污费暂行办法》的通知（1984）	
天津市工业、交通企业原材料、燃料节约奖实施办法（1988）	
天津市地方工业企业使用二十种紧俏原材料生产的产品实行原材料代用奖问题的通知（1988）	
天津市工业系统节约原材料管理暂行规定（1989）	
河北省征收排污费暂行办法实施细则（1982）	
河北省人民政府关于工业亏损企业扭亏的暂行规定（1985）	
河北省关于加快新能源开发利用的决议（1985）	
河北省关于推进工业企业技术进步的暂行规定（1985）	
河北省炉窑烟尘污染防治管理办法（1988）	
河北省煤炭工业厅关于征收地方煤矿开发基金和煤炭资源费的实施办法（1989）	
河北省污染源治理专项基金有偿使用办法（1989）	
河北省关于提高工业经济效益的若干政策措施（1992）	
河北省关于贯彻落实中央搞好国营大中型企业十二条政策措施的意见（1992）	
河北省关于进一步做好全省工业经济结构调整工作的通知（1992）	

京津冀地区高雾霾污染产业与经济协调发展财政政策萌芽阶段的主要特点包括：

一是开始注意高雾霾污染产业大量能源消耗会造成污染物大量排放的问题。这一时期为实现不断提高经济效益，保持经济能够持续稳定增长的目标，主要是依靠以煤炭等传统能源消耗的雾霾污染产业拉动经济的发展来实现，随着雾霾污染产业的发展，能源消耗量上升，到了 1992 年工业能源消费量占总能源消费量的 70% 左右，煤炭占能源消费总量的 75%。这种是以经济增长为目标的先污染后治理的经济发展方式，传统能源的大量使用造成了二氧化硫、烟尘等污染物的大量排放，根据中国环境状况公报统计，我国大气环境问题持续严重，烟尘、二氧化硫排放量持续上涨。北方城市中京津冀三地作为钢铁、石化等重要生产基地，无论是能源消耗还是大气污染物排放量均较大，因此三地根据"能源开发与节约并重，把节约放在优先位置"方针，根据 1979 年颁布的《中华人民共和国环境保护法（试行）》，京津冀三地制定《北京市关于支持工业发展的若干政策和措施》《天津市工业、交通企业原材料、燃料节约奖实施办法》《天津市地方工业企业使用二十种紧俏原材料生产的产品实行原材料代用奖问题的通知》《河北省关于加快新能源开发利用的决议》来增加资金投入，促进工业企业进行技术改造，更新部分陈旧设备，降低能耗，加大了新能源开发、节能减排的投资力度，来减少大量的能源消耗带来的大气环境污染。

二是初步涉及工业气体排放的财政收费政策，开始实施排污收费制度。与京津冀高雾霾产业与经济协调发展相关政策，1978 年我国借鉴国外"谁污染，谁治理"的环境管理经验，在环境保护工作汇报中第一次提到了"向污染单位实行排放污染物的收费制度"。1979 年颁布的《中华人民共和国环境保护法（试行）》在法律上确定了排污收费制度，1982 年颁发了《征收排污费暂行办法》，排污费制度在全国执行，京津冀地区先后制定《征收排污费暂行办法》的实施办法，对超过排放标准的企业收费，对采暖炉、窑炉等工业生产过程中产生的废气征收烟尘排污费。三省市根据自身情况制定了有针对性的排污费制度，并制定了污染源治理专项基金政策，基金来自排污费征收中补贴污染产业污染防治的部分，用途主要是用于产业有害废气排放导致的污染治理。1988 年颁发了《污染源治理专项基金有偿使用暂行办法》，排污收费制度改革拉开了序幕，这些国家政策都涉及京津冀三地，另外京津冀三地也制定了《北京市执行国务院〈征收排污费暂行办法〉的实施办法》《天津市征收排污费暂行办法》《河北省征收排污费暂行办法实施细则》，开始对超过排放标准的污染物征收排污费，对工业及采暖炉、工业窑炉等征收烟尘排污费。天津市在 1981 年制定了《天津市对排放污染物实行超标收费和罚款暂行办法》，对污水、烟尘、粉尘、废气、废渣征收排污费。北京市在 1989 年颁发了《北京市污染源治理专项基金有偿使用实施办法》，河北省在 1989 年颁发了《河北省污染源治理专项基金有偿使用办法》。基金从市环保局每年征收的超标排污费中的用于补助重点排污单位治理污染源资金中提取，用于"三废"、污染源等项目的治理。

三是开始加大对于技术的财政支持力度，清洁生产出现萌芽。20 世纪 70 年代我国提出了防治工业污染的根本途径是通过技术改造把"三废"消除在生产过程中，即消除"三废"的根本途径是技术改造；1983 年第二次全国环境保护会议明确指出，环境污染问题要尽力在工业生产环节中解决；1992 年国务院颁发的《中国环境与发展的十大对策》指出在工业生产环节要尽量实施清洁工艺，实行可持续发展战略。1993 年第二次全国工业污染防治工作会议明确提出推行清洁生产，明确了生产的战略地位。基于此，京津冀三地开始加大对于技术改造的资金投入，鼓励清洁生产，促进高雾霾污染产业与可持续发展战略的经济相协调。在北京市 1991 年颁发的《北京市关于进一步搞好国营大中型工业企业的若干政策》《北京市关于支持工业发展的若干政策和措施》以及 1992 年颁发的《河北省关于提高工业经济效益的若干政策措施》《河北省关于贯彻落实中央搞好国营大中型企业十二条政策措施的意见》等都有提出在发展大气污染密集产业的同时加强对企业技术改造的投入、技术水平的提高，实施清洁生产。

四是开始加强环保技术改造财政资金投入，关注产品质量。20 世纪八九十年代京津冀地区根据技术是解决工业废气污染的根本途径，制定《北京市关于进一步搞好国营大中型工业企业的若干政策》《天津市工业系统节约原材料管理暂行规定》《河北省关于提高工业经济效益的若干政策措施》，其中都明确提出了要加大环保技术改造的资金投入，为生产排污设备的改造提供可靠的资金来源，清洁生产得到有效鼓励。20 世纪八九十年代，中国改革经济管理体制，经济活力得到了释放，为高雾霾污染产业的发展创造了良好的条件，产品供应量不断上涨，钢铁等工业产品产量大幅度提升，跃居世界第一，工业品短缺的问题得到缓解。在高雾霾污染产业产品产量持续增加，高雾霾污染产业产品从"有没有"向"好不好"转变的时候，政府开始关注生产效益、产品质量等问题，来适应不断增长的经济活动。北京市《北京市工业产品质量监督行政处罚规定》加强产品质量，在保证量的基础上注重质。河北省制定的《河北省人民政府关于工业亏损企业扭亏的暂行规定》对于生产效益不高、经营性亏损严重的企业不再补偿其亏损，对无法适应经济体制改革的企业进行了淘汰。

五是治理煤炭资源浪费问题的财政补贴增加。这一时期京津冀地区依靠消耗煤炭等能源的重工业拉动经济的发展，煤炭的消费急速上升，到了1992年，工业煤炭总消费高达能源总消费量的75%左右。煤炭的消耗过量导致废气排放量激增，大气环境质量降低。京津冀地区开始初步认识到污染产业排放大量废气的危害，根据把节约能源放在优先位置的指导方针，京津冀三地分别制定《北京市关于支持工业发展的若干政策》《天津市工业、交通企业原材料、燃料节约奖实施办法》《河北省关于加快新能源开发利用的决议》等政策，增加治理煤炭资源浪费问题的资金投入，更新部分陈旧设备，降低能耗，加大了新能源开发、节能减排的投资力度。

7.1.2 财政政策起步阶段

20世纪90年代，中国对计划经济体制改革基本完成。大气污染密集型企业转变经济发展机制，深化股份制改革，建立现代企业制度，实现企业的兼并重组，对高雾霾污染产业进行结构性调整，增强了高雾霾污染产业的活力。"九五"期间提出转变经济增长方式，由粗放型向集约型转变，高雾霾污染产业也要通过技术革新提高能源利用率，降低消耗来适应经济发展方式的转变。特别是国务院对北京城市总体规划要求调整产业结构，注重发展首都经济，因此以实现股份制改革的北京首钢股份有限公司为代表的大气污染密集型企业在京津冀地区得到迅速发展。我国的经济政策从适度从紧的财政政策，向积极的财政政策转变。对于防治大气污染，产业的节能减排等财力度加大，为高雾霾污染产业朝着更加健康的发展方式转变提供了机遇。根据这一情况，我国建立了适应社会主义市场体制的财政政策。高雾霾污染产业与经济协调发展政策的起步阶段是指1993—2003 年。"九五"期间集约型发展模式得以确立，京津冀地区建立矿产资源补偿费征收制度，排污费实现三大转变，丰富高雾霾污染产业技术改造支持方式，鼓励产业进行清洁化生产，主要政策如表 7 - 2 所示。

表 7 - 2　　　　财政政策起步阶段的主要政策举措及阶段特点

主要政策（年份）	阶段特点
矿产资源补偿费征收管理规定（1994）	
关于环境保护的若干问题（1996）	
中华人民共和国大气污染防治法（2000）	
中华人民共和国水污染防治法（2000）	
矿产资源补偿费使用管理办法（2001）	
中华人民共和国清洁生产促进法（2002）	
关于加快推行清洁生产意见的通知（2003）	
排污费资金收缴使用管理办法（2003）	
排污费征收使用管理条例（2003）	以可持续发展为指导，征收矿产资源补偿费，对排污费征收使用进行完善，关注环境保护问题和大气污染密集型企业技术改进，实施清洁化生产的改进
北京市实施《矿产资源补偿费征收管理规定》办法（1993）	
北京市技术开发基金管理办法（1994）	
北京市排污费资金收缴使用管理办法（2001）	
北京市工业发展资金管理办法（2002）	
北京市锅炉改造补助资金管理办法（2002）	
天津市环境保护条例（1994）	
天津市政府采购实施细则（1998）	
天津市加强知识产权管理和保护促进技术创新的实施意见（2000）	
天津市大气污染防治条例（2002）	
天津市贯彻《节约用电管理办法》实施细则（2003）	
天津市矿产资源补偿费征收管理办法（2003）	
河北省环境保护条例（1994）	
河北省矿产资源补偿费使用管理办法（1997）	
河北省排污费征收使用管理实施办法（2003）	

　　高雾霾污染产业与经济协调发展政策起步阶段的主要特点包括：

　　一是初步制定征收矿产资源补偿费制度。为了进一步解决煤炭资源的过度消费，京津冀地区先后制定了《矿产资源补偿费征收管理规定》，明确各类型矿山企业需要缴纳的费用，对矿产进行了生态化保护。该补偿费的征收导致煤炭资源的无偿使用不再成为可能，提高了高雾霾污染产业煤炭的使用成本，激发了企业开发新能源的积极性，进而有利于减少废气的排放。开始征收矿产资源补偿费，有效地保护自然资源，促进高雾霾污染产业能够合理利用资源和保护资源。1994 年《矿产资源补偿费征收管理规定》正式实施，1997 年对《矿产资源补偿费征收管理规定》进行修订，1994 年颁发的《北京市矿产资源补偿费征收管理规定》、1997 年颁发的《河北省矿产资源补偿费使用管理办法》、1998 年颁发的《天津市矿产资源补偿费征收管理办法》明确各类矿山企业的补偿费，结束了矿产资源无偿使用，开始对矿产资源进行生态补偿。2001 年财政部颁发了《矿产资源补偿费使用管理办法》，对矿产资源补偿进行完善。矿产资源补偿费是社会主义市场经济条件下包括煤炭在内的矿产资源有偿开采的确立，它维护了国家对于矿产资源权利权益的维护，更重要的是它提高了矿产资源的使用成本，能够促进矿产资源的合理开发，高雾霾污染产业矿产资源使用成本提高，激发企业开发新能源来降低能源成本，进而减少废气的排放。

二是转变排污费收费方式，探索新排污费制度。京津冀地区先后颁发了《排污费收缴和使用办法》，由总价的收费模式转向总量的收费模式，明确了污染物收费的种类和数量，扩大收费范围、严格收费标准，排污费的征收对象从国有工业企业扩展到私有工业企业。1994 年，我国排污染排污费十五周年总结表彰大会提出了污染排污制度深化改革的目标，我国开始探索新排污费制度。北京市和河北省基于《排污费征收管理条例》制定了《北京市排污费资金收缴使用管理办法》《河北省排污费征收使用管理实施办法》，明确了以污染量为单位实行多因子排污收费，扩大了征收范围，提高了征收标准，排污费的征收对象从污染排放企业、事业单位扩大到了个体工商户。2000 年在修订的《中华人民共和国大气污染防治法》中明确了按排放污染物的种类和数量征收排污费的总量收费制度。

三是继续加大产业技术改造财政支持，开发新技术。京津冀地区为了实现可持续战略，加大了对技术改造的资金支持力度，通过技术改造实现高雾霾污染产业的可持续发展。京津冀地区颁发了《北京市关于进一步推动全市工业企业技术进步的若干意见》《天津市加强知识产权管理和保护促进技术创新的实施意见》《河北省加快推进清洁生产的实施意见》等政策，加大排污相关设备的技术改造投资和对高雾霾污染产业改造项目的财政支持，利用财政投资对精品钢材基地等进行清洁化生产的改造，对无害化的环保设备进行升级。1994 年，国务院第十六次常务会议通过《中国 21 世纪议程》，提出了促进经济、社会、资源、环境以及人口、教育相互协调、可协调发展的总体战略和措施，标志着中国正式确立了可持续发展战略。1996 年第八届全国人大第四次会议同意把可持续发展战略作为国家经济和社会发展计划。在可持续发展战略的指导下，加强技术的创新，促进产业升级，实现高雾霾污染产业与经济的可持续发展。特别是北京市，为了在可持续发展的指导下发展首都经济，不断加大对于大气污染密集型企业的技术改进和创新支持力度。2000 年颁发的《天津市加强知识产权管理和保护促进技术创新的实施意见》、2002 年颁发的《北京市关于进一步推动全市工业企业技术进步的若干意见》加大对工业技术改造投资和对传统产业的改造工程的财政支持，以加快建设以企业为主体的技术进步体系。《北京市工业发展资金管理办法》则是为了适应 WTO 规则，加大对企业的工业技术、技术创新项目的支持力度，实现以企业为主体、市场为基础的产业结构动态调整机制。

四是开始实施对传统产业的清洁化生产。1992 年国务院制定的《中国环境与发展十大对策》提出了在建设项目时，技术起点要高，尽量采用能耗小、污染物排放量少的清洁生产工业。2002 年更是通过了《中华人民共和国清洁生产促进法》，标志着我国清洁生产的确立。根据国家清洁生产的发展方针，在《北京市关于进一步推动全市工业企业技术进步的若干意见》中开始对首钢精品钢材基地、百万吨乙烯扩建、电厂燃料及燃料系统等进行清洁化改造，以及对无害化环保设备进行改造，天津市也鼓励清洁高效的电厂以及对用电设备的使用，《天津市环境保护条例》也涉及对清洁生产的企业加大财政投入。但是这一阶段清洁生产推行缓慢，清洁生产的普及率和政策持续性需要进一步提高。

7.1.3　财政政策发展阶段

京津冀高雾霾产业与经济协调发展财政政策发展阶段是 2004—2012年。在此阶段，高雾霾污染产业与经济协调发展政策的调整较为明显。2004 年后京津冀主要城市的经济跨入了快速增长时期，高雾霾污染产业专业化不断加深，重化工企业比重不断加深，包括高雾霾污染产业在内的重化工产业成为经济增长的主要支撑。而伴随着高雾霾污染产业的快速发展，一系列大气问题凸显出来。大气环境受到了严重破坏，雾霾天气发生频率开始增加。2007 年党的十七大提出"加快转变经济发展方式，推动产业结构优化升级"。高雾霾污染产业必须淘汰落后产能，促进节能减排措施的实现，实现循环经济，提高经济发展的质量，与经济发展方式的转变相适应。京津冀三省市进行财政改革，将财政支持重点转向产业结构性调整，促进循环经济的高效发展，同时加大对联防联控财政支持，主要政策如表 7 - 3 所示。

表 7 - 3　　　财政政策的发展阶段的主要政策措施及阶段特点

主要政策（年份）	阶段特点
河北省加快推进清洁生产的实施意见（2004）	逐渐转变经济发展方式，加强高雾霾污染产业的节能减排及废气治理，加快推进落后产能的淘汰，加快工业的升级转型，进一步促进循环经济的发展，对京津冀大气污染防治联防联控机制进行财政支持
关于加快火电厂烟气脱硫产业化发展的若干意见（2005）	
关于加快发展循环经济的若干意见（2005）	
钢铁产业发展政策（2005）	
排污费征收使用管理条例（2006）	
关于推进循环经济发展的指导意见（2006）	
关于深化煤炭资源有偿使用制度改革试点的实施方案（2006）	
国务院关于印发节能减排综合性工作方案的通知（2007）	
煤炭工业节能减排工作意见（2007）	
中央财政主要污染物减排专项资金项目管理暂行办法（2007）	
中华人民共和国循环经济促进法（2008）	
水资源费征收使用管理办法（2008）	
国务院关于进一步加强节油节电工作的通知（2008）	
关于抑制部分行业产能过剩和重复建设引导产业健康发展若干意见的通知（2009）	
石化产业调整和振兴规划（2009）	
钢铁产业调整和振兴规划（2009）	
工业企业能源管理中心建设示范项目财政补助资金管理暂行办法（2009）	
关于进一步加大节能减排力度加快钢铁工业结构调整的若干意见（2010）	
关于推进大气污染联防联控工作改善区域空气质量的指导意见（2010）	
关于印发合同能源管理财政奖励资金管理暂行办法（2010）	
国务院关于进一步加强淘汰落后产能工作的通知（2010）	
关于支持循环经济投资融资政策措施意见的通知（2010）	

续表

主要政策（年份）	阶段特点
关于中国清洁发展机制基金管理办法（2011）	
关于印发万家企业节能低碳行动实施方案的通知（2011）	
国务院关于印发工业转型升级规划（2011—2015 年）的通知（2011）	
国务院办公厅关于进一步加大节能减排力度加快钢铁工业结构调整的若干意见（2010）	
关于开展节能减排财政政策综合示范工作的通知（2011）	
可再生能源发展基金征收使用管理暂行办法（2011）	
节能技术改造财政奖励资金管理办法（2011）	
淘汰落后产能中央财政奖励资金管理办法（2011）	
工业转型升级资金管理暂行办法（2012）	
可再生能源电价附加补助资金管理暂行办法（2012）	
循环经济发展转型资金管理暂行办法（2012）	
北京工业实施循环经济行动方案（2005）	逐渐转变经济发展方式，加强高雾霾污染产业的节能减排及废气治理，加快推进落后产能的淘汰，加快工业的升级转型，进一步促进循环经济的发展，对京津冀大气污染防治联防联控机制进行财政支持
北京市加强北京工业品牌建设的措施（2006）	
北京市加快煤炭行业结构调整应对产能过剩工作意见的通知（2006）	
北京市关于贯彻落实国务院进一步加强节油节电工作通知的意见（2008）	
北京市人民政府关于进一步加强淘汰落后产能工作的实施意见（2010）	
北京市关于进一步推进北京市工业节能减排工作的意见（2010）	
北京市"十二五"时期主要污染物总量减排工作方案（2011）	
北京市工业大气污染治理行动计划（2012）	
北京市节能减排财政政策综合示范奖励资金管理暂行办法（2012）	
北京市工业废气治理工程补助资金管理暂行办法（2012）	
天津市环境保护专项资金收缴使用管理暂行办法（2004）	
天津市关于推进燃煤锅炉改燃和拆除并网工作实施意见（2004）	
天津市科技创新专项资金管理办法实施细则	
天津市关于加强环境保护优化经济增长的决定（2006）	
天津市关于发展循环经济建设节约型社会实施意见（2006）	
天津市节能专项资金使用管理办法（2007）	
天津市关于加强节能工作的决定（2007）	
天津市节能减排工作实施方案（2007）	
天津市关于加快财税改革创新促进科学发展和谐发展率先发展意见的通知（2007）	
天津市清洁生产促进条例（2008）	
天津市关于整合提升发展区县示范工业园区的若干意见（2009）	
天津市工业科技开发基金项目（2009）	

续表

主要政策（年份）	阶段特点
天津市关于进一步做好我市淘汰落后产能工作的实施意见（2010） 天津市2010年节能降耗预警调控方案（2010） 天津市关于推进大气污染联防联控工作改善区域空气质量的实施方案（2010） 天津市清新空气行动方案的通知（2010） 天津市万家企业节能低碳行动的通知（2012） 天津市电力需求侧管理专项资金使用管理暂行办法（2012） 河北省关于加快经济结构战略性调整推进经济增长方式转变有关情况和意见（2006） 河北省关于切实抓好当前发展运行工作确保工业经济持续稳定增长意见（2006） 河北省人民政府关于推进节能减排工作的意见（2008） 河北省关于推进经济结构调整的若干意见（2008） 河北省省级环境保护以奖代补专项资金管理办法（2009） 河北省人民政府关于加快发展循环经济的实施意见（2009） 河北省人民政府关于加强节能工作的决定（2009） 河北省人民政府关于加快工业聚集区发展的若干意见（2010） 河北省产业发展专项资金筹集使用管理意见（2010） 河北省人民政府关于进一步扩大开放承接产业转移的实施意见（2010） 河北省"十二五"节能减排综合性实施方案（2011） 河北省人民政府关于控制钢铁产能推进节能减排加快钢铁工业结构调整的实施意见（2011） 河北省关于加快沿海经济发展促进工业向沿海转移的实施意见（2011）	逐渐转变经济发展方式，加强高雾霾污染产业的节能减排及废气治理，加快推进落后产能的淘汰，加快工业的升级转型，进一步促进循环经济的发展，对京津冀大气污染防治联防联控机制进行财政支持

京津冀高雾霾污染产业与经济协调发展财政政策发展阶段的主要特点包括：

一是重视区域化的财政投入，加强大气污染密集型节能减排工作。京津冀地区的协同发展规划及大气污染防治工作方案提出了增加三省市产业之间协同高效发展的资金投入，实现三省市之间产业取长补短，增加中央对京津冀地区绿色技术改造升级的资金投入，强化产业园区绿色改造的转移支付，拓宽财政支持的渠道，保障三省市能够公平享受财政补助。2004年《能源中长期发展规划纲要（2004—2020）》提出在全国范围内坚持和实施节能优先的方针，制定和实施统一的促进节能的能源和环境政策，推行以市场机制为基础的节能新机制。随着高污染、高排放行业增长过快，经济发展与资源环境的矛盾日益加深，环境问题反应强烈。2007 年颁发的《节能减排综合性工作方案的通知》《天津市节能专项资金使用管理办法》《天津市节能减排工作实施方案》指出，把节能减排当作宏观调控的重点，保证对遏制高耗能、高污染产业的过快增强，保证节能减排工作的资金投入。2009 年《钢铁工业结构调整的若干意见》《河北省人民政府关于加强节能工作的决定》提出建立节能专项基金，以财政补助、贷款贴息等方式加强对于节能降耗企业的支持。推进高雾霾污染产业节能减排，转变发展方式，提高发展质量。2011 年颁发《关于印发万家企业节能低碳行动实施方案的通知》等政策，都指出京津冀等地区要提高发展的质量，落实节能减排目标，促进高雾霾污染产业节约、清洁、可持续的发展。2011 年颁发的《进一步加大节能减排力度加通知》《关于开展节能减排财政政策综合示范工作的通知》提出，坚持节能减排与发展经济相结合，利用财政手段加大对产业低碳化、主要污染物减量化的投入，增强可持续发展能力。2011 年颁发的《北京市节能减排财政政策综合示范奖励资金管理暂行办法》《河北省关于控制钢铁产能推进节能减排加快钢铁工业结构调整的实施意见》、2012 年颁发的《天津市万家企业节能低碳行动的通知》等进一步加大对节能减排新技术、新工艺的扶持，鼓励提高对"三废"综合治理财政政策的支持力度。

二是开始重点关注淘汰高雾霾污染产业落后产能。京津冀地区钢铁、水泥、煤化工等产业仍在盲目扩张，三省市为转变经济发展方式，对过剩产业产能进行科学淘汰，将雾霾防治、降低废气污染物的任务落实，京津冀地区发展质量得以提高。三省市各自颁发的《进一步加强淘汰落后产能工作的实施意见明确》规定了对重点污染行业要增强落后或者过剩产能有效淘汰的资金支持力度，根据不同行业的特点，有针对性地选择淘汰方式。2007 年京津冀开始转变经济发展方式，加快淘汰落后产能可以转变经济发展方式、提高经济增长质量。对大气污染密集企业进行落后产能的淘汰，帮助实现节能减排任务和经济社会的可持续发展。2012 年颁发的《北京市人民政府关于进一步加强淘汰落后产能工作的实施意见》《天津市关于进一步做好我市淘汰落后产能工作的实施意见》《河北省人民政府关于进一步加强淘汰落后产能工作的实施意见》针对京津冀地区的钢铁、水泥、煤化工等产业盲目扩张、产能严重过剩，提出深化财税体制改革，促进经济结构的战略性调整。以转变经济发展方式为主线，以电力、煤炭、钢铁、水泥等行业为重点，对重点行业企业进行淘汰，加强对淘汰落后产能工作的资金支持力度，根据行业特点、淘汰方式来进行资金支持。天津市颁发的《节能专项资金使用管理办法》中提出要建立专门支持能源节约的专项资金，把节能减排当作高雾霾污染产业宏观调控的重中之重。《河北省人民政府关于加强节能工作的决定》利用节能专项基金、财政补助、贷款贴息等方式加大对节能降耗企业的支持，转变产业发展方式，提高产业发展质量。三省市建立废气综合治理专项资金，鼓励提高"三废"综合治理财政政策的支持力度。

三是加大循环经济的财政支持力度。2005 年颁发的《关于加快循环经济的若干意见》《北京工业实施循环经济行动方案》加大对循环经济的财政支持力度，并为其发展指明了方向。2006 年颁发的《河北省关于加快发展循环经济的实施意见》、2007 年颁发的《天津市关于发展循环经济建设节约型社会实施意见》指出工业是循环经济的实施主体之一，面对资源环境和生态环境不断的恶化，工业必须走可持续发展道路，不仅要成为推动经济发展的主要力量，还要考虑到生态、资源等环境问题，实现协调发展。加强循环工业园区建设以及循环经济技术、装备的资金投入，优化资源配置，来实现污染项目治理，达标排放，促进能量循环，实现污染物减量化、资源化和无害化。2010 年颁发的《关于支持循环经济投资融资政策措施意见的通知》明确了要利用财税等手段加大对循环经济的投资，制定有利于循环经济发展的产业政策，促进经济高质量发展。2012 年颁发了《循环经济发展专项资金管理暂行办法》，规范循环经济专项资金管理，重点支持可循环利用的钢铁、有色金属等城市矿产资源及循环工业园区的改造、清洁生产技术推广、循环经济的基础能力建设。

四是加强京津冀大气污染防治联防联控机制的支持。随着我国酸雨、灰霾、光化学污染等区域性大气污染日益加剧，2010 年颁发《关于推进大气污染联防联控工作改善区域空气质量的指导意见》，支持对京津冀等重点区域建立大气污染立方联控机制，强化环境保护专项资金的使用，重点治理火电、钢铁、石化、化工等对区域空气质量产生较大影响的企业。《河北省人民政府关于进一步扩大开放承接产业转移的实施意见》和《河北省人民政府关于加快工业聚集区发展的若干意见》中提出承接京津的产业转移、建设产业集聚区，设置技术改造资金、节能减排资金，建立区域性循环经济产业链。2012 年颁发的《北京市工业大气污染治理行动计划》《天津市电力需求侧管理专项资金使用管理暂行办法》提出安排专项资金推动燃煤机组脱硝、钢铁烧结机烟气脱硫等项目，加大对京津冀区域空气质量的检测。

五是加强工业转型升级的支持。京津冀高雾霾污染产业在内的工业是国民经济的主导力量，原有的方式已经很难适应，已经进入以转型升级促进工业又好又快发展的新阶段。2008 年颁发的《河北省关于推进经济结构调整的若干意见》提出支持优势企业的发展、重大项目引进和关键技术研发。2009 年颁发的《石化产业调整和振兴规划》《钢铁产业调整和振兴规划》提出提高对石化、钢铁产业技术的改造投入，淘汰落后产能，提高石化、钢铁产业质量，向高端产业发展。《天津市工业科技开发基金项目》加大了对工业科技的开发力度，为企业科技研发提供了支持。2010 年颁发的《关于进一步加大节能减排力度加快钢铁工业结构调整的若干意见》《河北省产业发展专项资金筹集使用管理意见》提出加强对工业结构布局，对高污染、高耗能产业退出进行奖励，推进工业园区燃煤锅炉的清洁能源改造工作，对循环经济改造进行资金支持。2011 年颁发的《关于印发工业转型升级规划的通知》、2012 年颁发的《北京市工业大气污染治理行动计划》《工业转型升级资金管理暂行办法》《天津市电力需求侧管理专项资金使用管理暂行办法》加大对产业升级转型资金支持力度，加强对钢铁、水泥等重点行业转型升级工程建设，关闭对重点行业小企业的补助。

7.1.4　财政政策完善阶段

京津冀高雾霾产业与经济协调发展政策的完善阶段是指 2012 年以后。随着社会经济的发展和经济的全球化，中国成为世界上少有的经济大国，第二产业所占比重不断增大，以煤炭等传统能源为基础的发展路径，造成了能源利用率低、废气排放量大，严重破坏了大气环境。特别是 2013 年，京津冀三地暴发了严重的雾霾污染，而雾霾治理的核心就是这些高耗能、高污染的高雾霾污染产业的废气排放问题。京津冀地区高雾霾污染产业与经济协调发展的政策完善阶段是指 2012 年后。2017 年党的十九大提出了经济高质量发展的要求，大气环境的保护、产业的发展和经济的发展不是矛盾对立的，要继续深化财政政策的绿色化改革，加强产业供给侧改革的财政投入资金，强化阶梯性收费政策的执行，重视产业之间协同发展，主要政策如表 7 - 4 所示。

表 7 - 4　　　财政政策的完善阶段的主要政策措施及阶段特点

主要政策（年份）	阶段特点
关于简化节能家电高效电机补贴兑付信息管理及加强高效节能工业产品组织实施等工作的通知（2013）	
关于调整可再生能源电价附加征收标准（2013）	
矿产资源节约与综合利用专项资金管理办法（2013）	
国务院办公厅关于加强内燃机工业节能减排的意见（2013）	
国务院关于化解产能严重过剩矛盾的指导意见（2013）	
关于调整排污费征收标准等有关问题的通知（2014）	
全面实施燃煤电厂超低排放和节能改造工作方案（2014）	
关于加快推进工业强基的指导意见（2014）	
中华人民共和国政府采购法（2015）	
可再生能源发展专项资金管理暂行办法（2015）	进一步对耗能不同的
水污染防治专项资金管理办法（2015）	企业实施了差别电
节能减排补助资金管理暂行办法（2015）	价，深入开展绿色制
国务院关于钢铁行业化解过剩产能实现脱困发展的意见（2016）	造、循环经济，污染
国务院办公厅关于健全生态保护补偿机制的意见（2016）	费征收范围扩大，加
国务院办公厅关于石化产业调结构促转型增效益的指导意见（2016）	快落后产能的淘汰，
国务院关于煤炭行业化解过剩产能实现脱困发展的意见（2016）	专项基金和补助资金
绿色制造工程实施指南（2016）	种类增多，大量采用
循环发展引领行动（2017）	以奖代补的政策，京
关于节能减排财政政策综合示范工作的补充通知（2017）	津冀产业协同发展财
工业企业结构调整专项奖补资金管理办法（2018）	政支持力度加大
关于停征排污费等行政事业性收费有关事项（2018）	
关于钢铁煤炭行业化解过剩产能国有资产处置损失有关财务处理问题（2018）	
关于调整天然气进口税收优惠政策有关问题（2018）	
工业节能诊断服务行动计划（2019）	
工业炉窑大气污染综合治理方案（2019）	
关于下达清洁能源发展专项资金的通知（2020）	
北京市节能减排及环境保护专项资金管理办法（2013）	
北京市工业企业结构调整中央专项奖补资金管理实施细则（2014）	
北京市关于二氧化硫等四种污染物排污收费标准（2014）	

续表

主要政策（年份）	阶段特点
北京排污费资金收缴使用管理办法（2014） 北京市锅炉改造补助资金管理办法补充规定（2014） 北京市关于挥发性有机物排污收费标准的通知（2015） 北京市进一步健全大气污染防治体制机制推动空气质量持续改善的意见（2015） 北京市完善差别电价政策的实施意见（2015） 北京市推进节能低碳和循环经济标准化工作实施方案（2015） 北京绿色制造实施方案（2016） 北京市燃气（油）锅炉低氮改造以奖代补资金管理办法（2016） 北京市工业企业结构调整中央专项奖补资金管理实施细则（2016） 北京市加强生态环境保护坚决打好北京市污染防治攻坚战的意见（2018） 北京市打赢蓝天保卫战行动计划（2019） 天津市财政局关于政府采购支持节能环保产品的实施意见（2013） 天津市贯彻落实国家化解产能严重过剩矛盾指导意见实施方案的通知（2013） 天津市煤电节能减排升级与改造行动计划（2014） 天津市污染物排污费征收实施细则（2014） 天津市工业企业发展专项资金管理暂行办法（2015） 天津市首台（套）重大技术装备保费补贴资金通知（2015） 天津市钢铁产业转型发展三年行动计划（2015） 天津市2016年10蒸吨/小时及以上燃煤供热锅炉改燃并网项目定额补助实施方案（2015） 发展改革委市财政局市环保局关于调整烟尘和一般性粉尘排污费征收标准的通知（2015） 天津市示范工业园区年度考核奖励资金管理办法（2016） 天津市工业科技开发专项资金管理暂行办法（2016） 天津市节能专项资金管理暂行办法（2016） 天津市工业企业结构调整专项奖补资金管理细则（2016） 天津市工业绿色制造体系建设实施方案（2017） 天津市重点新产品认定补贴办法（2017） 天津市电力需求侧管理专项资金（2017） 天津市工业企业上云上平台财政补贴实施细则（2018） 天津市智能制造专项资金管理暂行办法（2018）	进一步对耗能不同的企业实施了差别电价，深入开展绿色制造、循环经济，污染费征收范围扩大，加快落后产能的淘汰，专项基金和补助资金种类增多，大量采用以奖代补的政策，京津冀产业协同发展财政支持力度加大

续表

主要政策（年份）	阶段特点
天津市促进科技成果转化交易项目补助资金管理办法（2018）	
天津市钢铁化解过剩产能工作要点（2018）	
天津市新材料首批次应用保险补偿机制试点工作（2018）	
天津市供热机组"热电解耦"改造补助项目（2019）	
天津市绿色工厂、绿色园区创建工作（2019）	
天津市重点用能单位能耗在线监测系统建设财政补助政策的通知（2019）	
河北省关于运用价格手段促进产业结构调整有关事项的通知（2014）	
河北省化解钢铁过剩产能奖补办法（2013）	
河北省大气污染防治专项资金使用管理暂行办法（2014）	
河北省关于调整排污费收费标准等有关问题的通知（2014）	进一步对耗能不同的
河北省工业企业技术改造专项资金管理办法（2015）	企业实施了差别电
河北省燃煤锅炉治理实施方案（2015）	价，深入开展绿色制
河北省关于推进价格机制改革的实施意见（2015）	造、循环经济，污染
河北省化解煤炭过剩产能奖补办法（2016）	费征收范围扩大，加
河北省煤炭行业化解过剩产能实现脱困发展实施方案的通知（2016）	快落后产能的淘汰，
河北省关于水泥企业用电实行阶梯电价政策有关问题的通知（2017）	专项基金和补助资金
河北省淘汰关停煤电机组容量有偿使用暂行办法（2017）	种类增多，大量采用
河北省关于运用价格手段促进钢铁行业供给侧结构性改革有关问题的通知（2017）	以奖代补的政策，京
河北省关于构建市场导向的绿色技术创新体系的若干措施（2019）	津冀产业协同发展财
河北省关于深化燃煤发电上网电价形成机制改革的通知（2019）	政支持力度加大
京津冀协调发展纲要（2015）	
京津冀协同发展产业转移对接企业税收收入分享办法（2015）	
京津冀及周边地区工业资源综合利用产业协同发展行动计划（2015）	
京津冀及周边地区2017年大气污染防治工作方案（2017）	
京津冀及周边地区2018—2019年秋冬季大气污染综合治理攻坚行动方案（2018）	
关于推进实施钢铁行业超低排放的意见（2019）	
京津冀及周边地区2019—2020年秋冬季大气污染综合治理攻坚行动方案（2019）	
工业炉窑大气污染综合治理方案（2019）	

京津冀高雾霾产业与经济协调发展政策的完善阶段的重点就是在发展中保护、在保护中发展，主要阶段特点包括：

一是加快实施差别化电价政策。2006 年为了遏制高耗能产业的盲目发展和低水平重复建设，促进产业结构的调整和技术的升级，环境能源紧张，发展改革委印发《关于完善差别电价政策的意见》，扩大了差别电价的实施范围，制定了《部分高耗能产业实施差别点见目录》。2012 天津市发布的《"十二五"节能减排综合性工作实施方案》对超过能耗的产业实施差别电价，严格落实脱硫、脱硝电价。2014 年在《国务院关于〈国民经济和社会发展第十二个五年规划纲要〉实施中期评估报告》中指出企业面临的生态环境等外部成本约束增大，钢铁、水泥等行业产能过剩严重，指出加大差别电价的执行力度，同时严禁对高耗能企业实行优惠电价，落实好燃煤脱硝电厂等环保电价政策，促进产业的进行结构升。2014 年天津市为了避免高耗能产业的盲目发展，促进经济发展方式转变和经济结构的调整，颁发《天津市关于进一步贯彻落实超能耗企业和产品惩罚性电价政策的通知》，对超过限额标准的企业进行加价。2014 年颁发的《河北省关于运用价格手段促进产业结构调整有关事项的通知》、2015 年颁发的《北京市完善差别电价政策的实施意见》强化差别电价工作机制，完善落实国家差别化电价政策。2016 年制定《北京市关于降低本市燃煤发电上网电价等有关问题的通知》，利用北京市燃煤发电上网电价降价空间，指出可再生能源发展，设立工业企业结构调整专项资金。2017 年颁发的《北京市 2013—2017 年清洁空气行动计划》中明确加大惩罚性电价的政策。《天津市关于利用综合标准依法依规推动落后产能退出指导意见的实施意见》对钢铁水泥等行业耗能执行差别电价、阶梯电价、惩罚性电价。《河北省关于水泥企业用电实行阶梯电价政策有关问题的通知》《河北省关于运用价格手段促进钢铁行业供给侧结构性改革有关问题的通知》实施更加严格的差别电价政策，对淘汰类、限制类的企业提高加价标准，2018 年颁发的《关于创新和完善促进绿色发展价格机制的意见》进一步实施差别化电价政策，利用价格杠杆产业节能减排，继续在电力行业实施环保电价的补贴，严格执行阶梯电价，促进高耗能行业减排升级，对于生产线达不到能耗要求的企业进行淘汰。京津冀三地作为钢铁、石化工业的聚集地更要加大对于差别电价的财政支持力度。

二是不断加大循环经济、清洁生产等产业绿色发展的投入力度。京津冀地区对冶金、化工等重点产业节能减排、产业结构优化等进行事后财政补贴；利用现有财政渠道加大区域循环经济发展，实现钢铁等企业向绿色化方向转变。《北京市推进节能低碳和循环经济标准化工作实施方案》《北京绿色制造实施方案》对绿色制造业高质量发展进行重点资金支持，帮助提高产业的绿色化和高端化程度。《天津市绿色工厂、绿色园区创建工作》对建设绿色工厂、打造绿色制造体系提供了强有力的财政支持。2018 年颁发的《河北省"万企转型"实施方案》明确规定实施绿色财政，推动经济高质量发展，加大钢铁、石化等企业向绿色化方向转移财政支持力度。京津冀三地仍处在工业化进程中，产业结构不合理、资源利用率低、环境问题突出，2014 年颁发的《关于加快推进工业强基的指导意见》加强对工业"四基"的财政力度，增强工业基础能力，促进工业转型发展。2015 年颁发的《河北省工业企业技术改造专项资金管理办法》对冶金、化工等重点产业节能减排、产业结构优化等进行事后财政补贴。2015 年颁发的《北京市推进节能低碳和循环经济标准化工作实施方案》、2016 年颁发的《绿色制造工程实施指南》《北京绿色制造实施方案》对清洁生产、循环经济等进行重点资金支持，促进产业升级转型，加快循环经济的发展。2016 年颁发的《天津市工业科技开发专项资金管理暂行办法》《天津市节能专项资金管理暂行办法》专门用于清洁、绿色技术改造，以及对绿色发展先进单位的表彰。2017 年颁发的《循环发展引领行动》提出利用现有财政渠道加大京津冀区域循环经济协同发展。2017 年颁发的《天津市工业绿色制造体系建设实施方案》、2019 年颁发的《天津市绿色工厂、绿色园区创建工作》加强财政投入、建设绿色工厂，打造绿色制造体系。2018 年河北省实行《河北省"万企转型"实施方案》推动经济高质量发展，加大钢铁、石化等企业向绿色化方向转变。

三是各类专项基金增加，大量采用"以奖代补"财政激励手段。2013 年颁发的《矿产资源节约与综合利用专项资金管理办法》支持黑色金属、有色金属、化工等综合利用。《北京市节能减排及环境保护专项资金管理办法》加大对清洁生产、节能减排改造、循环经济等重点工程。《河北省化解钢铁过剩产能奖补办法》用于弥补企业在化解钢铁过剩中的损失、促进其转型发展等。2014 年颁发的《北京市工业企业结构调整中央专项奖补资金管理实施细则》《北京市锅炉改造补助资金管理办法补充规定》《河北省大气污染防治专项资金使用管理暂行办法》、2015 年颁发的《可再生能源发展专项资金管理暂行办法》《河北省工业企业技术改造专项资金管理办法》、2016 年颁发的《工业企业结构调整专项奖补资金管理办法》《北京市燃气（油）锅炉低氮改造以奖代补资金管理办法》《天津市节能专项资金管理暂行办法》《天津市工业企业结构调整专项奖补资金管理细则》、2017 年颁发的《天津市电力需求侧管理专项资金》、2018年颁发的《工业企业结构调整专项奖补资金管理办法》《天津市智能制造专项资金管理暂行办法》、2020 年颁发的《关于下达清洁能源发展专项资金的通知》等提出的专项资金的种类不断增多，同时采用"以奖代补"的方式来鼓励高雾霾污染产业进行产业结构的调整、绿色技术的开发，提高资金利用效率。对于企业技术改造、热机组"热电解耦"改造、科技成果转化交易、智能制造、工业结构等多环节建立专项基金，还采用"以奖代补"的方式将治理效果和资金奖励挂钩，来鼓励高雾霾污染产业转变发展方式。

四是排污费征收范围不断扩大，征收标准不断提升，实行阶梯式差别征收。继续扩大排污费的收费范围，并实施阶梯化差别征收方式。京津冀地区提高了废气污染物的收费标准，实施阶梯性差异性排污收费。2013年《大气防治行动计划》和《节能减排"十二五"规划》指出加大排污费征收力度，提高排污费标准，将挥发性有机物纳入排污费征收范围内。2013 年颁发的《北京市关于做好燃气电厂氮氧化物排污费征收工作的通知》对燃气电厂的氮氧化物排放物征收排污费，治理氮氧化物浓度过高的电厂，促进燃气锅炉低氮燃烧改造。2013 年颁发的《天津市污染物排污费征收实施细则》提高了二氧化硫等四种污染物排污费征收标准。2014 年国务院印发《关于调整排污费征收标准等有关问题的通知》上调废气中二氧化硫、氮氧化物排污费征收标准，实施差别收费政策，对于污染物排放浓度高于国家排放限值的地区，加收一倍到二倍排污费，对于企业污染物低于国家排放限值 50% 以上的，减半征收排污费。2014 年制定的《北京市关于二氧化硫等四种污染物排污收费标准》《北京排污费资金收缴使用管理办法》《天津市调整二氧化硫等 4 种污染物排污费征收标准的通知》《河北省关于调整排污费收费标准等有关问题的通知》提高了二氧化硫、氮氧化物等排污费收费标准，实施阶梯式差别化排污收费政策。2015 年颁发的《挥发性有机物排污收费试点办法》开始对石油化工行业和包装印刷行业征收挥发性有机物排污费。《天津市关于调整烟尘和一般性粉尘排污费征收标准的通知》调整了烟尘排污费征收标准，实施差别征收。《北京市关于挥发性有机物排污收费标准的通知》《天津市关于制定石油化工和包装印刷行业挥发性有机物排污费征收标准》《河北省关于制定石油化工及包装印刷试点行业挥发性有机物排污费征收标准的通知》《河北省试点征收挥发性有机物排污费》对石油化工及包装印刷开始征收挥发性有机物排污费。2016 年颁发的《国务院关于印发"十三五"节能减排综合工作方案的通知》提出研究扩大挥发性有机物排放行业排污费征收范围。

五是重点促进供给侧结构性改革，加快落后产能的淘汰。化解钢铁、水泥等行业产能严重过剩是产业结构调整的工作重点。2013 年国务院印发的《国务院关于化解产能严重过剩矛盾的指导意见》明确规定完善财政政策，中央财政加大对产业严重过剩行业实施结构调整和产业升级的支持力度，扩大资金规模，支持产能严重过剩行业压缩过剩产能。2013 年颁发的《天津市贯彻落实国家化解产能严重过剩矛盾指导意见实施方案的通知》《河北省人民政府贯彻落实〈国务院关于化解产能严重过剩矛盾的指导意见〉实施方案》《河北省化解钢铁过剩产能奖补办法》提出统筹现有专项资金，对产能过剩行业实施结构调整、产业升级和落后茶能淘汰予以支持。2016 年印发的《关于钢铁行业化解过剩产能实现脱困发展的意见》《石化产业调结构促转型增效益的指导意见》《煤炭行业化解过剩产能实现脱困发展的意见》加强工业结构调整奖补，实施阶梯奖补。2016 年颁发的《北京市工业企业结构调整中央专项奖补资金管理实施细则》《天津市工业企业结构调整专项奖补资金管理细则》规范工业企业结构，调整中央专项资金补助。2016 年颁发的《河北省煤炭行业化解过剩产能实现脱困发展实施方案的通知》《河北省化解煤炭过剩产能奖补办法》加大财政投资力度，对煤炭行业进行奖补。2018 年颁发的《工业企业结构调整专项奖补资金管理办法》明确规定淘汰落后产能过程中专项奖补问题。2020 年颁发的《关于做好 2020 年重点领域化解过剩产能工作的通知》提高专项奖补资金使用效益，加强资金管理，严格落实《工业企业结构调整专项奖补资金管理办法》。

六是加大了产业与资源利用协调发展的力度。2014 年提出京津冀协同发展纲要。2015 年制定的《京津冀协同发展规划纲要》提出了加大对产业协同发展的财政支持力度，实现京津冀三地产业的优势互补。2015 年制定了《京津冀及周边地区工业资源综合利用产业协同发展行动计划》，加强中央财政对京津冀及周边地区工业资源协同发展的支持，研究制定工业资源综合利用协同发展扶持政策，对列入行动计划的基地、园区、企业或项目，从技术改造、清洁生产等现有财政支持渠道给予资金支持。促进京津冀资源综合利用和产业的协同发展，提高了资源的利用率，降低生态环境的压力，构建区域资源利用发展体系。从 2017 年开始，京津冀每年制定《京津冀及周边地区大气污染防治工作方案》，加大大气污染防治政策资金支持力度，重点针对燃煤锅炉代替、工业污染治理领域。2019 年生态环境办公厅印发《工业炉窑大气污染综合治理方案》，特别对京津冀的工业炉窑进行整治，对工业炉窑综合治理达标的企业给予奖励，降低了 PM2.5 的排放。

七是深化各类专项资金。三省市各自设立用于产业废气处理、落后清洁技术更新等项目的专用资金，以及对清洁技术改造、热电解耦改造、科技成果转化交易、智能制造进行财政补助。同时，还采用奖励代替补贴的方式，将治理效果和奖金奖励相挂钩，来鼓励高雾霾污染产业转变发展模式。如《北京市节能减排及环境保护专项资金管理办法》《天津市电力需求侧管理专项资金》《河北省工业企业技术改造专项资金管理办法》等提出的专项资金的种类不断增加，采用以奖代补的方式来鼓励产业进行产业结构的调整、绿色技术的开发，提升资金使用效率。

7.2
高雾霾污染产业与经济协调发展税收政策供给演进

7.2.1 税收政策萌芽阶段

京津冀高雾霾产业与经济协调发展税收政策萌芽阶段是指 1978—1992 年。这一时期，京津冀开始学习借鉴发达国家的先进政策，京津冀地区积极探索符合本地的税收政策，利用税收激励政策鼓励进行技术改造，资源税征收制度初步建立，主要政策如表 7-5 所示。

表 7-5　　　　　　税收政策萌芽阶段的主要政策措施及特点

主要政策（年份）	阶段性特点
中华人民共和国环境保护法（1979） 国务院关于国民经济调整时期加强环境保护工作决定（1982） 排污收费暂行办法（1982） 中华人民共和国资源税条例（草案）（1982） 北京市关于进一步搞好国营大中型工业企业的若干政策（1991） 北京市关于征收铁矿石资源税的通知（1991） 天津市征收排污费暂行办法（1982） 河北省征收排污费暂行办法实施细则（1982） 河北省推进工业企业技术进步的暂行规定（1985） 河北省人民政府关于深入改革进一步增强国营工业企业活力的若干规定（1985） 河北省关于促进环京津地区横向经济联合的若干规定（1986） 河北省人民政府关于进一步做好全省工业经济结构调整工作的通知（1992）	尝试用"以费代税"的排污收费形式来治理高雾霾污染产业的排放，运用减税或免税的方式来鼓励企业进行技术创新

京津冀高雾霾产业与经济协调发展税收政策萌芽阶段，京津冀开始学习借鉴发达国家的先进经验，京津冀三地积极探索符合本地的税收政策。此阶段的主要特征包括：

一是资源税征收制度初步建立。在 1984 年《中华人民共和国资源税条例》提出开始在全国征收资源税，对煤炭、天然气、原油等征收资源税。1991 年颁发的《关于征收铁矿石资源税的通知》提出开始对铁矿石征收资源税，结束了对资源无偿的开采，增加了高雾霾污染产业的生产成本，促进其提高资源利用率。但由于这一阶段是探索实施，京津冀地区缺乏相关的征收经验，因此主要是执行国家资源税政策，没有出台相关的政策。

二是税收激励政策逐渐增加。京津冀地区传统工业产品生产主要是依靠国内现有的装备和技术，对外仅是引进是成套设备，引进高技术的企业较少，长久不利于产业技术水平的吸收创新。因此，京津冀地区加强了对钢铁等高雾霾污染产业技术创新的鼓励，对于进行研发新技术、开发新产品的污染企业实施减税或者免税的政策，如《北京市关于进一步搞好国营大中型工业企业的若干政策》《河北省推进工业企业技术进步的暂行规定》等，对于采用环保技术和工艺的企业进行减税或者免税的政策，降低企业进行技术改造的成本。

三是出现了"以费代税"的排污收费制度。1979 年颁布的《中华人民共和国环境保护法》规定超过国家标准规定的标准排放污染物，要按照排放污染物的数量和浓度征收排污费。1982 年颁发的《征收排污费暂行办法》规定对超过标准排放污染物的企业征收污染排污费，对其他排污单位征收采暖锅炉烟尘费。污染排污费的征收是"以费代税"排污费政策在高雾霾污染产业废气治理方面的尝试。《北京市执行国务院〈征收排污费暂行办法〉的实施办法》《天津市征收排污费暂行办法》《河北省征收排污费暂行办法实施细则》开始征收排污费。在京津冀三地征收排污费之前，仅是在围绕高雾霾污染产业发展的政策中有涉及利用"三废"生产产品的征税问题，如利用"三废"生产产品的工业企业，按照规定征税困难的，可以定期减税。而尝试排污收费制度滞后，开始考虑制定与节约资源和保护环境相关的税收政策。

四是利用税收手段鼓励企业进行技术创新。京津冀三地传统工业产品的生产主要是依靠国内的装备和技术支持，改革开放后也开始进行技术引进，但是引进主要是引进成套或者关键设备，对于专利和技术的引进较少，长期下去不利于产业的升级发展。因此，京津冀三地加强了对于钢铁等高雾霾污染产业技术创新的鼓励，如《北京市关于进一步搞好国营大中型工业企业的若干政策》《河北省推进工业企业技术进步的暂行规定》等，对于研发新技术、开发新产品的企业实施减税或者免税的政策，鼓励企业进行技术创新。

7.2.2　税收政策起步阶段

京津冀高雾霾产业与经济协调发展税收政策起步阶段是指 1993—2003 年。1992 年联合国环境与发展大会后，我国开始走上了可持续发展的道路，我国的税制在保障经济发展的同时更多地融入了与环境保护相关的税制。基于此，京津冀贯彻落实相关的税收制度，与自身情况结合不多，京津冀高雾霾产业与经济协调发展税收政策进入起步阶段。排污费政策、资源税政策对高雾霾污染产业作用范围进一步扩大，增加与环境保护相关的税种，主要政策如表 7-6 所示。

京津冀高雾霾产业与经济协调发展税收政策起步阶段特点包括：

一是增强了与环境保护相关的税种。1993 年颁布《中华人民共和国消费税暂行条例》《中华人民共和国消费税暂行条例实施细则》，消费税

表 7 - 6　　　　　　税收政策起步阶段的主要政策措施及特点

主要政策（年份）	阶段特点
中华人民共和国消费税暂行条例（1993）	
中华人民共和国消费税暂行条例实施细则（1993）	
中华人民共和国资源税暂行条例（1994）	
中华人民共和国资源税暂行条例实施细则（1994）	
关于消费税若干征税问题的通知（1994）	
关于继续对部分资源综合利用产品等实行增值税优惠政策（1996）	
关于消费税若干征税问题的通知（2000）	
关于部分资源综合利用及其他产品增值税政策问题的通知（2001）	
关于进口化肥税收政策问题的通知（2002）	
关于调整冶金联合企业矿山铁矿石资源税适用税额（2002）	增加了节约资源、环境保护等相关的税种和税收优惠政策，进一步深化了资源税及排污费
北京市关于资源税工作若干问题补充规定的通知（1995）	
北京市关于提高烯煤二氧化硫排污费征收标准（1998）	
北京市排污资金征收使用管理暂行办法（2001）	
北京市关于排污费收缴有关问题的通知（2003）	
河北省环境保护条例（1994）	
河北省矿产资源补偿费使用管理办法（1997）	
河北省关于电力工业部所属企业征收所得税问题的补充通知（1995）	
河北省资源税征收管理办法（试行）（1995）	
河北省关于对部分未列举名称矿产品征收资源税的通知（1998）	
河北省电力公司所属电力企业供发电环节增值税定额税率和征收率的通知（1999）	
河北省国家税务局关于资源综合利用、饲料生产企业增值税免税审批的通知（2000）	
河北省排污费征收使用管理实施办法（2003）	

成为一个独立的税种。1996 年颁发的《关于对部分资源综合利用产品等实行增值税优惠政策》《国务院关于部分资源综合利用及其他产品增值税政策问题》提出对于资源综合利用的产品如用煤矸石、煤泥、油母页岩和风力生产的电力等增值税减半，极大地激发了高雾霾污染产业对资源综合利用的积极性。

二是"以费代税"的排污费政策在京津冀不断完善。三省市均颁发了《排污费征收使用管理实施办法》，相较于前一阶段，硫煤的收费范围扩大，排放成本再一次被提高，使得产业结构朝着更加合理的方向发展。

同时资金使用管理办法更加严格，重点用于电力、化工行业重点污染源治理项目。1998 年北京市制定《北京市关于提高烯煤二氧化硫排污费征收标准》，提高高硫煤二氧化硫排污费的收费标准和收费范围，为了促进清洁能源的使用，2001 年颁发的《北京市排污资金征收使用管理暂行办法》重点用于电力、化工行业重点污染源治理项目、区域性污染防治项目等促进污染防治、改善大气质量，提高资金使用效益。2003 年颁发的《北京市关于排污费征收标准管理办法的通知》《河北省排污费征收使用管理实施办法》等政策，不断提高高雾霾污染产业污染物排放的成本，促进产业升级，使得高雾霾污染产业的发展方式更加合理环保。

三是消费税开始实施。在起步阶段，京津冀三地主要是执行国家政策，1993 年消费税成为一个独立的税种，其中，汽油、柴油等多个税种与大气环境密切相关。高雾霾污染产业无论是生产环节还是运输环节也需要消耗大量的柴油和汽油，因此消费税也对其产生了一定影响。消费税的实施也加速了资源的综合利用，京津冀地区均颁发了《部分资源综合利用产品等实行增值税优惠政策》《用废渣生产的水泥熟料享受资源综合利用产品增值税政策》，提出资源综合利用的产品增值税减半，极大地激发了高雾霾污染产业对于资源综合利用的积极性。

四是不断扩大完善资源税的征收范围和提高征幅。1994 年进行了全面税制改革，对资源进行了调整，颁发的《资源税暂行条例》《资源税暂行条例实施细则》对原油、煤炭等征收资源税，扩大了征收的范围，增加了征收强度。1995 年颁发的《北京市关于资源税工作若干问题补充规定的通知》《河北省资源税征收管理办法（试行）》进一步加强资源税征收力度，对反映的问题进行补充说明。河北省又增加了对未列举名称的矿产品的资源税，其征收范围再次扩大。1998 年颁发的《河北省关于对部分未列举名称矿产品征收资源税的通知》对五种未列举名称的矿产品开征资源税。

7.2.3　税收政策发展阶段

京津冀高雾霾产业与经济协调发展税收政策发展阶段是 2004—2012 年。随着我国高雾霾污染产业的发展，污染物排放量增大，经济和社会发展与资源和生态环境之间的矛盾日益突出，以费代税等弊端日益现象。在京津冀三地，北京市开始加大了北京工业结构调整力度，限制了污染产业在北京市的发展，2004 年达成的"廊坊共识"确定京津冀经济的一体化的原则问题，2005 年宣布将首钢集团搬迁至河北省唐山市，到 2011 年国家"十二五"规划纲要打造首都经济圈。因发展首都经济圈，在高雾霾污染产业向天津和河北转移过程中，避免污染的转移成为关注的焦点，因此京津冀三地特别是河北省制定了相应的税收政策避免污染的转移。北京市限制了污染产业在本市的发展，为了避免污染产业向天津和河北转移过程中污染的转移，制定了相应的税收政策，主要政策如表 7 - 7 所示。

表 7 - 7　　　　　　　　税收政策发展阶段的主要政策措施及特点

主要政策（年份）	阶段特点
财政部 国家税务总局关于钾肥增值税有关问题的通知（2004）	降低或暂停了高雾霾污染产业产品的出口退税率。加强了对煤炭行业的税收管理，并且对相关协调发展的政策不断完善
财政部 国家税务总局关于取消电解铝铁合金等商品出口退税的通知（2004）	
财政部 国家税务总局关于铁合金取消出口退税的补充通知（2005）	
国家税务总局关于印发《调整和完善消费税政策征收管理规定》的通知（2006）	
财政部 国家税务总局关于调整焦煤资源税适用税额标准的通知（2007）	
国家税务总局关于印发《税务机关节能减排工作实施方案》的通知（2008）	
中华人民共和国消费税暂行条例（2008）	
中华人民共和国消费税暂行条例实施细则（2008）	
国家税务总局关于进一步做好税收促进节能减排工作的通知（2010）	
财政部 国家税务总局关于调整部分燃料油消费税政策的通知（2010）	
中华人民共和国资源税暂行条例实施细则（2011）	
国家税务总局关于催化料、焦化料征收消费税的公告（2012）	
北京市转发《国家税务总局关于天然二氧化碳适用增值税税率的通知》通知（2004）	
北京市转发《财政部 国家税务总局关于停止焦炭和炼焦煤出口退税的紧急通知》的通知（2004）	
北京市转发《财政部 国家税务总局关于继续停止化肥出口退税的紧急通知》的通知（2004）	
北京市转发《财政部 国家税务总局关于钾肥增值税有关问题的通知》的通知（2004）	

续表

主要政策（年份）	阶段特点
北京市转发《财政部 国家税务总局关于暂停汽油、石脑油出口退税的通知》的通知（2005） 北京市转发《国家税务总局关于平板玻璃不得享受资源利用产品增值税优惠政策的批复》的通知（2005） 北京市转发《财政部 国家税务总局降低钢材产品出口退税率的通知》的通知（2005） 北京市转发《国家税务总局关于由石油伴生气加工压缩成的石油液化气适用增值税税率的通知》的通知（2005） 北京市转发《国家税务总局关于加强煤炭行业税收管理的通知》的通知（2005） 北京市关于调整煤炭行业企业所得税核定征收定额标准的通知（2005） 北京市国家税务局关于资源综合利用产品增值税政策问题的通知（2006） 北京市人民政府贯彻落实国务院关于加强节能工作决定（2007） 北京市转发《国家税务总局关于粉煤灰（渣）征收增值税问题的批复》的通知（2007） 北京市转发《财政部 国家税务总局关于调整钢材出口退税率的通知》的通知（2007） 北京工业实施循环经济行动方案（2008） 北京市转发《财政部 国家税务总局关于金属矿非金属矿采选产品增值税税率的通知》的通知（2008） 北京市转发《国家税务总局关于资源综合利用企业所得税优惠管理问题》（2008） 天津市转发《财政部 国家税务总局关于停止焦炭和炼焦炭出口退税的紧急通知》的通知（2004） 天津市资源综合利用（含电厂）认定暂行管理办法（2005） 天津市加快财税改革创新促进科学发展和谐发展率先发展意见的通知（2007） 天津市关于加强节能工作的决定（2007） 天津市关于整合提升发展区县示范工业园区的若干意见（2007） 天津市关于资源综合利用企业享受所得税优惠有关认定工作的通知（2009） 天津市关于扩大固定资产加速折旧优惠政策适用范围的公告（2009）	降低或暂停了高雾霾污染产业产品的出口退税率。加强了对煤炭行业的税收管理，并且对相关协调发展的政策不断完善

续表

主要政策（年份）	阶段特点
天津市转发《国家税务总局关于资源综合利用企业所得税优惠管理问题的通知》的通知（2009） 天津市人民政府办公厅关于成品油价格和税费改革（2010） 天津市资源综合利用认定管理办法的通知（2012） 河北省转发《财政部 国家税务总局关于停止焦炭和炼焦煤出口退税的紧急通知》的通知 河北省关于印发《中国石油化工股份有限公司河北石油分公司增值税征收管理暂行办法》的通知（2004） 河北省转发《国家税务总局关于部分资源综合利用产品增值税政策的补充通知》的通知（2004） 河北省关于开滦精煤股份有限公司技术改造国产设备投资抵免企业所得税问题的批复（2005） 河北省财转发《财政部 国家税务总局关于调整原油天然气资源税税额标准通知》的通知（2005） 河北省转发国家税务总局关于印发《汽油、柴油消费税管理办法（试行）》的通知（2005） 河北省转发《国家税务总局关于加强煤炭行业税收管理的通知》的通知（2005） 河北省转发《财政部 国家税务总局关于暂停汽油石脑油出口退税的通知》的通知（2005） 河北省关于调整我省煤炭资源税税额（2005） 河北省关于调整钼矿石资源税适用税额的通知（2006） 河北省关于加快经济结构战略性调整推进经济增长方式转变有关情况和意见（2006） 河北省转发《国家税务总局关于粉煤灰（渣）征收增值税问题的通知》的通知（2007） 河北省关于推进节能减排工作的意见（2007） 河北省关于推进经济结构调整的若干意见（2008） 河北省成品油价格和税费改革中央转移支付资金分配办法的通知（2009） 河北省人民政府关于加快发展循环经济的实施意见（2009） 河北省人民政府关于加快工业聚集区发展的若干意见（2010） 河北省关于控制钢铁产能推进节能减排加快钢铁工业结构调整的实施意见（2010）	降低或暂停了高雾霾污染产业产品的出口退税率。加强了对煤炭行业的税收管理，并且对相关协调发展的政策不断完善

续表

主要政策（年份）	阶段特点
河北省关于贯彻省政府加快推进工业企业技术改造工作实施意见有关税收政策问题（2011） 河北省关于发布《煤炭、铁精粉经营行业税收管理办法（试行）》的公告（2011） 河北省资源税减免税管理办法（2012） 河北省关于华北油田原油天然气资源税纳税及相关财政利益处理问题的通知（2012）	降低或暂停了高雾霾污染产业产品的出口退税率。加强了对煤炭行业的税收管理，并且对相关协调发展的政策不断完善

　　京津冀地区高雾霾污染产业与经济协调发展税收政策发展阶段的主要特点包括：

　　一是调整了焦炭、炼焦煤、钢铁的出口退税。这一阶段，我国单位生产总能耗和主要污染物排放等节能减排任务完成情况较差，因此为了能顺利完成节能减排目标，政府开始调整出口退税率。而天津和河北海陆运输方便，有大量污染密集型产业在此集聚，大量的工业产品远销海外，国外订单不断增加，经济也得以迅速发展。但是随着海外订单的增多，产量增大，污染物排放逐渐增多，京津冀三地大气环境日益恶劣。京津冀三地为了完成节能减排的目标、改善大气环境，严格贯彻落实《财政部 国家税务总局关于停止焦炭和炼焦煤出口退税的紧急通知》《财政部 国家税务总局降低钢材产品出口退税率的通知》等政策。

　　二是加强了对煤炭、石油行业的税收管理。煤炭行业、石油行业都属于高雾霾污染产业，2004 年我国开展对全国范围内税收检查工作，发现煤炭行业普遍税收管理不规范的问题，严重影响相关税种的实施效果，影响节能减排工作任务的完成。京津冀利用丰富的煤炭资源，来发展相关产业，发展京津唐工业基地，因此更加需要对煤炭行业等进行严格税收管理。三地根据《国家税务总局关于加强煤炭行业税收管理的通知》分别制定了《北京市关于调整煤炭行业企业所得税核定征收定额标准的通知》《河北省关于调整我省煤炭资源税税额》等政策。

　　三是高雾霾污染产业与经济协调发展的税收政策增多。2006 年我国对消费税的税率等做了相应的调整，扩大了石油消费品的征收范围；2009 年颁发了《成品油价格和税费改革方案》，开始征收燃油费，2011 年我国修订了《中华人民共和国资源税暂行条例》。这一期间京津冀三地贯彻落实上述政策，并且将这些政策深化，制定符合自身情况的政策如《北京市关于资源综合利用产品增值税政策问题的通知》《天津市关于成品油价格和税费改革》《河北省资源税减免税管理办法》《河北省关于调整钼矿石资源税适用税额的通知》等，来限制高雾霾污染产业传统资源的使用，又制定了《北京工业实施循环经济行动方案》《天津市关于加强节能工作的决定》《河北省关于贯彻省政府加快推进工业企业技术改造工作实施意见有关税收政策问题》等来帮助高雾霾污染产业进行技术的升级，降低污染物的排放。

四是逐步完善了税收征管政策。这一阶段，京津冀地区生产总值的能耗降低和主要废气物的减排等任务完成情况不理想，因此为了能顺利完成污染防治、降低能耗的目标，政府从调整出口退税率方面入手，严格贯彻落实《关于停止焦炭和炼焦煤出口退税的紧急通知》等一系列政策，明确规定对出口海外的焦炭、炼焦煤停止出口退税，下调部分钢材出口退税率，通过降低或停止出口退税避免企业盲目生产。为了鼓励高雾霾污染产业实现资源的综合合理利用，三省市颁发了《关于资源综合利用企业享受所得税优惠政策》等政策，明确提出对实现有效资源合理利用的企业，可以申请相关的产品增值税减免、加速计提等优惠政策。

五是上调了煤炭资源税的税率。2004 年我国开展全国范围内污染产业的税收检查工作，其中就包括高雾霾污染产业，发现京津冀地区煤炭行业存在税收管理不规范不严格情况，严重影响相关税种政策的实施效果。因此北京制定了《关于调整煤炭行业企业所得税核定征收定额标准的通知》，河北制定了《关于调整我省煤炭资源税税额》等政策，加强税收管理政策，提高了煤炭行业税率，税额也有所增加。

7.2.4 税收政策完善阶段

京津冀高雾霾产业与经济协调发展税收政策完善阶段是在 2012 年以后。京津冀区域的产业以煤炭、钢铁为主，能源结构以煤炭为主，京津冀区域国土面积仅占全国的 2%，但煤炭消费占全国的 9.2%，单位面积二氧化硫、氮氧化物、烟粉尘排放量分别是全国平均水平的 3 倍、4 倍和 5 倍。高雾霾污染产业与环境冲突加剧，同时也不符合可持续发展要求，因此京津冀不断完善对高雾霾污染产业的税收政策，促进经济的高质量发展。京津冀地区高雾霾污染产业与经济协调发展税收政策完善阶段是在

2012 年后。京津冀区域高雾霾污染产业与环境冲突矛盾加剧，不符合可持续发展要求，京津冀地区以节能减排、雾霾污染有效防治为指导方针，逐步实施税制改革征收环境保护税，采用限制性与激励性并重的政策，主要政策如表 7 – 8 所示。

表 7 – 8　　　　　　　税收政策完善阶段的主要政策措施及特点

主要政策（年份）	阶段特点
财政部 国家税务总局关于实施煤炭资源税改革的通知（2014）	
煤炭资源税征收管理办法（试行）（2015）	
财政部 国家税务总局关于煤炭资源税费有关政策的补充通知（2015）	
国家能源局《关于减轻可再生能源领域涉企税费负担的通知》（2017）	
中华人民共和国环境保护税法实施条例（2018）	
财政部 税务总局 生态环境部关于环境保护税有关问题的通知（2018）	
国家税务总局关于发布《资源税征收管理规程》的公告（2018）	
财政部 税务总局关于完善资源综合利用增值税政策的公告（2019）	
财政部 税务总局关于继续执行的资源税优惠政策的公告（2020）	
北京市关于二氧化硫等四种污染物排污收费标准有关问题的通知（2013）	
北京市关于资源综合利用增值税税收优惠管理问题的公告（2014）	扩大资源税的征收范围，提高了资源税的税率，进一步提高了二氧化硫等污染物排污标准，随之，开始征收环境保护税，鼓励与互联网相融合
北京市关于调整我市石灰石资源税税额标准并开征地下热水、矿泉水、叶腊石资源税的公告（2014）	
北京市关于落实清洁空气行动计划进一步规范污染扰民企业搬迁政策有关事项（2015）	
北京市关于进一步健全大气污染防治体制机制推动空气质量持续改善的意见（2015）	
北京市挥发性有机物排污费征收细则（2015）	
北京市关于调整我市煤炭资源税税率的通知（2015）	
北京市环境保护局关于调整 5 项重金属污染物排污收费标准的通知（2015）	
北京市产业创新中心实施方案（2016）	
北京绿色制造实施方案（2017）	
北京市水资源税改革试点实施办法（2017）	
北京市关于全面加强生态环境保护坚决打好北京市污染防治攻坚战的意见（2018）	
北京市环境保护税核定计算暂行办法（2016）	
天津市贯彻落实国家化解产能严重过剩矛盾指导意见实施方案的通知（2014）	

续表

主要政策（年份）	阶段特点
天津市关于调整二氧化硫等4种污染物排污费征收标准的通知（2014）	
天津市关于资源税改革问题的公告（2016）	
天津市关于支持企业通过融资租赁加快装备改造升级的实施方案（2016）	
天津市加快推进制造业与互联网融合发展实施方案（2016）	
天津市促进有色金属工业调结构促转型增效益实施方案的通知（2016）	
天津市水资源税征收管理办法（2017）	
天津市环境保护税核定征收办法（2018）	
天津市深化"互联网+先进制造业"发展工业互联网的实施意见（2018）	
天津市关于扩大固定资产加速折旧优惠政策适用范围的公告（2019）	扩大资源税的征收范围，提高了资源税的税率，进一步提高了二氧化硫等污染物排污标准，随之，开始征收环境保护税，鼓励与互联网相融合
河北省关于加快推进生态文明建设的实施意见（2014）	
河北省煤炭资源税征收管理办法（试行）（2015）	
河北省水资源税改革试点有关政策的通知（2015）	
河北省矿产资源税实施办法（2016）	
河北省环境保护税应税大气污染物和水污染物适用税额标准的通知（草案）（2017）	
河北省支持"万企转型"若干政策措施（2018）	
河北省关于环境保护税征收有关问题（2018）	
河北省钢铁行业去产能工作方案（2018）	
河北省环境保护税核定征收管理办法（2018）	
河北省关于推动互联网与先进制造业深度融合加快发展工业互联网的实施意见（2018）	
河北省用煤投资项目煤炭替代管理办法的通知（2020）	
河北省支持重点行业和重点设施超低排放改造（深度治理）的若干措施（2020）	
河北省工业固体废物资源综合利用评价管理实施细则（暂行）（2020）	
京津冀协同发展税收合作框架协议（2014）	
京津冀协同发展产业转移对接企业税收收入分享办法（2015）	

京津冀地区高雾霾污染产业与经济协调发展税收政策完善阶段的主要特点包括：

一是扩大了资源税征收范围，提高了资源税的税率。自1994年开始对资源税进行改革，颁布了《资源税暂行条例》，资源税一直不断进行改革，2011 年将油气资源税改革在全国范围内实施，2014 年煤炭资源税由从量计税改为从价计税机制，并全面清理相关基金。自 2014 年以来，京津冀三地为充分响应资源税的改革，不断扩大资源税的征收范围以及调整资源税的税率，如《北京市关于调整石灰石资源税税额标准并开征地下热水、矿泉水、叶腊石资源税的公告》《天津市关于资源税改革问题的公告》《河北省煤炭资源税征收管理办法（试行）》《河北省矿产资源税实施办法》等，不断地完善资源税，促进高雾霾污染产业资源的合理利用，更有效地发挥税收杠杆的调节作用，促进资源的节约，实现绿色发展。

二是逐步实现"费改税"，开始征收环境税。尽管排污费在更新完善，但是由于自身的征收标准不完善、收费偏低、征收的作用范围较小，不能辐射到整个污染产业，不符合绿色发展的要求。因此，2016 年我国开始实施环境保护税，京津冀三地严格执行环境保护税，优化税收结构，为环境税的全面实施提供条件，各自颁发《环境保护税核定计算暂行办法》，对环境保护税在税收核定、税率设置、征收对象等方面作出了明确的规定，使其全面在区域内得到有效提升。另外，此阶段进一步调高二氧化硫、氮氧化物等排污费的征收率，随后开始征收环境保护税。自 1982年颁布《征收污染费使用管理条例》，2003 年颁布了《排染费征收使用管理条例》，进一步规范了排污费的征收，2014 年我国对排污费再次进行调整。随着我国对于排污费进行改革，京津冀三地也都调高了排污费的征收率，颁发了《北京市挥发性有机物排污费征收细则》《天津市关于调整二氧化硫等 4 种污染物排污费征收标准的通知》《河北省关于二氧化硫等 4种污染物排污收费标准有关问题的通知》等政策。

三是税收征管以节能减排、污染防治为方针。京津冀地区修订了煤炭资源征收的管理规定，税率上调、征收范围增大、计价方式转变为从价计税，促进高雾霾污染产业的煤炭资源的合理使用，有效利用税收政策在市场中的调节作用。并且对排污费进行了调整，三地均颁发了《挥发性有机物排污费征收细则》《关于调整二氧化硫等 4 种污染物排污费征收标准》，提高排放废气污染物的税率，并对石油化工等五个行业排放的挥发性有机物收费，提高企业的有害废气的排放成本，倒逼其降低废气排放。

四是限制性与激励性税收政策并存。京津冀地区设置最高税额的环境保护税，同时提高资源税税率，来提高产业排污成本，对于高雾霾污染产业发展进行有效限制。三地颁发如《重大技术装备制造企业申请进口关键料部件免税政策》《关于进一步做好企业研发费用加计扣除政策》等，加速绿色技术研发的计提优惠、清洁化生产的税收减免政策，为产业的绿色化改造减轻了负担。

7.3
高雾霾污染产业与经济协调发展金融政策供给演进

7.3.1　金融政策萌芽阶段

京津冀高雾霾产业与经济协调发展金融政策的萌芽阶段是 1978—1992 年。我国进行了经济体制改革，由计划经济向市场经济转变，1992 年确立了社会主义市场经济体制。原有统一的金融体系开始进行拆分，包括银行、非银行金融机构等。我国实施了"拨改贷"以及同意银行贷款支持固定资产的投资等。银行为企业改革提供了大量的资金支持，地方政府的金融权力也不断扩大。但是改革开放到 20 世纪 90 年代初，大气环境质量较好，大气防治意识较差，对于大气污染等环境危害事件，往往关注点在于企业本身，忽视了支持企业发展的金融机构。因此，这一时期主要是用金融政策来对污染排放进行限制和规范，以规范污染企业的大气排放标准为主，如《工业"三废"排放试行标准》《水泥工业大气排放标准》《锅炉大气排放标准》等。另外，国家进行直接干预，对大气污染防治的资金主要是来自财政补助，涉及金融市场较少。金融政策仍注重经济的快速发展，限制企业排放污染物只是有一个初步的认识，并以政府直接干预为主，主要政策如表 7-9 所示。

京津冀高雾霾产业与经济协调发展金融政策的萌芽阶段的主要特点包括：

一是金融政策规定不明，对污染防治并未进行明确的限制。这一时期以规范为主，主要是政府直接干预，资金主要是来自财政的支持，涉及金

表 7 - 9　　　　　　　　　金融政策萌芽阶段的政策措施及特点

主要政策（年份）	阶段特点
河北省人民政府关于强化企业技术吸收和开发能力若干问题的暂行规定（1985） 河北省关于加快新能源开发利用的决议（1985） 河北省关于推进工业企业技术进步的暂行规定（1985） 北京市工业技术振兴项目贷款贴息暂行规定（1987） 北京市解决当前工业生产困难的意见的通知（1990） 天津市关于在治理整顿中加强市重点技改（基建）工作管理的十项措施（1990） 化学工业部科技开发基金贷款管理办法（试行）（1991） 北京市关于对本市重点骨干工业企业分类排队及实施倾斜政策（1991） 北京市关于支持工业发展的若干政策和措施（1991） 北京市促进亏损企业扭亏增盈若干措施（1991） 国务院办公厅转发人民银行关于加强金融宏观调控支持经济更好更快发展意见的通知（1992） 北京市关于加快改革开放和经济发展若干政策（试行）（1992） 河北省关于提高工业经济效益的若干政策施（1992） 北京市关于在国有大中型企业进行深化改革减轻负担试点的报告（1994） 河北省人民政府关于进一步做好全省工业经济结构调整工作的通知（1992）	注重发展经济，对于大气污染密集型企业排放污染物只是有一个初步的认识，尚未有经济协调发展的意识，在金融方面涉及较少

融市场较少。同时，此阶段雾霾天气发展频率低，金融政策的重点仍是发展经济，利用金融手段来对高雾霾污染产业进行资金限制的政策少。京津冀地区仅仅是在《北京市工业技术振兴项目贷款贴息暂行规定》《天津市关于在治理整顿中加强市重点技改工作管理的十项措施》《河北省关于推进工业企业技术进步的暂行规定》中提出政府与金融机构进行合作，石油化工企业等高雾霾污染产业技术改造享受银行贷款贴息补助，或者是提供相关信托贷款。但是，没有单独的金融限制政策来限制对污染产业的贷款。

二是利用金融手段淘汰落后企业，间接实现与经济协调发展。《北京市解决当前工业生产困难的意见的通知》《北京市促进亏损企业扭亏增盈若干措施》《河北省关于提高工业经济效益的若干政策施》《河北省关于进一步做好全省工业经济结构调整工作的通知》等，利用降低或停止对明显亏损企业的支持贷款支持、提高工业经济效益等方式，间接调整产业结构以适应经济的发展。这些金融政策对于限制高雾霾污染产业污染排放、促进其转型升级的作用较小，仍处于萌芽阶段。

7.3.2 金融政策起步阶段

20世纪90年代后期，政府开始对大气污染防治进行更深入的思考，认为污染的防治不能只关注污染企业本身，还应关注支持污染企业发展的金融机构，金融机构也应担负起相关的责任。金融政策的起步阶段是1993—2003年，政府逐步意识到高雾霾污染产业的升级转型与金融机构相关，开始利用信贷政策来限制高雾霾污染产业，配合产业升级转型的金融手段增多，主要政策如表7-10所示。

表7-10　　　　　　金融政策起步阶段的政策措施及特点

主要政策（年份）	阶段特点
河北省省级经济技术开发区建设的若干规定（1994） 关于贯彻信贷政策与加强环境保护工作有关问题的通知（1995） 关于运用绿色信贷促进环保工作的通知（1995） 关于环境保护若干问题的决定（1996） 天津市关于加强世行贷款天津工业发展项目采购管理（1996） 河北省人民政府关于进一步加强全省世界银行贷款管理工作的通知（1996） 加快北京市国有工业企业改革和发展若干政策（1997） 关于加强乡镇企业污染防治和保证贷款安全的通知（1997） 关于禁止新建生产、使用消耗臭氧层物质生产设施的通知（1997） 北京市实施《中华人民共和国节约能源法》办法（1999） 关于清理整顿小钢铁厂意见的通知（2000） 天津市工业重点技术改造项目贴息资金管理办法（2001） 北京市工业发展资金贴息管理办法（2002） 推动中国二氧化硫排放总量控制及排放权交易政策实施的研究（2001）	政府意识到大气环境污染也与支持污染产业发展的金融机构相关，配合高雾霾污染产业调整的金融手段增多，开始探索拓宽高雾霾污染产业与经济协调发展的融资渠道

京津冀高雾霾产业与经济协调发展的起步阶段的主要特点包括：

一是高雾霾污染产业的节能减排和大气环境保护日益在金融领域得到重视。1995年《关于贯彻信贷政策与加强环境保护工作有关问题的通知》提出对生产方式落后、严重浪费资源和污染环境的小型钢铁、小型化工等行业或者是采用简易工业的炼焦、化工等生产企业，金融机构不得发放贷款。金融部门在信贷工作中要支持大气污染的防治，把支持经济发展和保护环境资源、改善大气环境相结合，在对污染企业发放贷款时，要将污染物的防治、生态资源的保护作为放贷的因素之一，促进经济建设和环境保护的协调发展。在社会主义市场经济中，信贷政策是国民经济宏观调控的重要手段之一，也是促进大气环境保护的一项重要措施，《关于运用绿色信贷促进环保工作的通知》提出与拓宽环保资金的渠道、对于经济效益和环境效益相协调的项目，金融部门予以支持。为实现产业经济协调发展，国家开始运用金融政策来调节污染产业以适应协调发展的要求。1996年《关于环境保护若干问题的决定》明确规定，京津冀等地运用金融信贷政策在向污染企业发放贷款时既要考虑经济因素又要考虑到环境因素。1997年《关于加强乡镇企业污染防治和保证贷款安全的通知》严格控制对于化工、炼焦、金属冶炼等重污染乡镇企业的区域信贷政策。

二是配合高雾霾污染产业调整的金融手段增多。1997年《加快北京市国有工业企业改革和发展若干政策》对于重点国有工业企业发行股票、债券等进行优先安排，促进国有工业企业通过多种方式进行融资，保护国有工业企业改革资金充足。《关于禁止新建生产、使用消耗臭氧层物质生产设施的通知》指出对氯氟化碳及哈龙化学品生产装置等消耗臭氧层的生产线不予以金融政策方面上的支持，以减少大气环境的破坏。1999年《关于清理整顿小钢铁厂意见的通知》《北京市关于本市淘汰落后小玻璃厂小水泥厂实施意见的通知》提出对于小钢铁厂等不给予信贷支持，帮助淘汰落后产业，加快产业优化升级，提高冶金行业的质量和效益。《河北省省级经济技术开发区建设的若干规定》《天津市工业重点技术改造项目贴息资金管理办法》《北京市工业发展资金贴息管理办法》加大对于污染企业中重点技术改造项目贷款贴息，促进工业结构的调整和升级。

三是开始拓宽高雾霾污染产业与经济协调发展的融资渠道。京津冀三地想要实现高雾霾污染产业与经济协调发展必须要有充足的资金支持，1996年《天津市关于加强世行贷款天津工业发展项目采购管理》《河北省人民政府关于进一步加强全省世界银行贷款管理工作的通知》充分利用国外贷款，融资渠道不断拓宽。除了国内金融机构贷款外，还可以向世界银行等国外银行进行贷款，贷款条件更加优惠。通过世界贷款解决了企业进行节能减排等环保技术升级和环保设备引进的资金问题，提升了污染企业技术水平。另外，利用世界贷款成立了工业污染基金来治理烟尘、粉尘等大气污染物，充分改善大气环境。这一期间京津冀相关的金融政策开始增多，在金融机构帮助高雾霾污染产业节能减排、技术升级等方面，促进其与经济结构的调整相适应的政策开始显现其作用。在京津冀大气污染密集产业与经济协调发展方面，金融政策正式步入发展阶段。

四是逐步利用金融手段治理污染。《北京市关于本市淘汰落后小玻璃厂小水泥厂实施意见的通知》等政策要求停止对金融机构对消耗臭氧层等破坏大气环境的小企业等提供金融贷款，迫使小污染企业进行退出市场，加快产业优化升级的进行，提高高雾霾污染产业发展的质量。明确加大对于污染企业中的技术改造等绿色项目的贷款贴息力度，促进结构的调整和升级。

五是首次利用信贷政策，开始拓宽绿色项目融资渠道。《绿色信贷促进环保工作的通知》中明确规定，京津冀等污染严重地区要运用金融信贷政策，向污染企业发放贷款既要考虑经济因素又要考虑到环境影响，严格控制对于化工等重污染乡镇企业的信贷政策。雾霾污染产业实现绿色化、高质量化发展，必须要有充足的资金帮助，因此京津两地颁发《进一步加强全省世界银行贷款管理通知》，明确提出充分利用国外的贷款，解决环保技术升级和环保设备引进中出现的资金短缺的问题。

7.3.3 金融政策发展阶段

京津冀高雾霾产业与经济协调发展金融政策的发展阶段是 2004—2012 年。这一期间，京津冀节能减排和大气环境保护日以得到重视，先后出台相关节能减排的工作计划，来控制高耗能、高污染行业的过快增长。节能减排项目属于银行没有涉及的新型项目，银行在对污染企业进行绿色信贷较少，2006 年后国际金融公司与北京银行合作能效项目和新能源可再生项目，此后金融机构相关节能减排等金融政策开始发展起来。金融政策支持节能减排项目力度提高，涉及领域广，手段呈现出多样化趋势，对产业支持和限制的方向逐渐清晰，排污权交易市场培育和风险防范的支持力度增强，主要政策如表 7 - 11 所示。

表 7-11 金融政策发展阶段的主要政策措施及特点

主要政策（年份）	阶段特点
关于投资体制改革（2004）	
关于推进资本市场改革开放和稳定发展的若干意见（2004）	
印发国务院办公厅转发发展改革委等部门关于制止钢铁电解铝水泥行业盲目投资若干意见的通知（2004）	
天津市深入开展资源节约活动实施方案（2004）	
批转市科委关于进一步促进高新技术成果转化暂行办法的通知（2005）	
天津市 2005 年工业技术改造项目贴息资金管理办法（2005）	
天津市开展整治违法排污企业保障群众健康环保专项行动工作方案（2005）	
关于落实国家环境保护政策控制信贷风险有关问题的通知（2006）	
国务院关于加快推进产能过剩行业结构调整的通知（2006）	
国务院关于加强节能工作的决定（2006）	金融政策支持节能减排
节能减排综合性工作方案（2007）	项目力度提高，涉及领
节能减排授信工作指导意见（2007）	域广，手段呈现出多样
关于印发节能减排综合性工作方案的通知（2007）	化趋势，对高雾霾污染
中国人民银行关于改进和加强节能环保领域金融服务工作的指导意见（2007）	产业支持和限制的方向
防范和控制高耗能高污染行业贷款风险的通知（2007）	逐渐清晰，碳排放和排
关于落实环保政策法规防范信贷风险的意见（2007）	污权交易市场培育力度
天津市关于加强节能工作的决定（2007）	和风险防范体系不断
天津市节能减排工作实施方案（2007）	增强
关于抑制部分行业产能过剩和重复建设引导产业健康发展若干意见的通知（2008）	
关于印发 2008 年节能减排工作安排的通知（2008）	
关于进一步加强节油节电工作的通知（2008）	
关于印发国家环境保护"十一五"规划的通知（2008）	
北京完善绿色信贷政策体系（2008）	
国务院办公厅关于印发 2009 年节能减排工作安排的通知（2009）	
天津市重点产业振兴和技术改造专项投资管理办法（2009）	
天津市关于整合提升发展区县示范工业园区的若干意见（2009）	
关于贯彻落实国务院金融促进经济发展政策措施意见的通知（2009）	
天津市于加快推进全市工业技术改造工作的实施意见（2009）	

续表

主要政策（年份）	阶段特点
关于进一步做好金融服务支持重点产业调整振兴和抑制部分行业产能过剩的指导意见（2009）	金融政策支持节能减排项目力度提高，涉及领域广，手段呈现出多样化趋势，对高雾霾污染产业支持和限制的方向逐渐清晰，碳排放和排污权交易市场培育力度和风险防范体系不断增强
关于加快北京石化新材料科技产业基地建设若干意见（2009）	
关于进一步加强淘汰落后产能工作的通知（2010）	
关于进一步加大工作力度确保实现"十一五"节能减排目标的通知（2010）	
关于进一步加大节能减排力度加快钢铁工业结构调整的若干意见（2010）	
关于进一步做好支持节能减排和淘汰落后产能金融服务工作的意见（2010）	
天津市关于贯彻落实国家抑制部分行业产能过剩和重复建设引导产业健康发展若干意见的实施方案（2010）	
河北省关于大力实施质量兴省战略的意见（2010）	
河北省关于加快工业聚集区发展的若干意见（2010）	
河北省产业发展专项资金筹集使用管理意见（2010）	
河北省关于进一步扩大开放承接产业转移的实施意见（2010）	
河北省关于控制钢铁产能推进节能减排加快钢铁工业结构调整的实施意见（2010）	
北京市推进两化融合促进经济发展的实施意见（2010）	
北京市关于进一步推进北京市工业节能减排工作的意见（2010）	
北京市"十五"时期工业发展规划（2010）	
关于试行环境污染责任保险工作的通知（2011）	
绿色信贷工作管理办法（2011）	
关于印发工业转型升级规划（2011）	
产业结构调整指导目录（2011）	
北京市"十二五"时期主要污染物总量减排工作方案（2011）	
北京市工业企业流动资金贷款贴息政策实施细则（2011）	
天津市支持循环经济发展的投融资政策措施（2011）	
天津市关于推动科技金融改革创新的意见（2011）	
天津市郊县工业技术改造贷款市财政贴息项目及资金管理办法（2011）	
河北省关于促进企业兼并重组的实施意见（2011）	
河北省人民政府关于加快推进工业企业技术改造工作的实施意见（2011）	
关于落实企业环保政策法规防范信贷风险的意见（2012）	
关于氨氮等底箱污染物排放交易权基准价及有关问题（2012）	

续表

主要政策（年份）	阶段特点
关于印发节能减排"十二五"规划的通知（2012）	金融政策支持节能减排项目力度提高，涉及领域广，手段呈现出多样化趋势，对高雾霾污染产业支持和限制的方向逐渐清晰，碳排放和排污权交易市场培育力度和风险防范体系不断增强
重点区域大气污染防治"十二五"规划（2012）	
绿色信贷指引（2012）	
北京市关于印发北京市"十二五"时期绿色北京发展建设规划的通知（2012）	
天津市金融改革创新"十二五"规划的通知（2012）	
天津市工业经济发展"十二五"规划（2012）	
关于开展天津市万家企业节能低碳行动的通知（2012）	
关于印发天津市工业经济发展"十二五"规划的通知（2012）	
河北沿海地区发展规划实施意见（2012）	
河北省进一步支持企业技术改造的九项措施（2012）	
河北省关于实行加快培育规模以上工业企业十项措施（2012）	

京津冀高雾霾产业与经济协调发展金融政策的发展阶段的主要特点包括：

一是金融政策支持节能减排程度提高。2007 年《关于印发节能减排综合性工作方案通知》指出要强化信贷政策和产业政策之间的协调性，促进经济结构调整和增长方式的转变。2007 年《中国人民银行关于改进和加强节能环保领域金融服务工作的指导意见》《关于落实环保政策法规防范信贷风险的意见》合理分配信贷资源、区别对待，配合国家产业政策，严格控制高污染、高耗能企业信贷投入，加快禁止落后产业的信贷投入，推进产业结构的调整和优化，实施环境监管和信贷管理相结合。《防范和控制高耗能高污染行业贷款风险的通知》《节能减排授信工作指导意见》加强了高污染、高耗能行业贷款的持续监管、压缩和回收京津冀等各银行金融机构对电力、钢铁、炼焦等行落后生产能力企业的贷款。2009年《关于进一步做好金融服务支持重点产业调整振兴和抑制部分行业产能过剩的指导意见》对金融机构支持和抑制的产业作出了明确的规定，支持循环经济、低碳经济，严格控制"两高一剩"产业的贷款发放，发挥融资的作用，多方面拓宽产业调整的融资渠道，首次提出"绿色信贷"的概念。2010 年《关于进一步做好支持节能减排和淘汰落后产能金融服务工作的意见》提出金融机构支持节能减排和淘汰落后产能作为长期政策支持，对产能过剩、落后产能、节能减排控制行业，上收授信权限。

2011 年《产业结构调整指导目录》明确了鼓励类、限制类和淘汰类三类产业,为绿色信贷提供了方向。2012 年《关于印发绿色信贷指引的通知》指出加大对绿色经济、低碳经济和循环经济的支持力度,明确绿色信贷的支持方向,实施有差别的授信政策,金融政策支持节能减排程度提高,为绿色金融体系的建设提供了基础。

二是金融政策涉及领域广,手段呈现出多样化趋势。金融政策支持绿色项目的范围也逐步扩大,从能效项目、新能源和可再生能源项目,扩大到二氧化硫减排、固体废弃物的处理和利用等领域。对污染产业节能减排技术方面,《关于加快北京石化新材料科技产业基地建设若干意见》《北京市关于加强技术改造工作意见》《天津市工业技术改造项目贴息资金管理办法》《天津市重点产业振兴和技术改造专项投资管理办法》《天津市关于加快推进全市工业技术改造工作的实施意见》《北京市关于加强技术改造工作意见》《河北省进一步支持企业技术改造的九项措施》《河北省关于实行加快培育规模以上工业企业十项措施》为污染产业实施技术改造项目,进一步淘汰落后产能,促进低碳经济,银行机构运用银团贷款、联合贷款等方式,创新担保抵押模式,优化信贷管理制度,为污染产业提供节能减排技术研发和设备引进提供金融支持。在循环经济、清洁生产方面,《天津市深入开展资源节约活动实施方案》《天津市资源节约综合利用与清洁生产工作要点》《关于印发工业转型升级规划》《天津市支持循环经济发展的投融资政策措施》《河北省产业发展专项资金筹集使用管理意见》对于支持的节能节水、清洁生产、综合利用以及建立污染企业循环经济试点金融机构,拓宽抵押担保范围,创新贷款方式,研究专利技术、知识产权的无形资产抵押方式。在产业升级转型、淘汰落后方面,《天津市支持循环经济发展的投融资政策措施》《关于加快推进产能过剩行业结构调整的通知》《关于抑制部分行业产能过剩和重复建设引导产业健康发展若干意见的通知》《关于进一步做好金融服务支持重点产业调整振兴和抑制部分行业产能过剩的指导意见》《进一步加强淘汰落后产能工作的通知》《关于印发工业转型升级规划》等严格持续对高污染、高排放企业进行信贷监管,对产能过剩、落后产能及节能减排控制行业,合理上收授信权限,从严审查和控制对"五小"企业及低水平重复建设项目的贷款。

三是金融政策对高雾霾污染产业支持和限制的方向逐渐清晰,明确产业金融政策发展方向。这一期间明确了金融政策对于高雾霾污染产业限制内容。《关于制止钢铁电解铝水泥行业盲目投资若干意见的通知》《防范和控制高耗能高污染行业贷款风险的通知》《控制信贷风险有关的通知》《天津市关于贯彻落实国家抑制部分行业产能过剩和重复建设引导产业健康发展若干意见的实施方案》《河北省人民政府关于控制钢铁产能推进节能减排加快钢铁工业结构调整的实施意见》《重点区域大气污染防治"十二五"规划》等明确规定了对京津冀大气污染防治重点区域高耗能、高污染产业，金融机构实施更为严格的贷款发放标准，对于污染排放不达标或者是节能项目责任不明确、管理措施不到位、盲目投资、不符合产业政策和市场准入等高污染、高耗能产业不予以金融支持。而对于污染产业的节能低碳、企业的兼并重组以及工业集聚区等发展低碳经济的项目金融机构予以金融政策方面的支持。如《关于开展天津市万家企业节能低碳行动的通知》《河北省关于促进企业兼并重组的实施意见》《河北省人民政府关于加快工业聚集区发展的若干意见》加强对聚集区的重点项目、基础设施、企业的兼并重组的投资力度。《关于贯彻落实国家抑制部分行业产能过剩和重复建设引导产业健康发展若干意见的实施方案》明确规定对政策中列名的污染企业，金融机构要实施更为严格的贷款审核，对存在废气排放超标、污染防治措施不到位、盲目投资等情况的高雾霾污染产业不予金融上的帮助。对于降低高雾霾污染产业废气排放、转型升级项目，金融机构要为其提供有效的服务。对高雾霾污染产业支持和限制的方向逐渐清晰，为金融政策如何处理高雾霾污染产业的贷款问题提供了方向。

四是碳排放和排污权交易市场培育力度不断增强，大力培育排污权交易。2007 年《中国人民银行关于改进和加强节能环保领域金融服务工作的指导意见》《关于落实环保政策法规防范信贷风险的意见》提出将污染企业的环保审批、环保认证、清洁生产审计等信息纳入银行的征信系统，引导金融机构在为企业特别是污染企业提供授信等金融服务时，把审查其环保信息作为提供贷款等金融服务的重要依据。2009 年《关于进一步做好金融服务支持重点产业调整振兴和抑制部分行业产能过剩的指导意见》《关于进一步做好节能减排和淘汰落后产能金融服务工作意见》完善和发展多层次信贷市场，提出清洁生产发展机制和探索试行排放权交易，发展多元化的碳排放交易市场。2010 年《关于办理二氧化碳减排量等环境权益跨境交易有关外汇问题的通知》提出，京津冀等地的银行在为二氧化碳减排量等环境权益的跨境交易的环境交易所、排放权交易所等境内机构提供办理结汇、开设账户等金融服务，为碳排放交易权的国际化提供条件。鼓励碳排放交易权有助于完善排放交易，形成符合经济发展方向的碳金融标准。碳排放交易权可以引导污染企业等社会资金进入碳金融投资领域，促进金融机构、高雾霾污染产业履行节能环保的社会责任。《关于河北省主要污染物排放权交易管理办法（试行）》界定了污染物的内涵、污染物交易的主要流程和指标等内容。2011 年《碳排放交易试点工作》提出，北京、天津等七个城市作为碳排放交易试点。京津冀地区作为交易试点，先后颁发了《污染物排放权交易管理办法》，对有害污染物排放进行了明晰的界定，对交易的主要流程和指标进行清晰的介绍。同时，明确要求三省市所在银行要为排放权交易所等境内机构提供办理结汇等金融业务，也要为排污交易权的市场化提供必要的金融支持。

五是高雾霾污染产业污染风险防范体系不断健全，大力发展绿色信贷政策。2007 年《关于落实环保政策法规防范信贷风险的意见》指出京津冀等地金融机构在审查污染企业流动资金贷款时，要对由超标排污、超总量排污等违法企业采取措施、严格控制贷款，防范信贷风险。《节能减排授信工作指导意见》详细地制定了京津冀等地应对高污染、高耗能企业引起各类风险的工作方案、授信政策和授信管理，将金融机构调整和优化信贷结构与经济结构结合，有效地防范信贷风险。2010 年《关于进一步做好支持节能减排和淘汰落后产能金融服务工作的意见》提出防范因加大节能减排和淘汰落后产能力度引起的信贷风险，京津冀等银行要制定风险防范化解预案，防治风险的累积。2012 年《关于印发绿色信贷指引的通知》进一步作出更系统的规定，要求金融机构能够有效识别、检测对污染企业信贷的环境风险，建立环境风险管理体系，对有重大大气环境风险的项目，终止信贷资金拨付。《北京市关于制止钢铁电解铝水泥行业盲目投资若干意见》《天津市贯彻落实国务院金融促进经济发展政策措施意见》《河北省绿色信贷政策效果评价办法》等都明确加强了对污染产业进行贷款的持续监管、资金的压缩和回收，收紧对电力、钢铁等生产过剩企业的贷款，严格把控信贷审核，指明绿色信贷的支持方向，实施环境监管和信贷管理二合一的信贷政策。

7.3.4　金融政策完善阶段

京津冀高雾霾产业与经济协调发展金融政策持续改进阶段是指 2012 年以后，2012 年暴发严重的雾霾污染后，引起了京津冀三地高度重视。绿色发展理念的确立更加确定高雾霾污染产业向绿色发展的方向，使其能够与经济发展的转变相适应。金融机构也不断加大信贷投入，帮助高雾霾污染产业转型升级。金融政策完善阶段为 2012 年以后，绿色信贷体系开始建立和发展，排污权交易制度不断完善，促进高雾霾污染产业向绿色化发展，金融政策干预程度增强，推动产业的高质量发展，主要政策如表 7 - 12 所示。

表 7 - 12　金融政策完善阶段的主要政策及其阶段特点

主要政策（年份）	阶段特点
能源发展"十二五"规划（2013） 关于开展环境污染强制责任保险试点的指导意见（2013） 关于绿色信贷工作的意见 关于化解产能严重过剩矛盾的指导意见（2013） 关于石化和化学工业节能减排的指导意见（2013） 北京市关于进一步健全大气污染防治体制机制推动空气质量持续改善的意见（2013） 河北省钢铁水泥电力玻璃行业大气污染治理攻坚行动方案（2013） 河北省人民政府关于印发化解产能严重过剩矛盾实施方案的通知（2013） 关于推行环境污染第三方治理的意见（2014） 碳排放交易管理暂行办法 天津市贯彻落实国家化解产能严重过剩矛盾指导意见实施方案的通知（2014） 天津市万企转型升级行动计划（2014） 河北省钢铁水泥玻璃等优势产业过剩产能境外转移工作推进方案（2014） 河北省关于进一步优化企业兼并重组市场环境的实施意见（2014） 河北省钢铁水泥玻璃等优势产业过剩产能境外转移工作推进方案（2014） 河北省关于推动企业增加研发投入提升企业技术创新能力的实施意见（2014） 河北省关于进一步优化企业兼并重组市场环境的实施意见（2014）	绿色信贷体系开始建立和发展，碳排放和排污交易制度不断完善，不断促进高雾霾污染产业向绿色化发展，对大气污染防治金融干预力度持续加大，进一步推进经济干预治理力度

续表

主要政策（年份）	阶段特点
关于加大重大技术装备融资支持力度的若干意见（2015） 能效信贷指引（2015） 北京市推动科技金融创新支持科研机构科技成果转化和产业化实施办法的通知（2015） 北京市碳排放权交易管理办法（试行）（2015） 《中国制造2025》北京行动纲要（2015） 天津市实施科技创新券制度管理暂行办法（2015） 天津市石油和化学工业发展三年行动计划（2015） 天津市钢铁产业转型发展三年行动计划（2015） 河北省关于稳增长遏制工业经济下滑的若干措施（2015） 河北省关于加快推进生态文明建设的实施意见（2015） 绿色金融债券公告（2016） 绿色债券支持项目目录（2016） 工业绿色发展规划（2016） 关于钢铁行业化解过剩产能实现脱困发展的意见（2016） 关于煤炭行业化解过剩产能实现脱困发展的意见（2016） 关于营造良好市场环境促进有色金属工业调结构促转型增效益的指导意见（2016） 关于石化产业调结构促转型增效益的指导意见（2016） 关于印发"十三五"节能减排综合工作方案的通知（2016） 北京市关于印发大气污染防治等专项责任清单的通知（2016） 北京绿色制造实施方案（2016） 北京市碳排放配额场外交易实施细则（2016） 北京市"十三五"时期环境保护和生态建设规划（2016） 天津市支持企业通过融资租赁加快装备改造升级专项资金管理暂行办法说明（2016） 天津市实施科技创新券制度管理暂行办法（2016） 天津市加快推进制造业与互联网融合发展实施方案（2016） 河北省关于推行环境污染第三方治理的实施意见（2016） 河北省关于加大投资力度稳定经济增长的若干意见（2016） 河北省关于深入推进《中国制造2025》的实施意见（2016） 河北省人民政府关于处置"僵尸企业"的指导意见（2016） 河北省万家中小工业企业转型升级行动实施方案（2016） 河北省煤炭行业化解过剩产能实现脱困发展实施方案（2016）	绿色信贷体系开始建立和发展，碳排放和排污交易制度不断完善，不断促进高雾霾污染产业向绿色化发展，对大气污染防治金融干预力度持续加大，进一步推进经济干预治理力度

续表

主要政策（年份）	阶段特点
河北省用能权、用煤权交易管理办法（试行）（2016） 关于推进供给侧结构性改革 防范化解煤电产能过剩风险的意见（2017） 煤电产能过剩风险的意见（2017） 关于 2017 年深化经济体制改革重点工作意见的通知（2017） 关于构建绿色金融体系的指导意见（2017） 北京市"新智造 100"工程实施方案（2017） 北京市"十三五"时期工业转型升级规划（2017） 北京市"十三五"时期现代产业发展和重点功能区建设规划（2017） 北京市打赢蓝天保卫战三年行动计划（2017） 天津市工业绿色制造体系建设实施方案（2017） 天津市关于印发天津石化产业调结构促转型增效益实施方案的通知（2017） 天津市"十三五"生态环境保护规划（2017） 天津市关于利用综合标准依法依规推动落后产能退出指导意见的实施意见（2017） 河北省"十三五"能源发展规划（2017） 河北省发展和改革委员会等十五部门转发《关于推进供给侧结构性改革防范化解煤电产能过剩风险的意见》的通知（2017） 北京市人民政府关于全面加强生态环境保护坚决打好北京市污染防治攻坚战的意见（2018） 北京市关于全面加强生态环境保护坚决打好北京市污染防治攻坚战的意见（2018） 天津市人民政府关于深化"互联网＋先进制造业"发展工业互联网的实施意见（2018） 天津市支持企业通过融资租赁加快装备改造升级专项资金管理暂行办法说明（2016） 构建天津市市场导向的绿色技术创新体系落实方案（2018） 河北省"万企转型"实施方案（2018） 河北省打赢蓝天保卫战三年行动方案（2018） 河北省人民政府关于加快推进工业转型升级建设现代化工业体系的指导意见（2018） 河北省钢铁行业去产能工作方案（2018） 河北省关于加快推进工业转型升级建设现代化工业体系的指导意见（2018）	绿色信贷体系开始建立和发展，碳排放和排污交易制度不断完善，不断促进高雾霾污染产业向绿色化发展，对大气污染防治金融干预力度持续加大，进一步推进经济干预治理力度

续表

主要政策（年份）	阶段特点
河北省关于推动互联网与先进制造业深度融合加快发展工业互联网的实施意见（2018） 关于加快推进工业节能与绿色发展的通知（2019） 关于推进实施钢铁行业超低排放的意见（2019） 工业炉窑大气污染综合治理方案（2019） 河北省关于构建市场导向的绿色技术创新体系的若干措施（2019） 河北省支持重点行业和重点设施超低排放改造（深度治理）的若干措施（2020）	绿色信贷体系开始建立和发展，碳排放和排污交易制度不断完善，不断促进高雾霾污染产业向绿色化发展，对大气污染防治金融干预力度持续加大，进一步推进经济干预治理力度

京津冀高雾霾产业与经济协调发展金融政策完善阶段政策主要特点包括：

一是绿色信贷体系开始建立和发展，绿色金融体系逐步完善。为了金融机构发展绿色信贷，中国银行业监督管理委员会向京津冀等政策型银行等印发了《绿色信贷指引》，明确金融机构对绿色经济、低碳经济和循环经济的支持力度，对环境有重大影响的高污染行业制定专门的授信指引，实施差别的授信，成为京津冀等全国各地金融机构绿色信贷体系的纲领性文件，树立了绿色信贷的金融理念，2013 年印发的《关于绿色信贷工作的意见》要求将绿色信贷理念融入银行的经营活动和监管中。2015 年《能效信贷指引》鼓励金融机构实施绿色信贷，对于污染企业试行严格的信贷政策。《绿色金融债券公告》开启了绿色债券市场。2016 年《关于构建绿色金融体系的指导意见》明确了绿色金融的定义，并提出包含京津冀在内，全国要大力发展绿色信贷、绿色投资，建立绿色发展基金等，开始建立和完善绿色金融体系。2017 年《北京市关于构建首都绿色金融体系的实施办法》《关于构建天津市绿色金融体系的实施意见》《河北省关于构建绿色金融体系的实施意见》加快构建绿色信贷、绿色债券、绿色基金等在内的绿色金融体系，加大对污染企业环境信息披露力度，推动逐渐建立和完善强制性环境信息披露制度，扩展可再生能源发电财政补贴等作为基础资产的证券化产品，同时让绿色金融体系参与到京津冀协调发展上来。三省市颁发了建立绿色金融体系的政策，如《北京市关于构建首都绿色金融体系的实施办法》《天津市绿色金融体系的实施意见》等政策，提高了废气排放信息披露程度，建立起强制性的披露制度，创新资源综合利用项目证券产品，绿色金融体系逐步建立，为产业绿色化发展、经济高质量发展助力。

二是排放交易制度不断完善。碳排放交易制度涉及作为试点的北京和天津，而河北主要是实施排污权交易制度。2013 年作为碳排放权交易试点的北京和天津分别印发了《北京市关于开展碳排放权交易试点工作》和《天津市碳排放权交易管理暂行办法的通知》，规定了市场交易机制、交易产品、市场参与主体、交易平台、基本流程等，提出鼓励银行等金融机构运用节能收益质押、能效融资等金融产品，为碳排放交易市场参与者提供更多的金融服务。北京、天津等地的试点工作验证了碳排放交易市场的可能性，为在全国建立碳排放交易市场打下了基础。2014 年《碳排放交易管理暂行办法》确定在全国范围内进行碳排放交易。同年《关于进一步推进排污权有偿使用和交易试点工作的指导意见》发布，排污权交易制度成为一项重要的环境经济政策。在河北和天津展开区域碳排放交易试点，制定了跨区域的碳排放权交易方案，建立统一的核算标准、配额核定方法等，通过碳排放交易手段，推动产业结构和能源结构的优化，协同推进区域大气污染的防治。2015 年《河北省排污权有偿使用和交易管理暂行办法》《北京市进一步健全大气污染防治体制机制推动空气质量加快改善的意见》涉及排污权初始分配和有偿使用、排污权交易程序、监督管理等内容。2017 年《全国碳排放权交易市场建设方案（发电行业）》表明碳市场完成总体设计，正式开始运行。2013 年京津两市被设立为碳排放权交易试点地区，分别印发了《北京市关于开展碳排放权交易试点工作》《天津市碳排放权交易管理暂行办法的通知》，规定了碳排放权市场建设、程序、产品等具体内容，提出鼓励银行等金融机构创新运用能效信贷等金融产品。2015 年排污交易权在京津冀地区实施，三地明确规定了交易额度的初始分配、权益的交易程序等内容。

三是金融企业促进高雾霾污染产业结构的优化升级。高雾霾污染产业脱硫等节能减排技术的研发、技术设备的升级等需要大量的资金。高雾霾污染产业升级转型的资金来源除了企业自身的投入、财政补贴手段，信贷融资也是非常重要的资金来源。主要是以资本市场为主体，通过发行债券等方式获得资金。2015 年《绿色债券发行指引》明确规定了绿色债券之重点支持项目，如燃煤电厂等节能减排技术的改造，煤炭、石油等能源的清洁化利用，产业园的循环经济改造项目等。鼓励上市公司发行绿色债券，来帮助企业进行资金回流。2017年天津市中信银行天津分行发行了绿色短期金融债券，可用于对清洁发电的融资。2020年《河北省支持重点行业和重点设施超低排放改造（深度治理）的若干措施》鼓励符合条件的污染企业发行债券进行直接投资，用于污染企业超低排放改造和深度治理项目，通过市场化运作撬动金融资金参与到大气治理项目中。银行根据产业政策、经济政策和环保政策直接向符合要求的企业提供贷款。《河北省关于推动企业增加研发投入提升企业技术创新能力的实施意见》《北京市推动科技金融创新支持科研机构科技成果转化和产业化实施办法的通知》《工业绿色发展规划》《天津市工业绿色制造体系建设实施方案》等为污染密集型产业进行绿色转型、绿色制造体系建设、绿色技术创新能力提升等通过融资租赁、知识产权质押等方式提供所需贷款资金支持，对高雾霾污染产业产业转型项目进行信贷方面的支出，以淘汰落后过剩产能和落后企业。如2014年《天津市贯彻落实国家化解产能严重过剩矛盾指导意见实施方案的通知》《天津市万企转型升级行动计划》鼓励银行为企业的转型升级提出相关的质押和贷款业务等金融服务。2015年《天津市石油和化学工业发展三年行动计划》《天津市钢铁产业转型发展三年行动计划》和2017年《北京市"十三五"时期工业转型升级规划》等深化金融体制改革，为大气污染密集型的石化、钢铁产业升级提供产业的升级转型信贷服务。2016年《河北省煤炭行业化解过剩产能实现脱困发展实施方案》《天津市利用综合标准依法依规推动落后产能退出指导意见的实施意见》《关于推进供给侧结构性改革防范化解煤电产能过剩风险的意见》和2018年《河北省钢铁行业去产能工作方案》等都是实施差别化的金融政策，对有效益、有前景、主动化解过剩产能等污染产业，按照商业可持续的原则积极给予信贷支持，对于不符合环保要求以及产能严重过剩的污染企业拒绝或停止信贷支持。

四是对企业造成的大气污染防治，金融投入力度持续加大，进一步推进经济干预治理力度。为了大气污染防治计划，京津冀利用市场经济的杠杆作用，推进钢铁、电力等重点行业的大气污染治理。2013年《北京市关于进一步健全大气污染防治体制机制推动空气质量持续改善的意见》《河北省钢铁水泥电力玻璃行业大气污染治理攻坚行动方案》鼓励金融机构创新信贷管理体系，适应大气污染防治特点，探索排污权抵质押贷款和融资，扩展污染防治设施融资、租赁业务。2015 年《北京市关于推行环境污染第三方治理的实施意见》、2016 年《河北省关于推行环境污染第三方治理的实施意见》对工业园等实施第三方治理，社会资本进入污染治理，市场活力进一步激发。污染企业聘请第三方企业治理污染物排放问题，因需要大量的资金，金融机构为第三方治理项目提供贷款额度、利率等方面的优惠，帮助污染企业进行污染排放的治理。2016 年《北京市"十三五"时期环境保护和生态建设规划》《北京市打赢蓝天保卫战三年行动计划》和 2017 年《天津市"十三五"生态环境保护规划》积极发展绿色金融，帮助污染企业实施绿色经济发展转型，为污染产业的大气防治提供长期稳定、低成本的资金支持，鼓励排污权有偿使用。2018 年《北京市人民政府关于全面加强生态环境保护坚决打好北京市污染防治攻坚战的意见》《天津市人民政府关于深化"互联网 + 先进制造业"发展工业互联网的实施意见》《河北省打赢蓝天保卫战三年行动方案》《工业炉窑大气污染综合治理方案》等，进一步扩大了绿色金融体系的覆盖，将工业窑炉的改造、工业互联网计划都加入金融政策的支持范围内。

五是利用金融政策弥补市场漏洞，三省市制订的万企转型升级行动计划中，鼓励银行为污染防治项目提供相关的质押和贷款业务，高雾霾污染产业在进行超低排放改造及深度治理过程中可以发行绿色债券。2013 年三省市鼓励银行等金融机构创新信贷管理，适应大气污染防治特点，制定了《首都金融科技创新发展的指导意见》《河北省关于开展环境污染强制责任保险试点工作的实施意见》等，探索排污权的质押贷款，扩展大气污染防治设施的融资、租赁业务。同时，政策扩展了绿色金融体系的覆盖面积。

7.4
高雾霾污染产业与经济协调发展技术政策供给演进

7.4.1　技术政策萌芽阶段

京津冀高雾霾产业与经济协调发展技术政策的萌芽阶段是指 1978—1992 年。这一时期中国出台了各类的政策，基本上是针对经济和政治方面的，对于环境的治理缺乏重视，由于知识的限制，技术政策也相对较匮乏，政策措施也较少。技术政策仍是以改造传统技术为主，提高设备排放标准，某种程度上促进了企业技术进步，主要政策如表 7-13 所示。

表 7-13　　　　技术政策萌芽阶段的主要政策措施及特点

主要政策（年份）	政策特点
全国科技发展规划纲要（1978） 大气环境质量标准（1982） 锅炉大气污染排放标准（1983） 水泥工业大气污染排放标准（1985） 河北省关于进一步做好吸收外资引进技术工作的通知（1984） 河北省关于发展厂办科技开发机构的意见（1988） 关于综合技术改造防治工业污染的几项规定（1989） 天津市工业系统节约原材料管理暂行规定（1989） 河北省科技兴冀特别奖暂行规定（1989） 北京市关于强化企业管理全面提高企业素质意见（1991） 北京市关于下达促进亏损企业扭亏增盈若干措施的通知（1991） 河北省人民政府关于进一步增强大中型企业活力的若干政策规定（1991） 河北省人民政府关于加强科技成果推广工作的决定（1991） 中国环境与发展十大对策（1992） 河北省关于提高工业经济效益的若干政策措施（1992） 河北省关于进一步做好全省工业经济结构调整工作的通知（1992）	技术政策仍是以改造传统政策为主，通过提高排放标准的方法，倒逼企业进行技术创新，并有意识地规划大气节能相关政策研究方向

京津冀高雾霾产业与经济协调发展技术政策的萌芽阶段的主要特点包括：

一是政策仍是以改造传统技术为主。这一时期的重点任务仍是大力发展产业，特别是大力发展工业来提高经济发展的速度，达到提高经济发展速度的目的，因此技术创新仍是以提升生产力、激发企业活力的传统政策为主，最终是提升企业生产效益。1986 年颁发的《河北省人民政府关于深入改革进一步增强国营工业企业活力的若干规定》提出支持技术改革、鼓励技术进步，但是这里的技术主要是服务于提高企业的经济效益、增强企业活力，尚未涉及节能减排技术。1989 年天津颁发了《天津市工业系统节约原材料管理暂行规定》，开始鼓励污染企业采用新工艺、新技术降低原材料的消耗，以达到节约工业系统原材料目的，减少生产过程中的浪费和损失。原材料得到充分利用，间接减少了污染物的排放。它在一定程度涉及环保技术问题，鼓励企业创新生产技术及废气净化设备、降低原材料的消耗，最终节约了原材料，在一定程度减少了生产中的产生资源浪费。1991 年北京颁发《北京市关于下达促进亏损企业扭亏增盈若干措施的通知》，鼓励污染企业进行技术研发，主要是帮助调整产品结构，提高亏损企业利润，很少涉及排污技术问题。1992 年河北出台了一系列关于增强企业活力、提高工业企业效益的相关政策，《河北省关于进一步增强大中型企业活力的若干政策规定》《河北省关于进一步做好全省工业经济结构调整工作的通知》都提到鼓励技术进步、支持重点技术改造和新产品的开发，但是都是以提高企业生产效益为主，以降低污染排放为辅的技术创新政策，很少涉及资源的综合利用、废气排放等技术政策。技术创新仍是以提升生产力、激发工业企业活力的传统政策为主，绿色技术比较匮乏。

二是利用排放标准，提高对大气污染防治技术。这一时期我国开始制定相关排放标准，对污染产业排放有了一定的要求，对其技术提出了挑战。这一时期的标准制定主要是以执行国家标准为主，京津冀三地制定相关地方标准为辅。1982 年国家制定了《大气环境质量标准》，制定了二氧化硫、其他有害气体的排放技术原则和方法，为污染企业的废气排放提出了技术要求，促进污染产业提高技术，以符合大气环境质量环境标准。1983 年为了贯彻大气污染防治法、促进锅炉行业技术进步、减少锅炉污染物的排放，我国又制定了《锅炉大气污染排放标准》，限定了燃烧锅炉最高允许的烟尘和二氧化硫浓度以及相关的技术要求。1984 年北京根据本地情况制定了《北京市废气排放标准（试行）》，更加明确了北京市炉窑烟尘、工业粉尘、工业废气的排放标准，进一步促进企业技术进步，达到排放的标准。1985 年制定了《水泥工业大气污染排放标准》《钢铁工业污染物排放标准》《重有色技术污染物排放标准》，规定了在制造、生产等环节污染物排放的限制以及相关除尘设备、生产工业设备的要求，进一步规范了水泥的生产。这些标准的制定是对污染物的容许量作出限制规定，寻找现阶段试行效果最好，且经济合理的实用有效的污染物控制技术，在大气污染防治的基础上来促进污染产业的发展。

三是开始制定污染排放标准。这一时期主要是以执行国家标准为主，京津冀三地制定相关地方标准为辅，1982 年国家制定污染企业二氧化硫等废气排放标准和技术原则方法，对污染企业的废气排放提出了技术要求。北京市根据本地情况，制定了《北京市废气排放标准（试行）》，更加明确了北京市的炉窑烟尘、工业粉尘等废气的排放标准，进一步促进企业技术进步。1985 年制定了《水泥工业大气污染排放标准》，规定了钢铁、水泥等重污染产业生产环节废气排放、相关除尘设备的标准，规范了高雾霾污染产业的生产。技术标准是对废气容许量作出限制性的规定，寻找现阶段试行效果好、经济合理、实际性强的污染物控制技术，在大气污染防治的基础上来促进产业的发展。

四是开始有意识地规划节能减排等技术的研究方向。改革开放以来，我国与国外交流加强，1978 年我国制定了《全国科技发展规划纲要》，发展能源科学技术、材料科学技术等工业生产标准化、系列化、通用化的研究。1989 年颁发了《关于综合技术改造防治工业污染的几项规定》，进一步规范了工业企业的技术改造，指出工业污染是造成环境污染的主要方面，明确要求在工业企业进行技术改造时，将工业污染防治的要求和技术措施加入其中，符合经济效益和环境效益相统一，通过先进的技术和设备提高能源利用率，降低生产过程中污染物的排放。1988 年邓小平提出"科学技术是第一生产力"，重视科学技术在经济发展中的作用。随着省内开放程度的加深，国际交流加深，河北在 1984 年制定了《河北省关于进一步做好吸收外资引进技术工作的通知》《河北省吸引外资技术优惠办法》，积极引进化工等方面的国际技术、设备、人才，提高河北的技术水平，用高效、节能、环境污染少的新工艺、新设备、新产品来代替能源消耗大、污染物排放量大的落后工艺、设备和产品。对于新引进的设备更要加强推广，1991 年《河北省人民政府关于加强科技成果推广工作的决定》《河北省人民政府关于加速科研单位高等院校科技成果转化的通知》要求进一步将科学技术推广到生产过程中，为科学技术成功推广创造良好财政、金融、税收方面的条件。同时，开始通过鼓励开发清洁能源技术，1985 年和 1988 年的《中国开发利用太阳能技术》《中国大力开发利用风能计划》开始发展清洁能源，为污染企业的发展提供符合需求的清洁能源，减少燃煤产生的污染物。

7.4.2　技术政策起步阶段

京津冀高雾霾产业与经济协调发展政策起步阶段是 1993—2003 年。这一期间环境污染加重，国家提出了环境污染、生态恶化得到基本控制，污染物排放总量控制以及企业污染物排放必须达标，重点城市环境质量必须达标的"一控双达标"；同时，又提出科技是第一生产力，京津冀作为重点城市，开始利用技术创新对大气污染进行控制，降低大气污染，并引入国际标准，排放标准愈发严格，鼓励发展绿色技术。同时，增大了大气污染防治研发成果转化力度，提高成果转化率，主要政策如表 7 - 14 所示。

表 7 - 14　　　　技术政策起步阶段的主要政策措施及特点

主要政策（年份）	政策特点
国家环境保护最佳实用技术推广管理办法（1993） 中国环境保护行动计划（1993） 大气污染物综合排放标准（1993） 河北省省级经济技术开发区若干规定（1994） 关于加速科学技术进步的决定（1995） 中华人民共和国促进科技成果转化法（1996） 关于进一步开展资源综合利用意见（1996） 关于环境科学技术和环保产业若干问题的决定（1997） 加快北京市国有工业企业改革和发展若干政策（1997） 国务院关于印发质量振兴纲要的通知（1996） 工业炉窑大气污染物排放标准（1996） 炼焦炉大气污染物排放标准（1996）	扩大和提升污染物标准制定，进一步提高企业技术水平，开始鼓励大气污染防治技术的应用和取代落后技术，发展绿色技术，同时强化了大气污染防治的研究和成果转化力度，提高成果转化率

续表

主要政策（年份）	政策特点
水泥厂大气污染物排放标准（1996） 国务院关于环境保护若干问题的决定（1996） 北京市实施《中华人民共和国节约能源法》办法（1999） 国家重点环境保护实用技术推广管理办法（1999） 关于加强技术创新，发展高科技，实现产业化的决定（1999） 燃煤锅炉氮氧化物排放标准（1999） 北京市锅炉污染物综合排放标准（1999） 北京市火电厂二氧化硫排放标准（2000） 北京市人民政府关于进一步加强产品质量工作若干问题的决定（2000） 锅炉大气污染物排放标准（2001） 天津市促进科技成果转化条例（2001） 北京市关于进一步推动全市工业企业技术进步的若干意见（2002） 北京市关于进一步加强北京市产学研联合工作的意见（2002） 北京市科学技术奖励办法（2002） 关于加快推行清洁生产意见的通知（2003） 关于贯彻落实《清洁生产促进法》的若干意见（2003） 关于加快推行清洁生产意见的通知（2003）	扩大和提升污染物标准制定，进一步提高企业技术水平，开始鼓励大气污染防治技术的应用和取代落后技术，发展绿色技术，同时强化了大气污染防治的研究和成果转化力度，提高成果转化率

京津冀高雾霾产业与经济协调发展政策起步阶段的主要特点包括：

一是严格废气排放标准。三省市仍是执行国家技术标准、严格废气排放标准和最高允许排放浓度以及速率，并对不同行业排放的烟尘、粉尘等废气污染物进行了差异化的规范，促进了火电厂等重污染企业技术改进，有效降低废气排放浓度。另外，北京修订的《锅炉污染物综合排放标准》开始借鉴国际经验，与发达国家先进的废气排放标准相接轨，促进企业引进国际先进的生产和环保技术及设备，提高行业的技术水平。

二是探索发展绿色技术。北京作为技术中心，率先颁发了《国有工业企业改革和发展若干政策》，提出改造传统技术，甚至利用新技术代替传统技术，发展低能耗和低污染的工业，创新主体由政府过渡到企业，形成北京新工业产业群体。随后天津和河北也出台了《加快推进清洁生产的实施意见》《关于贯彻落实〈清洁生产促进法〉的若干意见》等政策，明确要求企业要加快技术创新速度，淘汰老旧工业环保设备，提高清洁化生产技术开发水平，利用技术改造传统产业。

三是开始注意成果转化问题。1994年京津冀地区提出加强对于节能减排技术的研发，加大对产学研联合开发的财政投入力度，用于重点产学研工程项目的合作开发，推动成果的有效成功转化和应用。1999 年京津冀地区研发污染排放小、经济合理的污染防治实用技术，促进清洁生产技术、资源综合利用技术的发展。

7.4.3　技术政策发展阶段

京津冀高雾霾产业与经济协调发展技术政策发展阶段是 2004—2012 年。这一期间提出环境保护和发展并重，按经济规律办事，并提出科学发展观，推进协调发展。京津冀三地工业企业众多，是高雾霾污染产业集聚区，粗放型的发展方式造成了严重的环境污染。因此，京津冀三地以可持续发展观为依据，提高技术创新能力，走新型的工业化道路。技术政策发展阶段是 2004—2012 年。在这一时期，三地在科学发展观思想指导下，引导重点领域的技术研究和运用，创新清洁技术，充分利用技术政策来改善产业结构，加强研究成果在产业中的应用，建设环境友好型社会，主要政策如表 7 - 15 所示。

表 7 - 15　　　技术政策发展阶段的主要政策措施及特点

主要政策（年份）	政策特点
关于加快火电厂烟气脱硫产业化发展的若干意见（2004） 河北省水泥工业发展指导意见（2004） 污染源自动监控管理办法（2005） 国务院关于促进煤炭工业健康发展的若干意见（2005） 促进产业结构调整暂行规定（2005） 关于落实科学发展观加强环境保护的决定（2005） 北京市加快发展循环经济建设节约型城市规划纲要（2005） 北京市关于进一步推进北京工业开发区（基地）建设和发展的意见（试行）（2005） 北京工业实施循环经济行动方案（2005） 天津市关于进一步促进高新技术成果转化暂行办法的通知（2005） 天津市关于加强环境保护优化经济增长的决定（2005） 国务院关于加强节能工作的决定（2006） 北京市"十一五"时期工业发展规划（2006） 天津市保护知识产权行动纲要（2006）	坚持科学发展观，制定技术创新的长期和短期规划，引导重点领域的技术研究和运用，进一步支持绿色技术创新，充分利用技术，改善高雾霾污染产业的产业结构，并且提高对技术知识产权保护的意识，加强了产业技术成果转化实现，建设资源节约型和环境友好型社会

续表

主要政策（年份）	政策特点
关于发展循环经济建设节约型社会近期重点工作实施意见的通知（2006） 河北省关于加快经济结构战略性调整推进经济增长方式转变有关情况和意见（2006） 北京市鼓励引进消化吸收与再创新实施办法（试行）（2007） 关于北京市开发区生态工业园建设的意见（试行）（2007） 天津市关于加强节能工作的决定（2007） 天津市节能减排工作实施方案（2007） 关于促进自主创新成果产业化若干政策的通知（2008） 国务院关于印发国家环境保护"十一五"规划的通知（2008） 北京工业实施循环经济行动方案（2008） 加快发展循环经济建设资源节约型环境友好型城行动计划（2008） 天津生态市建设行动计划（2008） 河北省人民政府关于推进节能减排工作的意见（2008） 河北省加快淘汰落后钢铁产能促进钢铁工业结构调整的通知（2008） 国家产业技术政策（2009） 北京市加快北京石化新材料科技产业基地建设若干意见（2009） 北京市"科技北京"行动计划（2009） 天津市关于加快推进全市工业技术改造工作的实施意见（2009） 河北省人民政府关于加强节能工作的决定（2009） 大气污染工程技术导则（2010） 关于进一步加大节能减排力度加快钢铁工业结构调整的若干意见（2010） 关于推进大气污染联防联控工作改善区域空气质量的指导意见（2010） 北京市关于加强技术改造工作意见（2010） 关于进一步推进北京市工业节能减排工作的意见（2010） 关于推进大气污染联防联控工作改善区域空气质量的指导意见（2010） 北京市"十五"时期工业发展规划（2010） 天津市进一步加强工业和自主创新重大项目建设及招商引资工作方案（2010） 河北省加快工业聚集区发展的若干意见（2010） 河北省人民政府关于控制钢铁产能推进节能减排加快钢铁工业结构调整的实施意见（2010） 河北省环京津地区产业发展规划（2010） 河北省人民政府关于控制钢铁产能推进节能减排加快钢铁工业结构调整的实施意见（2010）	坚持科学发展观，制定技术创新的长期和短期规划，引导重点领域的技术研究和运用，进一步支持绿色技术创新，充分利用技术，改善高雾霾污染产业的产业结构，并且提高对技术知识产权保护的意识，加强了产业技术成果转化实现，建设资源节约型和环境友好型社会

续表

主要政策（年份）	政策特点
关于印发钢铁企业烧结余热发电技术推广实施方案的通知（2010） 环保装备"十二五"规划（2011） 能源科技"十二五"规划（2011） 铅锌冶炼工业污染防治技术政策（2011） 产业关键共性技术发展指南（2011 年） 国务院关于印发工业转型升级规划（2011） 关于组织推荐工业循环经济重大技术示范工程的通知（2011） 北京市推进两化融合促进首都经济发展的若干意见（2011） 北京市人民政府关于进一步促进科技成果转化和产业化的指导意见（2011） 北京市加快培育和发展战略性新兴产业实施意见（2011） 河北省"十二五"节能减排综合性实施方案（2011） 河北省关于加快推进工业企业技术改造工作的实施意见（2011） 河北省关于加快培育和发展战略性新兴产业意见（2011） 河北省科学和技术发展"十二五"规划（2011） 关于深化科技体制改革加快国家创新体系建设的意见（2012） 关于印发节能减排"十二五"规划的通知（2012） 重点区域大气污染防治"十二五"规划（2012） 北京市工业大气污染治理行动计划（2012） 北京市"十二五"时期绿色北京发展建设规划的通知（2012） 天津市工业经济发展"十二五"规划（2012） 工业企业技术创新工作安排的通知（2012） 天津市加快创建国家新型工业化产业示范基地工作的实施意见（2012） 天津市工业企业技术创新工作安排的通知（2012） 关于实施工业企业知识产权运用能力培育工程的通知（2012） 天津市支持科研院所创新发展实施意见（2012） 河北省进一步支持企业技术改造的九项措施（2012）	坚持科学发展观，制定技术创新的长期和短期规划，引导重点领域的技术研究和运用，进一步支持绿色技术创新，充分利用技术，改善高雾霾污染产业的产业结构，并且提高对技术知识产权保护的意识，加强了产业技术成果转化实现，建设资源节约型和环境友好型社会

　　京津冀高雾霾产业与经济协调发展技术政策发展阶段的主要特点包括：

　　一是制定技术创新的长期和短期规划，引导重点领域的技术研究和运用。2006 年京津冀三地都制定了《科学和技术发展"十一五"规划》，对于大中型工业企业建立技术开发机构数量、知识产权产品和技术的数量都作了规定，建立主导产业产学研合作研发中心、循环经济技术发展模式、环境保护科技支撑体系，对于钢铁生产、石油化工等重点行业技术开放进行规划和布局，开发一批清洁、节能、高效的关键共性技术，为经济发展提供有力的技术支撑，加强科学技术对经济发展的引领作用。北京和天津还颁发了《中长期科学和技术发展规划纲要》，河北也制定了《河北省科学和技术发展 2020 年远景目标》，规划了发展资源综合利用技术，北京制定大气污染综合治理科技专项，天津也针对能源、石油化工、环境等重点领域制定了科技发展规划以及一系列相关的支持政策，来保证科学发展技术的目标实现，提高产业的科技创新水平，发展绿色技术。2009 年北京为了促进"绿色北京"的发展理念，开始实行"科技北京"行动计划，发挥首都科技优势，发展太阳能等新能源技术应用、石油化工五大高耗能行业的技能改造、大气污染综合治理工程等一系列绿色技术改造工程。2011 年《国家环境保护"十二五"科技发展规划》确立了全国科技兴环保战略。《环保装备"十二五"规划》《能源科技"十二五"规划》都在国家层面对于京津冀三地大气污染治理、监测等设备、能源开发和转化技术作出明确的规划。京津冀三地也制定了《科学技术发展"十二五"规划》，北京强调利用科技推进低碳城市和生态环境体系建设，完善大气污染综合治理和监测技术，推动科技成果转化和产业化，以及采取相关措施优化科技发展环境。天津和河北作为钢铁等大气污染密集型企业较多的地区，技术研究开发成果更加趋于向大气污染治理、脱硫脱硝等环保技术与装备及可再生能源的研发倾斜；也围绕着京津冀电力、化工等重点行业的节能减排的需求，促进区域清洁能源技术、大气污染联防联控技术的发展。天津除了科学技术的"十一五"规划，还颁发了《天津市科技小巨人发展三年（行动）计划》，建立产业技术创新战略联盟，将污染产业、企业、研究所等串联起来，建立科技成果转化中心，帮助进行科技转化。这些技术规划政策为高雾霾污染产业进行绿色技术创新指明了方向，帮助其有效进行技术创新，提升技术创新能力，将科技创新有效地融入经济发展中，帮助高雾霾污染产业与经济协调发展。

二是进一步发展支持节能减排、循环经济等绿色技术的创新。对于清洁生产技术，2003 年颁发的《关于加快推行清洁生产意见的通知》明确规定了清洁生产的定义，要求全国加快清洁技术的研发，安排清洁生产重大技术攻坚项目，鼓励污染企业积极研发清洁生产技术和产品，提高清洁生产技术水平。2005 年颁发的《关于加快火电厂烟气脱硫产业化发展的若干意见》《关于促进煤炭工业健康发展的若干意见》要求全国采取先进的清洁技术，降低二氧化硫的排放，提高煤炭的利用率，提高对于清洁生产工艺的要求，大力发展烟气脱硫、净煤等有自主知识产权的技术和设备，形成规范的技术体系。《天津市关于加强环境保护优化经济增长的决定》规定天津市加强科技服务平台、中介机构等促进燃煤电厂脱硫脱硝、洁净煤等技术攻关。对于节能减排，2006 年《国务院关于加强节能工作的决定》、2007 年《天津市节能减排工作实施方案》、2008 年《河北省人民政府关于推进节能减排工作的意见》对清洁燃烧、工业的清洁生产等一系列的节能减排技术进行推广，特别是针对钢铁、煤炭、化工等重点污染行业的实际需求来研发节能减排技术。2009 年《国务院办公厅关于加强内燃机工业节能减排的意见》明确了内燃机的绿色技术改造。2009 年和 2011 年天津和河北分别颁发《加快推进工业技术改造工作的实施意见》，进一步强化了工业企业进行节能减排技术改造的重点，为技术改造明确了方向。对于排放前污染源，则采用综合处理技术。京津冀三地开始进一步发展循环经济技术。2005 年《北京工业实施循环经济行动方案》搭建技术发展平台，发展清洁生产、可再生能源和能源综合利用等先进技术，促进循环经济的发展，组织循环经济技术国际交流，促进循环经济技术的发展。

三是提高对技术知识产权保护的意识。科学技术快速发展，京津冀三地知识产权保护意识不断加强，明确要发挥知识产权在增强经济科技实力中的作用。为了加强知识产权的保护、鼓励技术创新，京津冀三地分别颁发了《保护知识产权行动纲要》，加大对侵犯知识产权行为的整治力度，制定知识产权战略，促进知识产权技术的实施和产业化，优化知识产权保护环境等。2011 年《工业转型升级规划》要求实施知识产权战略，建立重点产业知识长效机制，完善知识产权转移交易体系，提高工业知识产权的创造等能力。《关于实施工业企业知识产权运用能力培育工程的通知》进一步深化工业转型升级规划，建立工业知识产权保护制度和工作机制，提升工业企业获得知识产权的能力，创造良好的氛围，推进产业技术进步，促进产业创新成果的转化，建立以企业为主导的技术研发体系。

四是加强了产业技术成果转化。在鼓励技术创新的同时，京津冀三地制定了产业技术成果转化政策，保证高雾霾污染产业能够有效应用绿色技术在生产过剩、提高经济效益的同时，降低污染物的排放，促进经济又好又快地发展。为了将科技成果转化为生产力，河北和天津 2003 年和 2004 年先后颁布了《促进科技成果转化条例》，用法律形式规范了科技成果转化行为，制定了一系列优惠措施，为科技成果转化创造了良好的条件，大气污染密集型企业技术成果转化为新工艺、新产品、新材料等，鼓励产、学、研相结合，加速科技进步和创新，创造出符合实际需求的绿色技术。2005 年天津继续深化技术创新成果的转化，颁发《天津市关于进一步促进高新技术成果转化暂行办法的通知》，继续促进高新技术在企业中的应用。2007 年《北京市鼓励引进消化吸收与再创新实施办法》明确激励从国外引进技术和设备，有效吸收国外技术，并能够做到再次创新，拥有自主知识产权。为了解决自主创新成果转移不足的问题，国家出台了《关于促进自主创新成果产业化若干政策的通知》，要求采取政府补贴、金融投资等一系列的政策为自主创新成果转化创造良好的环境，加快自主创新成果的推广，提高自主创新成果产业化的水平。2009 年为了促进钢铁工业技术改造，颁发了《钢铁企业烧结余热发电技术推广实施方案的通知》，特别是京津冀地区有较多重点大中型钢铁企业，更加要努力推广烧结余热发电绿色技术，这是一种不产生额外废气、粉尘的绿色技术，通过对钢铁企业技术改造帮助其提高绿色技术，走向科技含量高、经济效益好、资源消耗低的新型工业道路。2012 年《天津创建国家新型工业化产业示范基地工作的实施意见》提出通过发展产业示范基地，整合产业资源，形成产学研创新战略联盟，促进技术成果的转化以及重大科技成果的工程化和产业化。高雾霾污染产业以科学发展观为指导，进行技术改造，积极促进产业技术成果转化与产业发展相结合，在有效降低企业生产成本、提高企业竞争力和绿色技术水平方面，走一条技术高、污染小的绿色发展道路。

五是充分利用技术，改善高雾霾污染产业的产业结构。根据科学发展观的要求，京津冀三地继续转变经济增长方式，促进产业结构的调整和升级，将产业结构的调整作为改革发展的重要任务。科学技术能够转变高雾霾污染产业粗放型的发展方式，逐步向低消耗、低排放和高效率、节约型的增长方式转变。2005 年《促进产业结构调整暂行规定》提出推进钢铁、电力、石化等重点行业进行节能技术改造，提高自主创新能力，提高产品附加值，实现产业结构的转变、适应经济增长方式的转变。河北以工业产业为主，为了帮助产业结构的升级转型，2005 年制定了《河北省关于加快经济结构战略性调整推进经济增长方式转变有关情况和意见》，提出利用高新技术对传统工业企业进行改造，利用科学技术推动产业结构的调整、产品质量提升、能源效率提高、污染排放降低，做强做优传统工业产业。钢铁工业作为河北的支柱产业，2006 年制定的《河北省钢铁工业发展循环经济实施方案》、2008 年制定的《河北省加快淘汰落后钢铁产能促进钢铁工业结构调整的通知》及 2010 年制定的《河北省人民政府关于控制钢铁产能推进节能减排加快钢铁工业结构调整的实施意见》提出利用先进的技术对钢铁产业的质量、品种、机器设备等进行改造，并且通过生产流程节能减排技术改造、闭合型产业链的技术创新、钢铁厂无害化处理实现"大中小循环"，形成循环经济技术体系，从而促进钢铁产业循环发展，最终依靠科技实现钢铁产业结构的调整和可持续发展。

7.4.4　技术政策完善阶段

京津冀高雾霾产业与经济协调发展技术政策完善阶段是 2012 年之后，党的十八大以来，绿色发展理念不断深化，京津冀三地坚持绿色发展理念，转变经济发展方式，利用技术创新推动绿色发展，提高能源利用率，降低污染物的排放，创新绿色生产体系发展循环经济、低碳经济、绿色经济，实现经济健康、高效的发展。技术政策完善阶段是 2012 年后，技术政策坚持绿色发展理念，提高产业技术规划的专业性，鼓励绿色技术改造和创新，发展工业互联网，实现产业绿色生产，优化产业结构的调整，充分保护知识产权，同时加强对绿色技术的推广，促进技术成果的转化，实现高雾霾污染产业的绿色发展，主要政策如表 7 - 16 所示。

表 7 – 16 技术政策完善阶段主要政策及特点

主要政策（年份）	政策特点
国务院办公厅关于强化企业技术创新主体地位全面提升企业创新能力的意见（2013） 水泥工业污染防治技术政策（2013） 环境空气细颗粒物污染综合防治技术政策（2013） 国务院办公厅关于加强内燃机工业节能减排的意见（2013） 节能低碳技术推广管理暂行办法（2013） 工业企业知识产权管理指南（2013） 北京市人民政府关于强化企业技术创新主体地位全面提升企业创新能力的意见（2013） 北京市加快压减燃煤和清洁能源建设工作方案（2013） 天津市科技小巨人发展三年（行动）计划（2013） 天津市钢铁行业螺杆膨胀机中低温余热利用试点实施方案的通知（2013） 关于支持国家级科研院所来津发展政策的实施细则（2013） 河北省石油和化学工业"十二五"专项发展规划（2013） 河北省大气污染防治行动计划实施方案（2013） 河北省钢铁水泥电力玻璃行业大气污染治理攻坚行动方案（2013） 节能低碳技术推广管理暂行办法（2014） 节能减排科技专项行动方案（2014） 京津冀及周边地区重点工业企业清洁生产水平提升计划（2014） 京津冀及周边地区重点行业大气污染限期治理方案（2014） 大气污染防治工业行业清洁生产技术推广方案（2014） 北京市大气污染防治重点科研工作方案（2014） 北京市人民政府关于推进首钢老工业区改造调整和建设发展的意见（2014） 工业和信息化部关于加快推进工业强基的指导意见（2014） 天津市贯彻落实国家化解产能严重过剩矛盾指导意见实施方案的通知（2014） 天津市工业企业知识产权运用能力培育工程工作的通知（2014） 天津市万企转型升级行动计划（2014） 天津市加快发展节能环保产业的实施意见（2014） 河北省关于推动企业增加研发投入提升企业技术创新能力的实施意见（2014） 河北省促进高等学校和科研院所科技成果转化暂行办法（2014） 国家智能制造标准体系建设指南（2015）	坚持绿色发展理念，加大了产业技术的规划，继续加大对绿色技术支持力度，充分利用科学技术创新推进绿色生产方式，促进产业结构转型，发展工业互联网，充分保护知识产权，加强对绿色技术的推广力度，促进技术成果的转化，实现经济发展方式的绿色转变

续表

主要政策（年份）	政策特点
产业技术基础公共服务平台建设管理暂行办法（2015）	
全面实施燃煤电厂超低排放和节能改造工作方案（2015）	
中华人民共和国促进科技成果转化法（2015）	
国务院办公厅关于加强节能标准化工作的意见（2015）	
中国制造 2025（2015）	
国务院办公厅关于印发生态环境监测网络建设方案的通知（2015）	
京津冀及周边地区工业资源综合利用产业协同发展行动计划（2015）	
《中国制造 2025》北京行动纲要（2015）	
北京市进一步促进能源清洁高效安全发展的实施意见（2015）	坚持绿色发展理
北京市推进节能低碳和循环经济标准化工作实施方案（2015）	念，加大了产业
天津市钢铁产业转型发展三年行动计划（2015）	技术的规划，继
河北省工业领域推进创新驱动发展实施方案（2015）	续加大对绿色技
河北省人民政府关于促进资源型城市可持续发展的实施意见（2015）	术支持力度，充
河北省人民政府关于深入推进《中国制造 2025》的实施意见（2015）	分利用科学技术
河北省燃煤锅炉治理实施方案（2015）	创新推进绿色生
绿色制造工程实施指南（2016）	产方式，促进产
信息化和工业化融合发展规划（2016）	业结构转型，发
产业技术创新能力发展规划（2016）	展工业互联网，
工业绿色发展规划（2016）	充分保护知识产
智能制造发展规划（2016）	权，加强对绿色
关于推进"互联网 +"智慧能源发展的指导意见（2016）	技术的推广力度，
国务院办公厅关于印发促进科技成果转移转化行动方案的通知（2016）	促进技术成果的
国务院关于印发"十三五"节能减排综合工作方案的通知（2016）	转化，实现经济
国务院办公厅关于印发知识产权综合管理改革试点总体方案的通知（2016）	发展方式的绿色
北京市"十三五"时期节能低碳和循环经济全民行动计划（2016）	转变
北京市促进科技成果转移转化行动方案（2016）	
北京市经济和信息化委员会关于推进"互联网 + 制造"的指导意见（2016）	
北京市工业企业技术改造指导目录（2016）	
北京市产业创新中心实施方案（2016）	
北京绿色制造实施方案（2016）	
北京市"十三五"时期节能降耗及应对气候变化规划（2016）	
北京市"十三五"时期环境保护和生态建设规划（2016）	
天津市加快推进制造业与互联网融合发展实施方案（2016）	
河北省"互联网 +"制造业试点示范管理办法（2016）	

续表

主要政策（年份）	政策特点
河北省促进科技成果转化条例（2016） 河北省工业转型升级"十三五"规划（2016） 河北省人民政府关于加快制造业与互联网融合发展的实施意见（2016） 河北省科技创新"十三五"规划（2016） 河北省人民政府办公厅关于加快推进"互联网＋"产业集群建设的实施意见（2016） 制造业创新中心知识产权指南（2017） 北京市"十三五"时期工业转型升级规划（2017） 北京市"智造100"工程实施方案（2017） 北京市加快全国科技创新中心建设促进重大创新成果转化落地项目管理暂行办法（2017） 北京市"十三五"时期环境保护和生态建设规划（2017） 天津市工业绿色制造体系建设实施方案（2017） 天津市技术转移示范机构管理办法（试行）（2017） 天津市技术转移体系建设方案（2017） 天津市推进京津冀大数据综合试验区建设实施方案（2017） 天津市"一带一路"科技创新合作行动计划（2017） 天津石化产业调结构促转型增效益实施方案（2017） 天津市"十三五"生态环境保护规划（2017） 天津市人民政府关于深化"互联网＋先进制造业"发展工业互联网的实施意见（2017） 河北省"十三五"能源发展规划（2017） 河北省加快推进科技创新的若干措施（2017） 工业互联网发展行动计划（2018） 北京市促进知识产权服务业发展行动计划（2018） 促进在京高校科技成果转化实施方案（2018） 北京市人民政府关于全面加强生态环境保护坚决打好北京市污染防治攻坚战的意见（2018） 首都科技创新券资金管理办法（2018） 北京市科技创新基地培育与发展工程专项管理办法（试行）（2018） 关于进一步加快热泵系统应用推动清洁供暖的实施意见（2018） 天津市工业互联网发展行动计划（2018） 天津市加快工业互联网创新应用推动工业企业"上云上平台"行动计划（2018）	坚持绿色发展理念，加大了产业技术的规划，继续加大对绿色技术支持力度，充分利用科学技术创新推进绿色生产方式，促进产业结构转型，发展工业互联网，充分保护知识产权，加强对绿色技术的推广力度，促进技术成果的转化，实现经济发展方式的绿色转变

续表

主要政策（年份）	政策特点
天津市关于加快产业技术研究院建设发展的若干意见（2018） 天津市促进科技成果转化交易项目管理办法（2018） 天津市科技成果转化再支持实施细则（试行）（2018） 天津市工业互联网发展行动计划（2018） 河北省"万企转型"实施方案（2018） 河北省技术转移体系建设实施方案（2018） 河北省科技创新三年行动计划（2018） 河北省企业上云三年行动计划（2018—2020 年）（2018） 河北省人民政府关于加快推进工业转型升级建设现代化工业体系的指导意见（2018） 河北省人民政府关于推动互联网与先进制造业深度融合加快发展工业互联网的实施意见（2018） 工业炉窑大气污染综合治理方案（2019） 重点行业挥发性有机物综合治理方案（2019） 关于推进实施钢铁行业超低排放的意见（2019） 关于加快培育共享制造新模式新业态促进制造业高质量发展的指导意见（2019） 工业互联网综合标准化体系建设指南（2019） 关于加快推进工业节能与绿色发展的通知（2019） 京津冀工业节水行动计划（2019） 北京市关于进一步加快热泵系统应用推动清洁供暖的实施意见（2019） 北京市促进科技成果转化条例（2019） 天津市科技创新券管理办法（2019） 构建天津市市场导向的绿色技术创新体系落实方案（2019） 天津市制造业创新中心建设实施方案（2019） 关于印发构建天津市市场导向的绿色技术创新体系落实方案的通知（2019） 河北省关于构建市场导向的绿色技术创新体系的若干措施（2019） 河北省支持重点行业和重点设施超低排放改造（深度治理）的若干措施（2020）	坚持绿色发展理念，加大了产业技术的规划，继续加大对绿色技术支持力度，充分利用科学技术创新推进绿色生产方式，促进产业结构转型，发展工业互联网，充分保护知识产权，加强对绿色技术的推广力度，促进技术成果的转化，实现经济发展方式的绿色转变

　　京津冀高雾霾产业与经济协调发展技术政策完善阶段的主要特点包括：

一是鼓励区域绿色技术创新。京津冀开始重视雾霾污染防治，发展节能低碳的绿色技术，来减少高雾霾污染产业有害废气的排放，改善区域内的大气环境的质量，促进经济高质量的发展。如《京津冀及周边地区工业资源综合利用产业协同发展行动计划》提出建设产业资源综合利用的技术链，加快区域内的绿色工艺开发，解决资源综合利用的关键技术，建设区域能源综合利用技术创新平台，营造区域共同研发绿色技术的氛围。

二是加强绿色技术升级改造。天津和河北制定了《工业绿色制造体系建设实施方案》《支持重点行业和重点设施超低排放改造的若干措施》等政策，明确了火电、钢铁等企业脱硫脱硝除尘设备研发更新，对高污染行业的生产排放设施的超低排放改造，提高区域环境质量。

三是发展工业互联网。《天津市工业互联网发展行动计划》《河北省人民政府办公厅关于加快推进"互联网＋"产业集群建设的实施意见》等政策提出建设智能制造工程，加强信息技术和高雾霾污染产业的融合，制定了双融合的政策。加强产业化互联网技术攻关力度，将人工智能、区块链现代技术融入高雾霾污染产业的生产中，鼓励企业进行大数据等技术的应用与创新，构建工业互联网发展新生态。建设互联网产业集群平台，实现科技成果快速成功应用，提高产业集聚区全产业链的信息化程度，发展智能生产模式，打造智能化工厂，实现供应环节、生产环节等环节智能化，建设智能制造网络平台，提高产业生产效率。

四是促进区域内技术协调发展。三省市在颁发文件如《天津市制造业创新中心建设实施方案》中提出在建立工业创新中心中，建立区域科技创新园和科技创新联盟，对产业升级、污染防治等共建技术进行研究，研发一批利用清洁能源、高效脱硫脱硝除尘的新工艺、新设备，利用互联网建立一体化的开放技术市场，建立技术转移中介机构，建设科技协同体系，加强区域内的绿色技术成果的流动。

7.5
高雾霾污染产业与经济协调发展公共服务政策供给演进

7.5.1 公共服务政策萌芽阶段

公共服务政策的萌芽阶段是 1978—1992 年，公共服务的概念引入国内，开始对高雾霾污染产业进行环境评价，通过对高雾霾产业进行环境监测，来规范废气的排放、能源消耗等问题，主要政策如表 7 - 17 所示。

表 7 - 17　　公共服务政策萌芽阶段的主要政策措施及特点

主要政策（年份）	阶段特点
国务院关于环境保护工作决定（1984） 天津市节约能源管理暂行条例（1986） 中华人民共和国大气污染防治法（1987） 城市烟尘控制区管理办法（1987） 天津市进一步治理和控制烟尘污染的工作安排（1988） 河北省节约能源管理暂行规定（1988） 河北省炉窑烟尘污染防治管理办法（试行）（1988） 中华人民共和国环境保护法（1989） 天津市工业系统节约原材料管理暂行规定（1989） 化工企业节约能源管理升级（定级）办法（1990） 关于进一步加强环境保护工作的决定（1990） 北京市关于对本市重点骨干工业企业分类排队及实施倾斜政策的意见（1990） 河北省节约能源监测办法（1990） 大气污染防治法实施细则（1991） 北京市关于强化企业管理全面提高企业素质的意见（1991） 化工系统效能监察暂行规定（1992）	公共政策概念引入国内，考虑利用公共服务政策解决经济发展与环境保护之间的矛盾，以及利用政策规范高雾霾污染产业烟尘排放、能源消耗等问题，同时涉及产业结构调整的公共服务内容

京津冀高雾霾产业与经济协调发展公共服务政策萌芽阶段是指 1978—1992 年。改革开放后，我国开始向市场经济转变，京津冀三地利

用自身资源优势，开始发展钢铁等工业，京津冀三地经济得到了发展，但是先污染后治理的经济发展方式导致了生态环境遭到了破坏。随着改革开放进程，对外交流增多，公共服务概念的引进使得京津冀三地开始意识到公共服务政策在经济发展中的重要作用。

随着环境保护意识的增强，京津冀三地开始思考如何利用公共服务政策来对高雾霾污染产业进行调整，降低环境污染，但是这一阶段只是引进，公共服务政策在一阶段没有具体的体现，这一阶段的特点包括：

一是考虑利用公共服务政策解决经济发展与环境保护之间的矛盾。1983年召开的第二次全国环境保护会议提出的"三同步、三统一"战略方针，即：做到经济建设、城镇建设和环境建设同步规划、同步实施、同步发展，实现经济效益、社会效益与环境效益的统一，并确定了环境保护为我国的基本国策，为京津冀三地的经济发展方式指明了方向。1983年颁发的《关于环境保护工作决定》要求京津冀在内的全国各省市加强对于工业特别是污染严重的企业的监管力度，建设检测系统，防治大气的污染和破坏，开始认识到环境保护和经济发展的冲突问题，对污染企业进行监管。北京市建立的节能环保中心承担着节能环保综合性工作，包括循环经济和清洁生产的建设、重点节能项目等内容，天津市成立了环境影响评价中心，是国内最早开始环评工作的单位之一，开始对化工石化、冶金机电、火电等建设项目环境影响进行评价。1987年颁布的《中华人民共和国大气污染防治法》加强对燃煤、工业等大气污染的综合防治，首次提出推行区域大气污染联合防治，对二氧化硫、氮氧化物等大气污染物进行协调控制。1989年《天津市工业系统节约原材料管理暂行规定》开始将原材料的消耗纳入天津市计划大纲，建立和完善原材料消耗指标统计计划体系，并对节约原材料管理部门进行考核，1990年京津冀三地转发《关于进一步加强环境保护工作的决定》，要求对严重污环境的小型化工等小型企业采取停产等措施，将消除环境污染、节约资源等内容加入考核内容中。

二是开始利用规章制度规范高雾霾污染产业烟尘排放、能源消耗等问题。工业集聚区的京津冀三地在20世纪80年代，石油化工、钢铁等废气随意排放现象明显，例如，唐山市钢铁厂、热电厂等每天排放粉尘200余吨，烟灰煤渣到处飘等情况十分普遍。京津冀三地开始利用规章来对高雾霾污染产业的行为进行规范。1986年《天津市节约能源管理暂行条例》、

1988 年《河北省节约能源管理暂行规定》规定污染产业应有节约能源的机构，重耗能企业制定各项节能标准，严格控制柴油发电机组及工业用能，不准兴建小高炉等。1987 年《城市烟尘控制区管理办法》和 1988 年《天津市进一步治理和控制烟尘污染的工作安排》《河北省炉窑烟尘污染防治管理办法》开始要求划分城市烟尘控制区，并进一步明确控制炉、窑、灶排放烟气的排放标准，严格控制烟尘的排放，改变燃料结构，推广使用烧型煤。1989 年颁布的《中华人民共和国环境保护法》开始明确规定京津冀等地制定污染排放标准，污染产业必须装备污染防治设施。

三是开始出台淘汰小污染企业政策。改革开放使得京津冀三地的经济迅速发展，由于当时生产力相对低下，形成了"先污染、后治理"的经济发展道路，尤其是以重工业为主的发展道路，大气环境问题开始显现。20 世纪 90 年代京津冀三地形成了复合型的大气污染。这个时期各机构职能不明晰、责任不明确，缺少对相关产业政策的规划，只是涉及了产业结构的调整。1990 年《北京市关于对本市重点骨干工业企业分类排队及实施倾斜政策的意见》开始对工业企业进行分类排队，将优先的资源用于支持重点骨干企业，这种分类支持的政策能够有针对性地发展，避免小钢铁厂等得到国家政策的支持，能够有效淘汰一批小污染企业。1991 年《北京市关于强化企业管理全面提高企业素质的意见》有效提高污染企业的大气污染防治意识，继续企业升级工作，帮助提高企业技术水平，降低能源消耗，加强企业升级考核工作，制定相关规范。

7.5.2 公共服务政策起步阶段

公共服务政策起步阶段是 1993—2003 年，公共政策主要以中央统一制定的政策为主导，地方进行补充，设置高雾霾污染产业进入门槛，实施排污许可证，明确调整高雾霾污染产业结构方向，主要政策如表 7-18 所示。

京津冀高雾霾产业与经济协调发展的公共服务政策起步阶段是 1993—2003 年。这一时期建立市场经济体制，京津冀三地经济增长步入转型升级的轨道，实现了经济的高速增长。随着经济的高速增长，污染问题愈发加重，1996 年我国将可持续发展战略上升为国家战略开始推行，2001 年京津冀三地"十五"规划中提出，达到基本公共服务比较完善的目标，并将可持续发展融入公共服务政策当中，开始认识到我国公共服务方面的不足，公共服务在摸索中开始起步发展。这一期间的特点包括：

表 7 - 18   公共服务政策起步阶段的主要政策措施及特点

主要政策（年份）	阶段特点
关于开展加强环境保护执法检查严厉打击违法活动的通知（1993）	
关于环境保护若干问题的决定（1996）	
北京市产品质量监督管理条例（1996）	
北京市关于工业企业加强质量工作的若干规定（1996）	
北京市人民政府关于进一步加强环境保护工作的决定（1996）	
天津市节能监督检测管理办法（1996）	
河北省人民代表大会常务委员会关于加强环境保护工作的决定（1996）	
中华人民共和国节约能源法（1997）	
第一批严重污染环境（大气）的淘汰工艺与设备名录的通知（1997）	
关于建立全国环境保护举报制度的指导意见（1997）	
关于深化电力工业体制改革有关问题意见的通知（1998）	
关于加强环境标准管理工作的通知（1998）	以中央统一政策
国家环境保护局关于加强环境行政执法工作的若干意见（1998）	为主，地方政策
淘汰落后生产能力、工艺和产品的目录（第一批）（1999）	为补充，开始利
关于关停小火电机组有关问题意见的通知（1999）	用公共服务手段
关于进一步加强产品质量工作若干问题的决定（1999）	逐渐对部分违规
北京市实施《中华人民共和国节约能源法》办法（1999）	和污染大的高雾
北京工业布局调整规划（1999）	霾污染产业进行
关于对北京市煤炭加工经营企业进行资格审查的通知（1999）	整顿，并且对高
北京市推进污染扰民企业搬迁加快产业结构调整实施办法（1999）	雾霾污染产业进
北京市煤炭经营许可证管理办法（1999）	行程序审查
天津市锅炉大气污染物排放标准（1999）	
全国生态环境保护纲要（2000）	
中华人民共和国大气污染防治法（2000）	
关于清理整顿小钢铁厂意见的通知（2000）	
北京市人民政府关于进一步加强产品质量工作若干问题的决定（2000）	
北京市关于同意本市三、四环路内工业企业搬迁实施方案的通知（2000）	
北京市人民政府关于进一步加强产品质量工作若干问题的决定（2000）	
中华人民共和国清洁生产促进法（2002）	
关于从严控制铁合金生产能力切实制止低水平重复建设意见的通知（2002）	
天津市大气污染防治条例（2002）	
河北省污染源在线监控实施方案（2002）	

续表

主要政策（年份）	阶段特点
关于加强燃煤电厂二氧化硫污染防治工作的通知（2003） 关于印发中国 21 世纪初可持续发展行动纲要的通知（2003） 关于加快推行清洁生产意见（2003） 关于加强燃煤电厂二氧化硫污染防治工作的通知（2003） 河北省关于开展清理整顿不法排污企业保障群众健康环保专项行动的通知（2003）	以中央统一政策为主，地方政策为补充，开始利用公共服务手段逐渐对部分违规和污染大的高雾霾污染产业进行整顿，并且对高雾霾污染产业进行程序审查

　　一是政府开始逐渐对部分违规和污染大的高雾霾污染产业进行整顿。开始严厉打击小化工厂等严重污染环境的企业，加大了环境保护的执法力度，1993 年《关于开展加强环境保护执法检查严厉打击违法活动的通知》、1998 年《关于加强环境行政执法工作的若干意见》、2000 年的《关于清理整顿小钢铁厂意见的通知》等都提出全国各级人民政府要加强环境行政的执法力度，规范执法行为和执法程序，严厉打击破坏环境的行为，保障工业污染物的排放达到标准。开始对于严重影响大气污染的企业工艺和设备进行淘汰，帮助进行技术的升级、经济的转型升级。1998 年制定的《严重污染环境（大气）的淘汰工艺与设备名录》、1999 年的《淘汰落后生产能力、工艺和产品的目录》严禁生产和销售淘汰目录上列出的设备和工业，积极帮助实行转产改造。《关于关停小火电机组有关问题意见的通知》进一步提高经济质量，实施对关停小火电机组与老旧机组替代改造挂钩，促进机组改造项目。2002 年《天津市大气污染防治条例》明确规定不得新建燃煤电厂，污染产业应使用清洁能源。

　　二是开始对高雾霾污染产业进行程序审查，来控制相关企业的准入数，避免小企业的进入。1999 年《对北京市煤炭加工经营企业进行资格审查的通知》《北京市煤炭经营许可证管理办法》《天津市煤炭经营资格证书管理办法》开始对煤炭行业进行资格审查，提高了其经营门槛，避免能源的滥用。污染的制定标准更加明确，为了防治大气污染，促进经济的可持续发展，1996 年《北京市人民政府关于进一步加强环境保护工作的决定》实施污染排放总量控制以及污染排放许可证制度，严格控制其污染物的排放。1998 年《关于加强环境标准管理工作的通知》、1999 年《天津市锅炉大气污染物排放标准》对燃煤锅炉的烟尘初始排放浓度限值进行要求。2003 年《关于加强燃煤电厂二氧化硫污染防治工作的通知》规定了污染的排放方标准，能够更好地管理和监督检查高雾霾污染产业的污染排放问题，逐渐控制高雾霾污染产业的产品质量。相较于改革开放之前，我国钢铁等产量不断上升，钢铁等产品紧缺问题得到了极大的缓解，京津冀地区作为重工业地区，生产大量工业产品，开始重视产品质量。1996 年《北京市关于工业企业加强质量工作的若干规定》《北京市产品质量监督管理条例》对工业产品实行质量管理、质量检查和监督，严格遵循国家标准，保障产品的质量。

三是京津冀高雾霾产业与经济协调发展公共服务政策以中央为主、地方为辅。这一时期，相较于地方制定的公共服务政策，大部分有关政策仍是由中央政府制定，京津冀人民政府进行执行的状态。京津冀三地制定的政策相对较少，缺乏根据地方具体情况制定的相关政策，只是被动接受指导。另外，京津冀三地制定的政策大部分是属地政策，《大气污染防治政策》规定，地方各级政府对本辖区的大气环境质量负责，制定规划、采取措施，使得本辖区的大气环境达到规定的标准，这样的政策使得进行区域性的大气治理增加了困难。京津冀三地建立钢铁、化工等综合型工业基地，特别是 2000 年北京实施《北京市关于同意本市三、四环路内工业企业搬迁实施方案的通知》开始向北京郊区、天津和河北进行搬迁，严重影响了大气质量，无法避免区域间的大气交叉及重复治理，属地管理不利于京津冀区域内高雾霾污染产业进行区域管理。

四是公共政策开始明确对产业政策进行调整。这一时期，我国经济由粗放型经济开始向集约型经济发展，相关高雾霾污染产业结构也根据经济发展方式的转变进行调整。1996 年《北京市人民政府关于进一步加强环境保护工作的决定》提出加强产业结构的优化，控制化工等重污染产业的发展规模。1998 年《关于深化电力工业体制改革有关问题意见的通知》优化资源配置，京津冀三地暂停执行地方人民政府或电力企业自行制定、实施的"竞价上网"的发电方式，促进电力工业健康发展。1999 年《北京工业布局调整规划》《北京市推进污染扰民企业搬迁加快产业结构调整实施办法》开始调整污染产业布局，引进高新技术对污染产业进行技术改造，实现产业结构的优化和升级。《中华人民共和国清洁生产促进法》明确要求污染企业使用清洁能源和原材料，积极引进先进的技术和设备，提高能源利用率，降低污染的排放，实现污染产业由粗放型向集约型的转变。

7.5.3　公共服务政策发展阶段

公共服务政策发展阶段是指 2004—2012 年。公共服务政策的关注度和讨论度增多，呈现出多样性、区域性、绿色化、清洁化的特点，引导产业进行转型升级，以适应可持续发展的要求，主要政策如表 7 - 19 所示。

表 7 - 19　　公共服务政策发展阶段的主要政策措施及特点

主要政策（年份）	阶段特点
节能中长期专项规划（2004） 关于加快火电厂烟气脱硫产业化发展的若干意见（2004） 天津市关于加强环境保护和环境卫生工作的决定（2004） 天津市关于实施蓝天工程安排意见（2004） 天津市关于贯彻《中华人民共和国环境影响评价法》的实施意见（2004） 天津市关于推进燃煤锅炉改燃和拆除并网工作实施意见（2004） 天津市节能监督检测管理办法（修改）（2004） 天津市深入开展资源节约活动实施方案（2004） 天津市关于做好化工生产企业布局和规划的工作方案（2004） 河北省水泥工业发展指导意见（2004） 河北省钢铁工业发展指导意见（2004） 国务院关于促进煤炭工业健康发展的若干意见（2005） 国务院关于加快发展循环经济的若干意见（2005） 关于深入开展整治违法排污企业保障群众健康环保专项行动的通知（2005） 国务院关于落实科学发展观加强环境保护的决定（2005） 促进产业结构调整暂行规定（2005） 北京市加快发展循环经济建设节约型城市规划纲要（2005） 北京市关于深入开展整治违法排污企业保障群众健康环保专项行动的通知（2005） 北京市关于进一步推进北京工业开发区（地）建设和发展的意见（试行）（2005） 北京工业实施循环经济行动方案（2005） 天津市关闭严重污染小化工企业暂行办法（2005）	提高了对于公共政策的重视程度，公共政策呈现出多样性、区域性、绿色化、清洁化的特点，同时加强对高雾霾污染产业进行规划和产业结构调整的公共服务政策，适应经济增长方式的转变

续表

主要政策（年份）	阶段特点
天津市关于开展整治违法排污企业保障群众健康环保专项行动工作方案（2005）	提高了对于公共政策的重视程度，公共政策呈现出多样性、区域性、绿色化、清洁化的特点，同时加强对高雾霾污染产业进行规划和产业结构调整的公共服务政策，适应经济增长方式的转变
天津市关于实施蓝天工程安排意见（2005）	
天津市关于加强环境保护优化经济增长的决定（2006）	
关于进一步加强节油节电工作的通知（2006）	
国务院关于加快推进产能过剩行业结构调整的通知（2006）	
国务院关于加强节能工作的决定（2006）	
北京市加强北京工业品牌建设的措施（2006）	
北京市"十一五"时期工业发展规划（2006）	
北京市节能监察办法（2006）	
天津市关于加强环境保护优化经济增长的决定（2006）	
天津市焦化行业"十一五"结构调整与发展规划（2006）	
天津市资源节约综合利用与清洁生产工作要点（2006）	
天津市关于发展循环经济建设节约型社会近期重点工作实施意见（2006）	
河北省人民政府关于推进经济结构调整的若干意见（2006）	
中华人民共和国节约能源法（2007）	
节能减排统计监测及考核实施方案和办法的通知（2007）	
关于加快关停小火电机组若干意见（2007）	
北京市关于加快退出高污染、高耗能、高耗水工业企业的意见（2007）	
北京市开发区开展生态工业园建设的意见（试行）（2007）	
北京市保护利用工业资源，发展文化创意产业指导意见（2007）	
天津市关于发展循环经济建设节约型社会（2007）	
天津市试点小城镇循环经济发展指导意见的通知（2007）	
天津市关于加强节能工作的决定（2007）	
天津市"以大代小"实施替代发电的指导意见（2007）	
天津市节能减排工作实施方案（2007）	
天津市开展清理高耗能高污染行业专项大检查自查工作实施方案（2007）	
节能减排综合性工作方案	
中华人民共和国循环经济促进法（2008）	
北京工业实施循环经济行动方案（2008）	
北京市单位地区生产总值能耗考核体系实施方案（2008）	

续表

主要政策（年份）	阶段特点
北京市加强能源统计监测工作实施意见（2008）	
北京市主要污染物总量减排统计办法（2008）	
北京市关于贯彻落实国务院进一步加强节油节电工作通知的意见（2008）	
北京市加快发展循环经济建设资源节约型环境友好型城市行动计划（2008）	
天津生态市建设行动计划（2008）	
天津市清洁生产促进条例（2008）	
天津市节能目标责任评价考核实施方案（2008）	
河北省人民政府关于推进节能减排工作的意见（2008）	
河北省关于加快淘汰落后钢铁产能促进钢铁工业结构调整的通知（2008）	
河北省人民政府关于加快发展循环经济的实施意见（2008）	提高了对于公共政策的重视程度，公共政策呈
石化产业调整和振兴规划（2009）	现出多样性、区域性、
水泥工业产业发展政策（2009）	绿色化、清洁化的特
关于抑制部分行业产能过剩和重复建设引导产业健康发展若干意见的通知（2009）	点，同时加强对高雾霾
关于加快北京石化新材料科技产业基地建设若干意见（2009）	污染产业进行规划和产
北京市关于进一步加强全市污染源监管工作的意见（2009）	业结构调整的公共服务
天津市关于整合提升发展区县示范工业园区的若干意见（2009）	政策，适应经济增长方
河北省人民政府关于加强节能工作的决定（2009）	式的转变
关于进一步加大节能减排力度加快钢铁工业结构调整的若干意见（2010）	
北京市"十五"时期工业发展规划（2010）	
北京市人民政府关于进一步加强淘汰落后产能工作的实施意见（2010）	
北京市关于加强技术改造工作意见（2010）	
北京小煤矿整顿关闭工作方案（2010）	
北京市推进两化融合促进经济发展的实施意见（2010）	
北京市关于加强工业产品质量工作的指导意见（2010）	
北京市关于进一步推进北京市工业节能减排工作的意见（2010）	
天津市关于进一步做好我市淘汰落后产能工作的实施意见（2010）	
天津市关于落实淘汰落后水泥产能工作的通知（2010）	
天津市关于落实淘汰落后有色金属产能工作的通知（2010）	

续表

主要政策（年份）	阶段特点
天津市关于推进大气污染联防联控工作改善区域空气质量的实施方案（2010） 天津市节能降耗预警调控方案的通知（2010） 关于贯彻落实国家抑制部分行业产能过剩和重复建设引导产业健康发展若干意见的实施方案（2010） 天津市 2010 年主要污染物总量减排计划（2010） 火电厂大气污染物排放标准（2011） 钢铁工业"十二五"发展规划（2011） 关于推进大气污染联防联控工作改善区域空气质量指导意见的通知（2010） 河北省人民政府关于大力实施质量兴省战略的意见（2010） 河北省人民政府关于加快工业聚集区发展的若干意见（2010） 河北省环京津地区产业发展规划（2010） 河北省关于控制钢铁产能推进节能减排加快钢铁工业结构调整的实施意见（2010） 河北省人民政府关于进一步扩大开放承接产业转移的实施意见（2010） 关于做好工业领域电力需求侧管理工作的指导意见（2011） 关于印发万家企业节能低碳行动实施方案的通知（2011） 工业转型升级规划（2011） 关于进一步加强淘汰落后产能工作的通知（2011） 北京市推进两化融合促进首都经济发展的若干意见（2011） 北京市"十二五"时期主要污染物总量减排工作方案（2011） 北京市关于印发年度退出"三高"工业企业计划的通知（2011） 北京市关于促进 2011 年工业平稳发展的若干措施（2011） 北京市"十二五"时期工业与软件和信息服务业节能节水规划（2011） 天津市"十二五"主要污染物总量减排工作方案的通知（2011） 天津市关于在工业企业深化推广先进质量管理方法的若干意见的通知（2011） 河北省关于加快沿海经济发展促进工业向沿海转移的实施意见（2011） 河北省渤海新区冀中南工业聚集区开发建设方案（2011） 河北省曹妃甸新区冀东北工业聚集区开发建设方案（2011）	提高了对于公共政策的重视程度，公共政策呈现出多样性、区域性、绿色化、清洁化的特点，同时加强对高雾霾污染产业进行规划和产业结构调整的公共服务政策，适应经济增长方式的转变

续表

主要政策（年份）	阶段特点
河北省关于进一步加强污染防治设施运行监管工作的通知（2011）	
河北省"十二五"节能减排综合性实施方案（2011）	
环境监察办法（2012）	
工业领域应对气候变化行动方案（2012）	
玻璃纤维行业准入公告管理暂行办法（2012）	提高了对于公共政策的重视程度，公共政策呈现出多样性、区域性、绿色化、清洁化的特点，同时加强对高雾霾污染产业进行规划和产业结构调整的公共服务政策，适应经济增长方式的转变
重点区域大气污染防治"十二五"规划（2012）	
北京市人民政府关于印发北京市"十二五"时期绿色北京发展建设规划的通知（2012）	
北京市工业大气污染治理行动计划（2012）	
天津市清新空气行动方案的通知（2012）	
天津市加快创建国家新型工业化产业示范基地工作的实施意见（2012）	
关于开展天津市万家企业节能低碳行动的通知（2012）	
天津市人民政府关于贯彻落实质量发展纲要的实施意见（2012）	
天津市工业经济发展"十二五"规划（2012）	
河北沿海地区发展规划实施意见（2012）	
河北省质量发展规划（2012）	

京津冀高雾霾产业与经济协调发展公共服务政策发展阶段是指2004—2012 年。2007 年党的十七大提出深入贯彻落实科学发展观、转变经济增长方式，由粗放型向集约型的经济发展方式转变，促进国民经济又好又快发展。

京津冀三地对于公共服务政策的关注度和讨论度增多，随着经济发展方式的变化，京津冀三地公共服务政策也随之进行变化，帮助更好地实现经济的发展，这一期间的特点包括：

一是公共服务转变发展方针，以可持续发展为导向，《北京市清洁生产管理办法》《天津市资源节约综合利用与清洁生产工作要点》《河北省关于加快发展循环经济的实施意见》中明确规定要为产业生产绿色技术的应用、循环化的产业园区的建设提供政策保障服务，如规范清洁化的生产审核工作，制定废气排放限值的强制标准，打造绿色循环的产业基地，形成健康的产业链体系，加强节能评估中介服务机构的管理，继续强化对高雾霾污染的监测。

二是高雾霾污染产业规划日益完善，三省市经济为适应科学发展观的要求，实现集约化的产业发展，在公共服务领域开始制定产业发展规划，为高雾霾污染产业的发展指出了道路。在制订总体计划的基础上，针对石化、水泥、钢铁制定了一系列专项规划，颁发了《北京市开发区生态工业园建设的意见》《河北省水泥工业发展指导意见》《天津市关于做好化工生产企业布局和规划的工作方案》等政策，鼓励集约化生产，做好关停相关小污染企业工作，加快优化产业布局，淘汰落后的生产技术与工艺，积极引导产业对外合作等。

三是区域协调程度加强，随着雾霾污染问题愈发凸显，国家重视区域的合作，《重点区域大气污染防治"十二五"规划》特别指出要加强区域内在各个领域和方面的合作，协调区域的监测预警、污染防治等工作。三地在制定政策中都涉及了区域大气污染的共同治理，加快降低污染物的排放。

四是在线监测建设政策猛增，三省市为了完成降低有害废气的排放量以及火电等重污染行业的在线监测项目的建设任务，分别出台了《北京市加强能源统计监测工作实施意见》《天津市关于进一步加强国家重点监控企业污染源监督性监测管理》《河北省环境监测质量管理实施细则》等政策，提出了对污染产业进行节能监测、能源监测、烟气监测等在线监测措施，偷排现象和不启动脱硫设备的现象减少，产业完成脱硫的环保大改造，环保设备得以开始正常运行。但是企业为了保障排放的烟气符合在线监测标准，大量企业拆除烟气再加热系统，转而采用排放低温湿烟气的设备，排出包含非溶解物的水汽，在空气中经过脱水之后将会产生大量PM10，在空气中长时间不沉降，导致 2012 年京津冀地区雾霾污染的突然暴发。

7.5.4 公共服务政策完善阶段

公共服务政策完善阶段主要是指 2012 年后，中国经济转向高质量经济发展，建立绿色低碳发展的经济体系，对高雾霾污染产业监管趋向严格化，设置超低排放标准，制定和完善落后产能淘汰的配套政策，区域合作范围扩大，实现整个经济的绿色循环发展，主要政策如表 7-20 所示。

表 7 - 20　　　　　**公共服务政策发展阶段的主要政策措施及特点**

主要政策（年份）	阶段特点
国务院关于化解产能严重过剩矛盾的指导意见（2013）	
国务院关于印发大气污染防治行动计划的通知（2013）	
能源发展"十二五"规划（2013）	
关于加强内燃机工业节能减排的意见（2013）	
国务院关于化解产能严重过剩矛盾的指导意见（2013）	
全国资源型城市可持续发展规划（2013）	
京津冀及周边地区落实大气污染防治行动计划实施细则（2013）	
电机能效提升计划（2013）	
2013 年工业节能与绿色发展专项行动实施方案（2013）	
二硫化碳行业准入条件（2013）	
关于石化和化学工业节能减排的指导意见（2013）	
北京市加快压减燃煤和清洁能源建设工作方案（2013）	加大了对高雾霾污
北京市关于下达工业压减燃煤和企业调整退出任务指标的通知（2013）	染产业的审批和监
关于环境污染强制责任保险试点工作的指导意见（2013）	督力度，加快绿色
北京市人民政府关于印发北京市 2013—2017 年清洁空气行动计划的通知（2013）	化和清洁化方向发展的速度，制定了
北京市清洁生产管理办法（2013）	大量有关落后产能
天津市重污染天气应急预案的通知（2013）	淘汰和大气污染治
天津市关于印发贯彻落实京津冀及周边地区大气污染防治协作机制会议精神 12 条措施的通知（2013）	理的公共服务政策，京津冀区域合作不
天津市推进能源管理体系工作实施方案（2013）	断扩大，能够尽快
天津市关于组织实施天津市电机能效提升计划的通知（2013）	适应经济高质量
天津市关于推进园区循环化改造的实施意见（2013）	发展
天津市加快完成挥发有机物综合治理工作（2013）	
河北省钢铁水泥电力玻璃行业大气污染治理攻坚行动方案（2013）	
河北省大气污染防治行动计划实施方案（2013）	
河北省石油和化学工业"十二五"专项发展规划（2013）	
煤电节能减排升级与改造行动计划（2014）	
关于印发能源发展战略行动计划（2014）	
关于做好部分产能严重过剩行业产能置换工作的通知（2014）	
焦化行业准入条件（2014）	
京津冀及周边地区重点行业大气污染限期治理方案（2014）	
京津冀及周边地区重点工业企业清洁生产水平提升计划（2014）	
北京市人民政府关于推进首钢老工业区改造调整和建设发展的意见（2014）	

续表

主要政策（年份）	阶段特点
北京市工业污染行业、生产工艺调整退出及设备淘汰目录（2014）	加大了对高雾霾污染产业的审批和监督力度，加快绿色化和清洁化方向发展的速度，制定了大量有关落后产能淘汰和大气污染治理的公共服务政策，京津冀区域合作不断扩大，能够尽快适应经济高质量发展
北京市大气污染防治条例（2014）	
北京市高污染燃料禁燃区划定方案（试行）（2014）	
北京市碳排放权抵消管理办法（试行）（2014）	
天津市关于做好部分产能严重过剩行业产能置换工作的通知（2014）	
天津市加强对我市钢铁企业环境监管（2014）	
天津市煤炭消费总量削减和清洁能源替代实施方案（2014）	
天津市煤电节能减排升级与改造行动计划（2014）	
天津市贯彻落实国家化解产能严重过剩矛盾指导意见实施方案的通知（2014）	
天津市万企转型升级行动计划（2014）	
天津市煤炭消费总量削减和清洁能源替代实施方案的通知（2014）	
河北省人民政府关于印发化解产能严重过剩矛盾实施方案的通知（2014）	
河北省钢铁水泥玻璃等优势产业过剩产能境外转移工作推进方案（2014）	
京津冀及周边地区重点工业企业清洁生产水平提升计划（2014）	
河北省钢铁水泥电力玻璃行业清洁生产污染防治对标行动实施方案（2014）	
工业清洁生产审核规范（2015）	
国务院办公厅关于加强节能标准化工作的意见（2015）	
工业领域煤炭清洁高效利用行动计划（2015）	
中国制造2025（2015）	
工业清洁生产实施效果评估规范（2015）	
关于印发部分产能严重过剩行业产能置换实施办法的通知（2015）	
国务院办公厅关于印发生态环境监测网络建设方案的通知（2015）	
北京市人民政府关于进一步健全大气污染防治体制机制推动空气质量持续改善的意见（2015）	
京津冀及周边地区工业资源综合利用产业协同发展行动计划（2015）	
《中国制造2025》北京行动纲要（2015）	
北京市推进节能低碳和循环经济标准化工作实施方案（2015）	
北京市于落实清洁空气行动计划进一步规范污染扰民企业搬迁政策有关事项的通知（2015）	
北京市经济和信息化委员会 北京市环境保护局关于确定首批北京市生态工业园区名单及有关事项的通知（2015）	

续表

主要政策（年份）	阶段特点
北京市空气重污染应急预案（2015） 北京市推进节能低碳和循环经济标准化工作实施方案（2015） 北京市新增产业的禁止和限制目录（2015） 天津市石油和化学工业发展三年行动计划（2015） 天津市钢铁产业转型发展三年行动计划（2015） 天津市建设全国先进制造研发基地实施方案（2015） 河北省关于加快推进生态文明建设的实施意见（2015） 河北省人民政府关于促进资源型城市可持续发展的实施意见（2015） 河北省人民政府关于深入推进《中国制造 2025》的实施意见（2015） 河北省排污权有偿使用和交易管理暂行办法（2015） 河北省燃煤锅炉治理实施方案（2015） 河北省达标排污许可管理办法实施细则（2015） 国务院关于钢铁行业化解过剩产能实现脱困发展的意见（2016） 国务院关于印发"十三五"节能减排综合工作方案的通知（2016） 国务院办公厅关于石化产业调结构促转型增效益的指导意见（2016） 控制污染物排放许可制实施方案（2016） 北京市人民政府办公厅关于印发大气污染防治等专项责任清单的通知（2016） 北京市人民政府办公厅关于集中开展清理整治违法违规排污及生产经营行为有关工作的通知（2016） 北京市空气重污染应急工业分预案（2016） 北京绿色制造实施方案（2016） 北京市"十三五"时期节能降耗及应对气候变化规划（2016） 北京市"十三五"时期环境保护和生态建设规划（2016） 天津市加快推进制造业与互联网融合发展实施方案（2016） 天津市促进有色金属工业调结构促转型增效益实施方案的通知（2016） 天津市重污染天气工业企业应急预案（2016） 天津市做好重点污染源挥发性有机物连续监测系统建设工作（2016） 河北省关于继续做好省电力需求侧管理平台建设和应用工作的通知（2016） 河北省关于认真做好全省洁净型煤保供推广有关工作的通知（2016） 河北省钢铁行业执行大气污染物特别排放限值的公告（2016） 河北省煤炭行业化解过剩产能实现脱困发展实施方案的通知（2016） 河北省工业转型升级"十三五"规划（2016）	加大了对高雾霾污染产业的审批和监督力度，加快绿色化和清洁化方向发展的速度，制定了大量有关落后产能淘汰和大气污染治理的公共服务政策，京津冀区域合作不断扩大，能够尽快适应经济高质量发展

续表

主要政策（年份）	阶段特点
河北省用能权、用煤权交易管理办法（试行）（2016）	
河北省人民政府办公厅关于实施约束性资源使用权交易的意见（2016）	
河北省钢铁产能使用权交易管理办法（试行）（2016）	
河北省人民政府关于处置"僵尸企业"的指导意见（2016）	
河北省建设京津冀生态环境支撑区规划（2016）	
京津冀产业转移指南（2016）	
河北省关于进一步规范火力发电企业排污许可管理工作的通知（2016）	
河北省人民政府办公厅关于加快推进"互联网＋"产业集群建设的实施意见（2016）	
国务院关于调整工业产品生产许可证管理目录和试行简化审批程序的决定（2017）	加大了对高雾霾污染产业的审批和监督力度，加快绿色化和清洁化方向发展的速度，制定了大量有关落后产能淘汰和大气污染治理的公共服务政策，京津冀区域合作不断扩大，能够尽快适应经济高质量发展
京津冀能源协同发展行动计划（2017）	
京津冀及周边地区2017—2018年秋冬季大气污染综合治理攻坚行动方案（2017）	
国务院关于京津冀系统推进全面创新改革试验方案的批复（2017）	
京津冀能源协同发展行动计划（2017年）	
北京市"十三五"时期工业转型升级规划（2017）	
北京市"十三五"时期能源发展规划（2017）	
北京市环境保护局关于开展钢铁、水泥、石化行业排污许可证管理工作的公告（2017）	
北京市控制污染物排放许可制实施方案（2017）	
北京市"十三五"时期环境保护和生态建设规划（2017）	
天津市关于"四清一绿"行动重点工作的实施意见（2017）	
天津市燃煤工业锅炉专项整治工作方案的通知（2017）	
天津市节能清洁生产监察计划的通知（2017）	
天津市关于建立我市取缔"地条钢"工作长效机制的通知（2017）	
天津市工业绿色制造体系建设实施方案（2017）	
天津石化产业调结构促转型增效益实施方案（2017）	
天津市大气污染防治工作方案（2017）	
天津市"十三五"控制温室气体排放工作实施方案（2017）	
天津市工业绿色制造体系建设实施方案（2017）	
天津市钢铁行业治污升级改造要求（2017）	
天津市"十三五"生态环境保护规划（2017）	

续表

主要政策（年份）	阶段特点
河北省关于加快推进全省钢铁行业环保提标治理改造和达标验收进程衔接排污许可证核发工作的通知（2017）	
河北省控制污染物排污许可制实施细则（2017）	
河北省重点行业排污许可管理试点工作方案（2017）	
河北省淘汰关停煤电机组容量有偿使用暂行办法（2017）	
河北省"十三五"能源发展规划（2017）	
落实津冀《进一步加强战略合作框架协议》重点事项任务分解方案（2018）	
北京市打赢蓝天保卫战三年行动计划（2018）	
北京市固定污染源自动监控管理办法（2018）	
北京市人民政府关于全面加强生态环境保护坚决打好北京市污染防治攻坚战的意见（2018）	加大了对高雾霾污染产业的审批和监督力度，加快绿色化和清洁化方向发展的速度，制定了大量有关落后产能淘汰和大气污染治理的公共服务政策，京津冀区域合作不断扩大，能够尽快适应经济高质量发展
北京市大气污染防治条例（2018）	
天津市人民政府关于深化"互联网＋先进制造业"发展工业互联网的实施意见（2018）	
天津市钢铁化解过剩产能工作要点（2018）	
天津市打赢蓝天保卫战三年作战计划（2018）	
天津市关于组织制定我市钢铁行业结构调整和布局优化规划方案的工作方案（2018）	
天津市加快工业互联网创新应用推动工业企业"上云上平台"行动计划（2018）	
天津市利用综合标准依法依规推动落后产能退出的工作方案（2018）	
天津市绿色工厂、绿色园区创建工作（2018）	
天津市工业互联网发展行动计划（2018）	
天津市严防"地条钢"死灰复燃工作实施方案（2018）	
天津市关于加强锅炉节能环保工作的通知（2018）	
河北省"万企转型"实施方案（2018）	
河北省打赢蓝天保卫战三年行动方案（2018）	
河北省关于加快推进工业转型升级建设现代化工业体系的指导意见（2018）	
河北省推行企业环保"领跑者"制度实施方案（2018）	
河北省钢铁行业去产能工作方案（2018）	
河北省关于加快推进工业转型升级建设现代化工业体系的指导意见（2018）	

续表

主要政策（年份）	阶段特点
河北省关于推动互联网与先进制造业深度融合加快发展工业互联网的实施意见（2018） 关于加快培育共享制造新模式新业态 促进制造业高质量发展的指导意见（2019） 国务院关于调整工业产品生产许可证管理目录加强事中事后监管的决定（2019） 重点行业挥发性有机物综合治理方案（2019） 工业炉窑大气污染综合治理方案（2019） 重点行业挥发性有机物综合治理方案（2019） 关于深入推进园区环境污染第三方治理的通知（2019） 关于推进实施钢铁行业超低排放的意见（2019） 北京市关于进一步加快热泵系统应用推动清洁供暖的实施意见（2019） 天津市关于工业节能诊断服务工作的通知（2019） 天津市关于立即组织开展30万千瓦及以上热电联产电厂供热半径15公里范围内辖区燃煤锅炉关停整合方案（2019） 天津市重污染天气工业企业应急预案（2019） 天津市关于促进制造业产品和服务质量提升的实施意见的通知（2019） 京津冀工业节水行动计划（2019） 河北省支持重点行业和重点设施超低排放改造（深度治理）的若干措施（2019）	加大了对高雾霾污染产业的审批和监督力度，加快绿色化和清洁化方向发展的速度，制定了大量有关落后产能淘汰和大气污染治理的公共服务政策，京津冀区域合作不断扩大，能够尽快适应经济高质量发展

　　京津冀高雾霾产业与经济协调发展公共服务政策完善阶段主要是指2012年之后，2012年京津冀三地暴发了严重的雾霾，党的十八大又提出了加快转变经济发展方式，构建现代化的产业发展体系，党的十九大提出我国经济已由高速增长转向高质量发展，要推进绿色发展，建立绿色低碳发展的经济体系，为京津冀高雾霾产业与经济协调发展指明了方向，同时对公共服务政策提出了新的挑战。

　　这一阶段的公共政策的出台和发展改进之迅速都是前所未有的，也是新形势下对公共服务的必然要求，这一阶段的特点包括：

　　一是加大了高雾霾污染产业的审批和监督力度。加强高雾霾污染产业的准入条件和排放限额，2014年修订《焦化行业准入条件》《钢铁行业规范条件》等重污染行业准入条件，对生产布局、工艺、装备、产品质量以及大气污染排放标准都作出进一步的修订，促进了重污染行业结构调整、转型升级，引导和规范重污染企业的生产经营。《北京市推进节能低碳和循环经济标准化工作实施方案》对能源消费、碳排放量等建立了标准体系，提高用能和碳排放准入标准；并建立标准评价体系，及时修改相关标准；健全循环经济的标准体系，加快循环经济的发展。河北省则是为了推进大气污染防治工作，颁发了《河北省钢铁行业执行大气污染物特别排放限值的公告》，对钢铁行业排放的颗粒物、二氧化硫、氮氧化物实施特别排放限值。京津冀三地进一步加强对排污许可证的行政许可。2015年河北省颁发了《河北省达标排污许可管理办法实施细则》，2016年颁发了《河北省关于进一步规范火力发电企业排污许可管理工作的通知》，2017年河北省又进一步制定了《河北省达标排污许可管理办法实施细则》《河北省重点行业排污许可管理试点工作方案》，对钢铁、石化等重点行业排污许可证作了进一步的规定。北京、天津也在2017年颁发了《北京市关于开展钢铁、水泥、石化行业排污许可证管理工作的公告》《北京市控制污染物排放许可制实施方案》《天津市控制污染物排放许可制实施计划》，建立健全对重污染等行业的污染物排放总量的控制，实现污染许可证的全覆盖，健全排污许可管理体系，规范排污许可证内容与发放程序，严格展开监督执法，实现污染物的一证式管理。京津冀的公共服务政策不仅加强了准入，排污许可证还加强了对高雾霾污染产业的监管力度。天津市颁发的《天津市加强对我市钢铁企业环境监管》《天津市做好重点污染源挥发性有机物连续监测系统建设工作》《天津市节能清洁生产监察计划的通知》对重污染行业开展专项检查，加强对排放的挥发性有机物等污染物的监测，加大处罚力度，推动重污染行业污染物达标。北京颁发《北京市办公厅关于进一步加强环境监管执法工作的意见》《北京市固定污染源自动监控管理办法》，实施环境监管的长效机制，落实污染源的网络监管，加大环境违法行为惩治力度，规范环境监管执法行为，提升环境监管的能力。

二是加快高雾霾污染产业朝着绿色化和清洁化方向发展的速度。为了适应经济发展方式的转变，提高经济发展质量，国家提出创新、协调、绿色、开放、共享的新发展理念，建设现代化经济体系。京津冀三地制定了相关的公共服务政策促进高雾霾污染产业与经济高质量发展相适应，实施了节能改造项目，降低高雾霾污染产业的煤炭等化石燃料的消耗，改善控制量，实现绿色发展。京津冀三地开始贯彻落实《关于印发能源发展战略行动计划》《关于印发煤电节能减排升级与改造行动计划》，提出节约、清洁和安全的能源战略方针，加强能效环保标准，对燃煤发电设备进行升级改造，努力实现燃煤消耗、污染排放、煤炭占能源消费比重均下降，实现高效、清洁、可持续的煤炭产业。天津和河北也制定了相关的政策，天津颁发了《天津市煤炭消费总量削减和清洁能源替代实施方案》《天津市煤电节能减排升级与改造行动计划》《天津市关于加强锅炉节能环保工作的通知》，河北省颁发了《河北省人民政府关于促进资源型城市可持续发展的实施意见》《河北省煤电节能减排升级与改造行动计划》，继续淘汰落后产能，对环保设施进行升级改造，同时削减燃煤用量、控制增量，寻找新能源，实现煤炭等量替代，关停火电机组，建立煤炭削弱专项工作联席会来推进煤炭的削减和清洁能源替代工作，并且将煤炭的削减工作纳入京津冀三地协同发展规划当中去，实现京津冀区域性发展。清洁生产是高雾霾污染产业朝着绿色化发展的重要部分，京津冀三地为了促进清洁生产都制定了相应的政策，如《北京市清洁生产促进工作要点》《河北省钢铁水泥电力玻璃行业清洁生产污染防治对标行动实施方案》《天津市关于做好清洁生产有关工作的通知》。环保部门加强对清洁生产的审查以及日常监管，推进清洁生产的项目。河北更是创新清洁生产标杆企业，带动高雾霾污染产业提高清洁生产水平，减少污染物的排放，促进经济转型升级。无论是进行促进节能减排还是清洁生产，最终目标都是建设绿色化工业体系。2015 年提出的《中国制造 2025》提出全面实施绿色制造、加快制造业绿色改造升级，建立高效、清洁、低碳、循环的绿色制造体系。北京和河北为了贯彻落实绿色制造体系以及《京津冀协同发展规划纲要》，颁发了《〈中国制造 2025〉北京行动纲要》《河北省人民政府关于深入推进〈中国制造 2025〉的实施意见》，淘汰高污染、高耗能的生产企业，搭建产业升级服务平台，转换产业发展动力，建设绿色制造工程，建设绿色制造体系。在贯彻落实《中国制造 2025》的基础上，北京、天津又制定了《北京绿色制造实施方案》《天津市工业绿色制造体系建设实施方案》等绿色工业项目，转变传统的生产方式，提高生产过程中的绿色化水平，建设绿色工厂、绿色园区，构建绿色产业链，进一步细化了绿色制造工业体系。

三是为落后产能的淘汰提供大量的公共服务。经济高质量发展要求进一步淘汰落后产能，促进供给侧结构性改革，经济增长方式向可持续发展

转变。为了对化解产能严重过剩矛盾进行进一步的细化，2014 年京津冀
三地转发《关于做好部分产能严重过剩行业产能置换工作的通知》《部分
产能严重过剩行业产能置换实施办法》，明确对钢铁、水泥等严重产能过
剩的行业进行产能等量或减量置换，制定产能置换指标和搭建信息平台和
交易平台，遏制产能严重过剩行业的项目投资和扩张，化解产能过剩矛
盾，引导产业有序地转移和布局，进行结构的调整和转型升级。京津冀三
地又结合自身情况制定了相关的公共服务政策，促进落后产能的淘汰以及
企业的转型升级。2014 年《天津市万企转型升级行动计划》《河北省关于
印发化解产能严重过剩矛盾实施方案的通知》提出淘汰本地的落后产能，
整治高污染、高耗能、高排放、低效益、低产出的企业来化解过剩产能，
提高工业产品的附加值，建立工作机制、成立领导小组，为产业集聚发展
提供相关服务，强化考核做好宣传引导工作。2015 年后天津和河北又对
具体重污染行业制定了明确的政策，《天津市促进有色金属工业调结构促
转型增效实施方案的通知》《天津石化产业调结构促转型增效益实施方
案》《河北省钢铁行业去产能工作方案》等健全政策机制、强化政策导
向，优化服务环境、简化审批程序，实现一站式的服务。进一步对具体高
雾霾污染产业制定了不同的政策，帮助经济转型，促进经济又好又快地发
展。另外，河北由于产能严重过剩开始向境外转移，开拓国际市场，变过
剩产能为有效产能，因此制定了《河北省钢铁水泥玻璃等优势产业过剩
产能境外转移工作推进方案》，政府加强针对不同行业、不同国家制定不
同的具有可操作性的政策意见，搭建与国外企业对接的信息平台，为企业
提供全方位的信息。

　　四是制订大量的大气污染综合治理方案。政府制定综合治理方案，帮
助大气污染密集型产业减少污染物的排放，以实现绿色发展。北京、天
津、河北制定《北京市空气重污染应急预案》《天津市重污染天气工业企
业应急预案》《河北省重污染天气应急预案》，在极端不利条件下引发的
大气污染建立应急预案，根据空气污染预警级别，对高雾霾污染产业采取
不同的限制措施，来减轻污染物排放带来的大气环境的恶化。为了进一步
治理京津冀三地的大气污染问题，三地又公布了《打赢蓝天保卫战三年
行动计划》，其中明确了严格环境准入、产业准入门槛，严格控制污染产
业新增产能，加大对过剩和落后产能的淘汰力度，改善能源结构，减少煤
炭消费总量，发展非化石能源，开展工业炉窑专项治理，深化工业企业无

组织排放的管理，完善监测控制质量监测网络，严格执法监督，严肃考核责任等公共服务措施，对高雾霾污染产业在京津冀的生产经营进行了严格的规定，对政府的执法、监督、考核问责也作出了明确的规定，在规定企业行为的同时也规定了政府的行为。对于颗粒物、二氧化硫、氮氧化物的综合治理趋向于成熟，但是对于挥发性有机物的综合治理较弱，2019 年又颁发了《重点行业挥发性有机物综合治理方案》，开始关注钢铁等重点行业挥发性有机物的排放，提出在治理大气污染排放的过程中加入挥发性有机物的治理，完善有关挥发性有机物标准体系的制定，以及加强有关监测和监督执法，特别是要根据污染排放情况，实施差异化管理，不断减少高雾霾污染产业挥发性有机物的排放。

五是京津冀区域性合作领域不断扩大。京津冀三地大气污染越来越严重，京津冀三地加强了区域合作，2014 年《京津冀及周边地区重点行业大气污染限期治理方案》强力推进重点行业大气污染治理，开始对电力、钢铁、水泥、平板玻璃四个行业进行大气污染限期治理，降低二氧化硫、氮氧化物、烟粉尘等主要大气污染物排放量总量，加紧对脱硫脱硝设备等基础设施的建设，严格政策措施的落实，强化日常监督，实现"分业施策，分类指导"的原则。2015 年颁发《京津冀协同发展规划纲要》，进一步推动京津冀区域协调发展，帮助京津冀区域实现生态环境保护、产业升级转移，实现京津冀产业协同发展。在此基础之上，制定了《京津冀及周边地区工业资源综合利用产业协同发展行动计划》，来实现资源综合利用产业协同发展，构建区域再生资源回收利用体系，建设资源利用产业示范园区，构建低碳循环产业链，构建固体废弃物资源利用及产品、市场方面的信息库、专家系统以及服务平台。2016 年针对产业区域的协调发展，三地制定了《京津冀产业转移指南》，打造一个科技创新中心和建设五区五带为支撑的优化区域布局，发展一系列绿色生态产业带，充分发挥京津冀三地各自的优势，实现优势互补，建立京津冀协调产业协调机制，搭建承接平台，解决在产业转移过程中存在的矛盾和问题，实现京津冀产业一体化发展。京津冀三地能源资源分布不均，能源消费有明显的差异，因此 2017 年京津冀进一步实现能源协同发展，颁发了《京津冀能源协同发展行动计划》，提出了能源治理协调、能源绿色协调发展等八大协调，推进绿色低碳发展，减少煤炭消费，建设绿色电力工业基地，实现电力一体化，优化区域电力布局，对京津冀三地石化行业进行升级，健全京津冀能源发展机制。2018 年，京津冀及周边地区大气污染防治领导小组组织推进区域污染联防联控问题，对京津冀大气污染问题实施考评等工作，进一步科学规范大气污染区域污染防治。河北和北京、天津分别签订了《进一步加强京冀协同发展合作框架协议》《进一步加强战略合作框架协议》，又印发了《重点事项任务分解方案》，严格落实京津冀区域大气污染联防联控机制，淘汰过剩产能，推进区域燃煤锅炉的改造，加强京津冀区域间产业转移对接平台，建设京津冀协同发展示范区，将推进"通武廊"区域合作作为协调发展的重点。

| 第 8 章 |

京津冀地区高雾霾污染产业与经济协调发展政策供需匹配分析

8.1
高雾霾污染产业与经济协调发展政策需求分析

8.1.1 政策需求程度分析

为更好地了解高雾霾污染产业与经济协调发展政策的需求程度和序值，采用描述性统计的方法对回收的有效数据进行有效性分析。根据表 8−1 可以看出整个京津冀地区对于高雾霾污染产业与经济协调发展需求状况，技术政策、税收政策及金融政策达到了需要的程度，财政政策与公共服务政策也达到了急需完善的程度。在理论上构建的京津冀地区高雾霾污染产业与协调发展政策需求体系中，16 项的需求内容均值达到了需要的程度，10 项达到了较为需要的程度。

整体来看，京津冀地区对技术政策需求程度非常高，表明京津冀地区技术政策明显不能满足高雾霾污染企业的技术改造、技术创新的需求。具体技术政策类型需求程度依次为：技术合作（1）、技术改进升级（3）、知识产权（4）、技术服务（5）、成果转化（6）、技术标准（16）（见表 8 - 2）。说明京津冀地区对于技术政策需求程度较高，其中对于技术合作、创新、服务、成果转化及知识产权的需求程度均较高，这也是绿色技术创新从研发到应用再到保护重要的环节，因此政策需求程度高。京津冀地区税收政策的需求程度排在第二，表明税收政策仍然不能满足产业在污染防治、产业升级转型、节能减排等方面的需求。具体税收政策需求程度为：税收种类（11）、税收优惠（13）、税收征管（19）。说明京津冀地区对于调整相关生态税的税种、税率等税收种类政策需求程度较高，税收优惠政策需求程度处在中位。税收征管需求程度相对较小，主要是由于税收征管政策易制定、好执行的特点使京津冀地区税收征管供给程度较高，因此相对需求程度较低。排名第三的是金融政策需求，表明三地对金融政策需求也比较大。具体政策需求程度依次为：排污权交易（2）、绿色保险（12）、绿色债券（20）、其他金融创新（21）、绿色基金（24）、绿色信贷（25），对于金融政策的需求较高，但是对于绿色债券、金融创新、绿色信贷、绿色基金需求相对较低，主要原因在企业对于相关金融政策的不了解，金融机构金融产品单一。政策主要集中在排污权交易、环境强制责任险两个方面以及最为普遍应用的绿色信贷，因前两者仍处在建设阶段，因此需求程度高，而绿色信贷政策颁发时间最长且应用最为广泛，完善程度最高，其他政策由于政府支持力度低，金融机构提供产品单一，因此需求度低。排在第四位的是财政政策，处在中下等。具体政策需求程度为：专项资金（14）、财政投资（15）、财政补贴（22）、政府采购（25）。产业对于专项资金及财政投资需求程度高，表明产业需要有专门的资金来进行产业的转型升级，提高资金利用率。财政投资需求大证明产业希望提高市场化改造，降低政府干预。政府采购需求程度低，主要是由于京津冀地区政府绿色采购主要集中在办公用品方面，而对工程采购方面尚未明确规定进行绿色产品的采购，因此需求程度低。排名第五的是公共服务政策，具体政策需求程度为：监测预警（7）、信息公开（8）、联防联控（9）、落后产能淘汰（10）、环境准入（17）、监督考核（18）、产业规划（23）、政府采购（26）。尽管公共服务的需求程度较低，但是监测预警、联防联控、信息公开、落后产能淘汰政策的需求程度仍然较高，说明公共服务政策制定存在结构性问题，一方面存在供给过多造成供大于求的问题，另一方面又存在漏洞，导致需求大于供给。

表 8 - 1　　京津地区高雾霾污染产业与经济协调发展的政策需求程度

政策类型	序号	最小值	最大值	均值	标准偏差
技术政策	1	4	7	6.10	0.765
税收政策	2	3	7	6.00	0.850
金融政策	3	4	7	6.00	0.832
财政政策	4	3	7	5.67	0.990
公共服务政策	5	2	7	5.41	1.026

表 8 - 2　　京津地区高雾霾污染产业与经济协调发展的具体政策需求程度

政策类型	序号	最小值	最大值	均值	标准偏差
技术合作	1	5	8	6.25	0.667
排污权交易	2	4	7	6.23	0.768
技术改造升级	3	3	7	6.22	0.791
知识产权	4	4	7	6.20	0.742
技术服务	5	4	7	6.13	0.759
成果转化	6	3	7	6.12	0.810
监测预警	7	3	7	6.06	0.861
信息公开	8	3	7	6.04	0.885
联防联控	9	4	7	6.03	1.007
落后产能淘汰	10	3	7	6.02	0.977
税收种类	11	3	7	6.02	0.869
绿色保险	12	3	7	6.01	0.840
税收优惠	13	3	7	6.00	0.860
专项资金	14	3	7	6.00	0.857
财政投资	15	2	7	6.00	0.975
技术标准	16	3	7	6.00	0.831
环境准入	17	3	7	5.83	0.898
监督考核	18	3	7	5.83	0.932
税收征管	19	3	7	5.78	0.861
绿色债券	20	3	7	5.77	0.813
其他金融创新	21	3	7	5.73	0.992

续表

政策类型	序号	最小值	最大值	均值	标准偏差
财政补贴	22	3	7	5.68	0.909
产业规划	23	3	7	5.66	0.939
绿色基金	24	3	7	5.66	0.918
绿色信贷	25	2	7	5.60	0.905
政府采购	26	2	7	5.47	0.952

8.1.2　政策需求差异分析

为确定京津冀地区对高雾霾污染产业与经济协调发展的政策需求之间的差异，以政策需求量表结果为因变量，以京津冀地区为自变量，进行单因素方差分析。通过计算，五类政策的显著性分别为 0.386、0.360、0.760、0.143、0.516，均大于 0.05，通过齐次性检验，量表测量所得的数据可以进行方差分析。

从一级政策要素指标看，京津冀地区财政需求政策显著性为 0.000，小于 0.05，存在显著性差异，表明财政政策需求程度差异较大。主要原因是京津冀地区经济发展程度不同，财政收入存在一定差距，对于高雾霾污染产业与经济协调发展的财政支持力度存在差异，导致了在财政政策方面存在明显的差异。从多重比较结果来看，京津两市的需求程度差异较小，河北省与京津两市的需求程度存在显著性差异，主要原因是北京和天津经济较为发达，产业绿色化发展的资金支持力度大、途径多，而河北高雾霾污染产业多且治理难度大，现有财政资金无法满足产业的需求，导致其财政政策需求程度大于京津两市。在税收政策方面，京津冀地区政策需求显著性为 0.340，大于 0.05，不存在显著性差异，说明税收政策需求差异性小。主要原因在于税收政策是由国家税务总局制定，京津冀三地在总局政策基础上，制定优化性政策，整体政策数量和种类相似，三地针对自身情况制定的税收政策较少，因此需求差异性小。在金融政策方面，京津冀地区政策需求显著性为 0.340，大于 0.05，不存在显著性差异，说明金融政策需求差异性小。主要原因是相较于上海等金融发达地区，京津冀地区的金融程度较低，对于高雾霾污染产业的调节主要是依靠政府，对市场的利用较低，致使产业对财政的依靠程度高。但随着产业转型的深化，资金支出不断增大，财政无法支持产业庞大资金的需求，从而造成其需求程度高。在技术政策方面，京津冀地区政策需求显著性为 0.01，小于 0.05，存在显著性差异，说明技术政策需求差异性大。主要原因在于京津冀三地技术水平不同，造成对技术政策需求程度有差异。从多重比较以及均值结果来看，河北与天津和北京政策显著性为 0.001、0.07，小于 0.05，存在显著性差异。说明河北省与京津两市的技术政策需求程度存在差距。主要原因是北京和天津在技术创新、转化等方面的水平要高于河北，且河北高雾霾污染产业多、技术难度大、需求多，河北技术政策需求程度大。同样在公共服务方面，京津冀地区政策需求显著性为 0.000，低于 0.05，存在显著性差异，说明公共服务政策需求差异性大。从多重比较以及均值结果来看，主要是河北省与京津两市的需求程度存在显著性差异，主要原因在于北京、天津高雾霾污染企业相对较少，政策供给能够满足其发展需求，而河北作为高雾霾污染产业的集聚区，尽管公共政策供给程度高，但是也无法满足众多产业绿色发展过程中的各种需求，因此公共政策需求程度较高（见表 8 - 3 至表 8 - 5）。

表 8 - 3　　京津冀地区高雾霾污染产业与经济协调发展的政策需求均值

政策类型	地区	平均值	标准偏差	标准错误
财政政策	北京市	5.33	0.982	0.132
	天津市	5.27	0.924	0.124
	河北省	6.12	0.853	0.088
税收政策	北京市	5.98	0.913	0.123
	天津市	5.88	0.928	0.124
	河北省	6.09	0.796	0.082
金融政策	北京市	6.04	0.816	0.110
	天津市	5.98	0.863	0.115
	河北省	5.99	0.836	0.086
技术政策	北京市	5.87	0.721	0.097
	天津市	5.96	0.762	0.102
	河北省	6.31	0.748	0.077
公共服务政策	北京市	5.29	0.916	0.124
	天津市	5.02	1.104	0.147
	河北省	5.72	0.955	0.098

表 8 - 4　　　　　　　　京津冀地区高雾霾污染产业与经济协调发展的
政策需求方差齐次性检验

政策类型	莱文统计	自由度 1	自由度 2	显著性
财政政策	5.829	3	102	0.015
技术政策	1.289	3	102	0.282
税收政策	0.995	3	102	0.399
金融政策	2.313	3	102	0.080
公共服务政策	2.436	3	102	0.069

表 8 - 5　　　　　　　　京津冀地区高雾霾污染产业与经济协调发展的
政策需求多重比较分析

因变量	(I) 城市	(J) 城市	平均值差值 (I - J)	标准错误	显著性	95% 置信区间	
						下限	上限
财政政策	北京市	天津市	0.059	0.173	0.731	- 0.28	0.40
		河北省	- 0.790	0.154	0.000	- 1.09	- 0.49
	天津市	北京市	- 0.059	0.173	0.731	- 0.40	0.28
		河北省	- 0.849	0.153	0.000	- 1.15	- 0.55
	河北省	北京市	0.790	0.154	0.000	0.49	1.09
		天津市	0.849	0.153	0.000	0.55	1.15
税收政策	北京市	天津市	0.107	0.162	0.509	- 0.21	0.43
		河北省	- 0.103	0.145	0.476	- 0.39	0.18
	天津市	北京市	- 0.107	0.162	0.509	- 0.43	0.21
		河北省	- 0.210	0.144	0.145	- 0.49	0.07
	河北省	北京市	0.103	0.145	0.476	- 0.18	0.39
		天津市	0.210	0.144	0.145	- 0.07	0.49
金融政策	北京市	天津市	0.054	0.159	0.734	- 0.26	0.37
		河北省	0.047	0.142	0.741	- 0.23	0.33
	天津市	北京市	- 0.054	0.159	0.734	- 0.37	0.26
		河北省	- 0.007	0.141	0.959	- 0.29	0.27
	河北省	北京市	- 0.047	0.142	0.741	- 0.33	0.23
		天津市	0.007	0.141	0.959	- 0.27	0.29

续表

因变量	（I）城市	（J）城市	平均值差值（I-J）	标准错误	显著性	95%置信区间 下限	95%置信区间 上限
技术政策	北京市	天津市	-0.092	0.141	0.518	-0.37	0.19
		河北省	-0.436	0.126	0.001	-0.69	-0.19
	天津市	北京市	0.092	0.141	0.518	-0.19	0.37
		河北省	-0.344	0.126	0.007	-0.59	-0.10
	河北省	北京市	0.436	0.126	0.001	0.19	0.69
		天津市	0.344	0.126	0.007	0.10	0.59
公共服务政策	北京市	天津市	0.273	0.188	0.147	-0.10	0.64
		河北省	-0.432	0.168	0.011	-0.76	-0.10
	天津市	北京市	-0.273	0.188	0.147	-0.64	0.10
		河北省	-0.706	0.167	0.000	-1.03	-0.38
	河北省	北京市	0.432	0.168	0.011	0.10	0.76
		天津市	0.706	0.167	0.000	0.38	1.03

从二级政策指标看。在财政政策方面，通过计算，具体政策的显著性分别为 0.061、0.360、0.904、0.499，均大于 0.05，通过齐次性检验，量表测量所得的数据可以进行方差分析。京津冀地区财政投资、财政补贴、专项资金政策需求显著性分别为 0.001、0.000、0.004，小于 0.05，存在显著性差异，说明京津冀地区在财政投资、财政补贴、专项资金政策需求程度差异性较大；政府采购政策需求显著性为 0.472，大于 0.05，不存在显著性差异，说明京津冀地区政府采购需求差异性较小。具体来看，河北省与京津两市财政投资政策需求显著性为 0.03、0.01，小于 0.05，存在显著性差异；河北省与京津两市财政补贴政策需求显著性为 0.001、0.000，小于 0.05，存在显著性差异。说明河北省的财政投资、财政补贴政策相比较于京津两市供给方面存在明显的不足，不能满足河北当前污染防治的需求。河北制定财政政策时加大对财政投资的支持力度，满足其需要。河北与天津专项资金政策需求显著性为 0.001，小于 0.05，存在显著性差异。主要原因是同样作为高雾霾污染产业集聚区，天津市的专项资金支持程度高，能够更加有效地进行针对性的财政补贴，而河北高雾霾污染企业多、改造难度高、资金需求量大，造成河北专项资金需求程度大，导致二者之间的显著性差异。京津冀地区政府采购政策需求显著性程度不存

在显著性差异，说明地区的需求程度差异较小，主要原因是尽管三地一直对于政府绿色采购进行优化，但是设计项目建设中的绿色采购较少，造成了政府采购需求程度差异较小。因此优化政策时可以进行区域性的优化，提高区域性的合作，不仅满足本地需求，还能够起到辐射带动作用，满足其他两地的需要。但是在优化的过程中，除了考虑京津冀地区财政政策需求差异程度，也要考虑到各类型政策的本土化需求情况。北京要注意到政府采购及财政投资的高需求，制定相关供给政策来满足北京的政府采购政策及财政投资的需求。天津注重财政投资政策的需求，侧重对于满足财政投资政策，对产业与经济协调发展进行调节，有助于提高其效率。河北对于在财政投资、补贴及专项资金方面需求程度较高，因此在制定优化政策时，加强政策供给以满足对于财政投资、补贴及专项资金政策的需求（见表 8 - 6 至表 8 - 8）。

表 8 - 6　　京津冀地区高雾霾污染产业与经济协调发展的财政政策需求均值

财政政策	地区	平均值	标准偏差	标准错误
财政投资	北京市	5.80	0.989	0.133
	天津市	5.73	1.136	0.152
	河北省	6.28	0.782	0.081
财政补贴	北京市	5.49	0.879	0.119
	天津市	5.38	0.843	0.113
	河北省	5.98	0.880	0.091
政府采购	北京市	5.60	0.915	0.123
	天津市	5.39	1.056	0.141
	河北省	5.44	0.911	0.094
专项资金	北京市	5.96	0.881	0.119
	天津市	5.71	0.889	0.119
	河北省	6.19	0.780	0.080

表 8 - 7　　京津冀地区高雾霾污染产业与经济协调发展的财政政策
需求方差齐次性检验

政策类型	莱文统计	自由度 1	自由度 2	显著性
财政投资	2.832	2	202	0.061
财政补贴	1.027	2	202	0.360

续表

政策类型	莱文统计	自由度 1	自由度 2	显著性
政府采购	0.101	2	202	0.904
专项资金	0.697	2	202	0.499

表 8 - 8　　　　　京津冀地区高雾霾污染产业与经济协调发展的
财政政策需多重比较

因变量	(I) 城市	(J) 城市	平均值差值 (I－J)	标准错误	显著性	95% 置信区间	
						下限	上限
财政投资	北京市	天津市	0.068	0.179	0.706	－ 0.29	0.42
		河北省	－ 0.477	0.161	0.003	－ 0.79	－ 0.16
	天津市	北京市	－ 0.068	0.179	0.706	－ 0.42	0.29
		河北省	－ 0.544	0.160	0.001	－ 0.86	－ 0.23
	河北省	北京市	0.477	0.161	0.003	0.16	0.79
		天津市	0.544	0.160	0.001	0.23	0.86
财政补贴	北京市	天津市	0.116	0.165	0.484	－ 0.21	0.44
		河北省	－ 0.488	0.148	0.001	－ 0.78	－ 0.20
	天津市	北京市	－ 0.116	0.165	0.484	－ 0.44	0.21
		河北省	－ 0.604	0.147	0.000	－ 0.89	－ 0.31
	河北省	北京市	0.488	0.148	0.001	0.20	0.78
		天津市	0.604	0.147	0.000	0.31	0.89
政府采购	北京市	天津市	0.207	0.181	0.254	－ 0.15	0.56
		河北省	0.164	0.162	0.313	－ 0.16	0.48
	天津市	北京市	－ 0.207	0.181	0.254	－ 0.56	0.15
		河北省	－ 0.043	0.161	0.788	－ 0.36	0.27
	河北省	北京市	－ 0.164	0.162	0.313	－ 0.48	0.16
		天津市	0.043	0.161	0.788	－ 0.27	0.36
专项资金	北京市	天津市	0.249	0.159	0.119	－ 0.06	0.56
		河北省	－ 0.228	0.142	0.111	－ 0.51	0.05
	天津市	北京市	－ 0.249	0.159	0.119	－ 0.56	0.06
		河北省	－ 0.477	0.141	0.001	－ 0.76	－ 0.20
	河北省	北京市	0.228	0.142	0.111	－ 0.05	0.51
		天津市	0.477	0.141	0.001	0.20	0.76

在税收政策方面，三类具体政策的显著性分别为 0.241、0.383、0.124，均大于 0.05，通过齐性分析，量表测量所得的数据可以进行方差分析。税收征管政策需求显著性为 0.005，小于 0.05，存在显著性差异，说明税收征管政策需求差异性大。具体来看，河北与北京和天津政策需求程度显著性为 0.020、0.002，小于 0.05，说明河北省与京津两市税收征管政策存在差异明显。主要原因是河北由于高雾霾污染产业分布地区较广，税收征收监管难度大，需求程度相较于其他两市需求程度大，导致需求程度存在明显的差异。对于税收种类，税收优惠需求为 0.319、0.148，大于 0.05，不存在显著性差异。税收种类优惠需求程度差异性小的主要原因是税收政策是主要的国家政策，特别是税收种类政策以国家制定为主，地方政策相较于其他类型政策较少，因此地区需求差异性较小，在制定税收政策时，可以优化区域性的税收制度满足地区的需求（见表 8-9 至表 8-11）。

表 8-9 　　京津冀地区高雾霾污染产业与经济协调发展的税收政策需求均值

政策类型	地区	平均值	标准偏差	标准错误
税收种类	北京市	6.04	0.942	0.127
	天津市	5.88	0.833	0.111
	河北省	6.10	0.843	0.087
税收征管	北京市	5.65	0.799	0.108
	天津市	5.55	0.872	0.117
	河北省	5.99	0.849	0.088
税收优惠	北京市	5.95	0.731	0.099
	天津市	5.86	0.923	0.123
	河北省	6.13	0.883	0.091

表 8-10 　　京津冀地区高雾霾污染产业与经济协调发展的税收政策
需求方差齐次性检验

政策类型	莱文统计	自由度 1	自由度 2	显著性
税收种类	1.433	2	202	0.241
税收征管	0.964	2	202	0.383
税收优惠	2.108	2	202	0.124

表 8 – 11 　　京津冀地区高雾霾污染产业与经济协调发展的
税收政策需求多重比较

因变量	（I）城市	（J）城市	平均值差值（I－J）	标准错误	显著性	95% 置信区间 下限	上限
税收种类	北京市	天津市	0.161	0.165	0.329	－ 0.16	0.49
		河北省	－ 0.059	0.147	0.687	－ 0.35	0.23
	天津市	北京市	－ 0.161	0.165	0.329	－ 0.49	0.16
		河北省	－ 0.221	0.147	0.133	－ 0.51	0.07
	河北省	北京市	0.059	0.147	0.687	－ 0.23	0.35
		天津市	0.221	0.147	0.133	－ 0.07	0.51
税收征管	北京市	天津市	0.101	0.160	0.528	－ 0.21	0.42
		河北省	－ 0.335	0.143	0.020	－ 0.62	－ 0.05
	天津市	北京市	－ 0.101	0.160	0.528	－ 0.42	0.21
		河北省	－ 0.436	0.142	0.002	－ 0.72	－ 0.16
	河北省	北京市	0.335	0.143	0.020	0.05	0.62
		天津市	0.436	0.142	0.002	0.16	0.72
税收优惠	北京市	天津市	0.088	0.163	0.588	－ 0.23	0.41
		河北省	－ 0.182	0.145	0.212	－ 0.47	0.10
	天津市	北京市	－ 0.088	0.163	0.588	－ 0.41	0.23
		河北省	－ 0.271	0.145	0.063	－ 0.56	0.01
	河北省	北京市	0.182	0.145	0.212	－ 0.10	0.47
		天津市	0.271	0.145	0.063	－ 0.01	0.56

　　在金融政策方面，计算六类具体政策的显著性分别0.078、0.100、0.054、0.610、0.175、0.171，均大于0.05，通过齐性分析，量表测量所得的数据可以进行方差分析。京津冀地区绿色信贷、排污权交易、金融创新政策显著性为0.000、0.008、0.036，小于0.05，存在显著性差异。绿色基金、绿色债券、绿色保险政策需求显著性为0.726、0.289、0.487，大于0.05，不存在显著性差异。在绿色信贷方面，河北与北京和天津绿色信贷需求显著性分别为0.08、0.00，小于0.05，存在显著性差异。说明河北省与京津两市绿色信贷政策需求程度存在较大差异。主要原因是北京的绿色信贷水平高于河北，北京成立的金融机构较多，天津距离北京较近，辐射作用较强，因此绿色信贷政策完善程度高于河北。另外，河北重

视和善于运用财政政策，金融政策供给程度相对较少，导致河北省与京津两市的绿色信贷政策需求程度存在较大显著性。在排污权交易方面，河北与天津排污权交易政策需求显著性为 0.039，小于 0.05，存在显著性差异，说明津冀省市对排污权交易需求程度差异大。主要原因是天津产业市场化水平较高，作为试点地区，天津对于排污权交易市场完善程度高于河北。而河北排污权市场建立较晚，相关政策处于完善时期，因此需求程度要大于天津。在金融创新方面，河北与北京、天津金融创新需求显著性为 0.016、0.018，小于 0.05，存在不显著性差异，表明河北省与两市金融创新需求程度差异较大。主要原因是河北省金融政策支持力度低、金融机构金融产品单一，导致需求程度高。而绿色债券、基金和保险三地之间政策需求程度显著性均大于 0.05，不存在显著性差异，说明三地对绿色债券、基金和保险政策需求程度差异较小。主要原因是相较于其他政策，金融政策发展起步较晚，各项金融政策仍处在不断地探索完善阶段，需求程度均比较大，因此需求差异性较小（见表 8 - 12 至表 8 - 14）。

表 8 - 12　京津冀地区高雾霾污染产业与经济协调发展的金融政策需求均值

政策类型	地区	平均值	标准偏差	标准错误
绿色信贷	北京市	5.47	0.634	0.085
	天津市	5.29	1.022	0.137
	河北省	5.87	0.895	0.092
绿色债券	北京市	5.78	0.599	0.081
	天津市	5.63	0.843	0.113
	河北省	5.84	0.896	0.092
绿色基金	北京市	5.58	0.809	0.109
	天津市	5.64	0.903	0.121
	河北省	5.55	1.064	0.110
绿色保险	北京市	6.05	0.780	0.105
	天津市	5.89	0.824	0.110
	河北省	6.05	0.884	0.091
排污权交易	北京市	6.02	0.805	0.109
	天津市	5.91	0.996	0.133
	河北省	6.21	0.802	0.083

续表

政策类型	地区	平均值	标准偏差	标准错误
其他金融创新	北京市	5.51	0.900	0.121
	天津市	5.52	1.160	0.155
	河北省	5.91	0.924	0.095

表 8 – 13　　京津冀地区高雾霾污染产业与经济协调发展的
金融政策需求方差齐次性检验

政策类型	莱文统计	自由度 1	自由度 2	显著性
绿色信贷	2.582	2	202	0.078
绿色债券	2.328	2	202	0.100
绿色基金	2.958	2	202	0.054
绿色保险	0.495	2	202	0.610
排污权交易	1.758	2	202	0.175
其他金融创新	3.476	2	202	0.171

表 8 – 14　　京津冀地区高雾霾污染产业与经济协调发展的金融政策
需求多重比较

因变量	(I) 城市	(J) 城市	平均值差值 (I – J)	标准错误	显著性	95% 置信区间	
						下限	上限
绿色信贷	北京市	天津市	0.187	0.166	0.260	– 0.14	0.51
		河北省	– 0.400	0.148	0.008	– 0.69	– 0.11
	天津市	北京市	– 0.187	0.166	0.260	– 0.51	0.14
		河北省	– 0.587	0.147	0.000	– 0.88	– 0.30
	河北省	北京市	0.400	0.148	0.008	0.11	0.69
		天津市	0.587	0.147	0.000	0.30	0.88
绿色债券	北京市	天津市	0.157	0.154	0.310	– 0.15	0.46
		河北省	– 0.059	0.138	0.671	– 0.33	0.21
	天津市	北京市	– 0.157	0.154	0.310	– 0.46	0.15
		河北省	– 0.215	0.137	0.117	– 0.49	0.05
	河北省	北京市	0.059	0.138	0.671	– 0.21	0.33
		天津市	0.215	0.137	0.117	– 0.05	0.49

续表

因变量	（I）城市	（J）城市	平均值差值（I－J）	标准错误	显著性	95% 置信区间	
						下限	上限
绿色基金	北京市	天津市	− 0.061	0.182	0.738	− 0.42	0.30
		河北省	0.029	0.163	0.860	− 0.29	0.35
	天津市	北京市	0.061	0.182	0.738	− 0.30	0.42
		河北省	0.090	0.162	0.580	− 0.23	0.41
	河北省	北京市	− 0.029	0.163	0.860	− 0.35	0.29
		天津市	− 0.090	0.162	0.580	− 0.41	0.23
绿色保险	北京市	天津市	0.162	0.160	0.312	− 0.15	0.48
		河北省	0.001	0.143	0.992	− 0.28	0.28
	天津市	北京市	− 0.162	0.160	0.312	− 0.48	0.15
		河北省	− 0.160	0.142	0.260	− 0.44	0.12
	河北省	北京市	− 0.001	0.143	0.992	− 0.28	0.28
		天津市	0.160	0.142	0.260	− 0.12	0.44
排污权交易	北京市	天津市	0.107	0.163	0.511	− 0.21	0.43
		河北省	− 0.195	0.146	0.184	− 0.48	0.09
	天津市	北京市	− 0.107	0.163	0.511	− 0.43	0.21
		河北省	− 0.302	0.145	0.039	− 0.59	− 0.02
	河北省	北京市	0.195	0.146	0.184	− 0.09	0.48
		天津市	0.302	0.145	0.039	0.02	0.59
其他金融创新	北京市	天津市	− 0.009	0.187	0.963	− 0.38	0.36
		河北省	− 0.406	0.168	0.016	− 0.74	− 0.08
	天津市	北京市	0.009	0.187	0.963	− 0.36	0.38
		河北省	− 0.397	0.167	0.018	− 0.73	− 0.07
	河北省	北京市	0.406	0.168	0.016	0.08	0.74
		天津市	0.397	0.167	0.018	0.07	0.73

在技术政策方面，计算六类具体政策的显著性分别为 0.500、0.001、0.283、0.845、0.001、0.001，其中，技术服务及知识产权未通过方差分析，因此采用 Tamhane T2 方法进行多重比较分析。从多重比较与均值结果看，在技术服务方面，北京市与其余两地的技术合作的显著性为 0.033、0.000，小于 0.05，北京市与两地技术合作政策需求存在显著性差异。主要原因是北京作为三地的研发中心，聚集大量的人才，相较于河

北和天津,技术合作政策需求要小。同时,相较于区域的技术合作,北京技术合作主要是国际合作,区域内合作需求程度小。而京津冀地区技术改造升级、成果转化、技术标准及知识产权三地之间需求均大于0.05,不存在显著性差异,说明京津冀地区技术改造升级、成果转化、技术标准、技术服务及知识产权政策需求程度差异较小。主要原因是京津冀地区对产业进行污染防治,节能减排、清洁生产都需要技术政策进行支持,特别是需要技术创新政策支持来提高技术水平,通过提供技术中介服务促进技术的有效转化,知识产权政策能够保障政策在转化过程中不受到侵害,而技术标准政策能够倒逼企业进行技术创新,几类政策属于基础性政策,需求程度差异性小且程度较高(见表8-15至表8-17)。

表8-15　　　京津冀地区高雾霾污染产业与经济协调发展的
技术政策需求均值

政策类型	地区	平均值	标准偏差	标准错误
技术改造升级	北京市	6.13	0.747	0.101
	天津市	6.39	0.679	0.091
	河北省	6.18	0.867	0.089
技术合作	北京市	6.15	0.731	0.099
	天津市	6.25	0.640	0.085
	河北省	6.32	0.643	0.066
成果转化	北京市	6.05	0.826	0.111
	天津市	6.18	0.690	0.092
	河北省	6.13	0.870	0.090
技术标准	北京市	5.95	0.780	0.105
	天津市	5.98	0.863	0.115
	河北省	6.03	0.848	0.087
技术服务	北京市	5.98	0.952	0.128
	天津市	6.09	0.668	0.089
	河北省	6.24	0.667	0.069
知识产权	北京市	6.15	0.780	0.105
	天津市	6.36	0.672	0.090
	河北省	6.13	0.751	0.077

表 8 - 16　　　　京津冀地区高雾霾污染产业与经济协调发展的
技术政策需求方差齐次性检验

政策类型	莱文统计	自由度 1	自由度 2	显著性
技术改造升级	0.679	2	202	0.508
技术合作	0.639	2	202	0.529
成果转化	1.269	2	202	0.283
技术标准	0.169	2	202	0.845
技术服务	7.435	2	202	0.001
知识产权	0.052	2	202	0.994

表 8 - 17　　　京津冀地区高雾霾污染产业与经济协调发展的
技术政策需求多重比较

因变量	(I) 城市	(J) 城市	平均值差值 (I - J)	标准错误	显著性	95% 置信区间 下限	上限
技术改造升级	北京市	天津市	- 0.266	0.150	0.077	- 0.56	0.03
		河北省	- 0.054	0.134	0.689	- 0.32	0.21
	天津市	北京市	0.266	0.150	0.077	- 0.03	0.56
		河北省	0.212	0.133	0.112	- 0.05	0.47
	河北省	北京市	0.054	0.134	0.689	- 0.21	0.32
		天津市	- 0.212	0.133	0.112	- 0.47	0.05
技术合作	北京市	天津市	- 0.105	0.127	0.410	- 0.35	0.14
		河北省	- 0.174	0.113	0.126	- 0.40	0.05
	天津市	北京市	0.105	0.127	0.410	- 0.14	0.35
		河北省	- 0.069	0.113	0.540	- 0.29	0.15
	河北省	北京市	0.174	0.113	0.126	- 0.05	0.40
		天津市	0.069	0.113	0.540	- 0.15	0.29
成果转化	北京市	天津市	- 0.124	0.154	0.423	- 0.43	0.18
		河北省	- 0.073	0.138	0.597	- 0.35	0.20
	天津市	北京市	0.124	0.154	0.423	- 0.18	0.43
		河北省	0.051	0.137	0.711	- 0.22	0.32
	河北省	北京市	0.073	0.138	0.597	- 0.20	0.35
		天津市	- 0.051	0.137	0.711	- 0.32	0.22

续表

因变量	（I）城市	（J）城市	平均值差值（I－J）	标准错误	显著性	95%置信区间	
						下限	上限
技术标准	北京市	天津市	－0.037	0.158	0.817	－0.35	0.28
		河北省	－0.086	0.142	0.542	－0.37	0.19
	天津市	北京市	0.037	0.158	0.817	－0.28	0.35
		河北省	－0.050	0.141	0.724	－0.33	0.23
	河北省	北京市	0.086	0.142	0.542	－0.19	0.37
		天津市	0.050	0.141	0.724	－0.23	0.33
技术服务	北京市	天津市	－0.107	0.143	0.454	－0.39	0.17
		河北省	－0.263	0.128	0.041	－0.52	－0.01
	天津市	北京市	0.107	0.143	0.454	－0.17	0.39
		河北省	－0.155	0.127	0.224	－0.41	0.10
	河北省	北京市	0.263	0.128	0.041	0.01	0.52
		天津市	0.155	0.127	0.224	－0.10	0.41
知识产权	北京市	天津市	－0.212	0.140	0.133	－0.49	0.06
		河北省	0.018	0.125	0.887	－0.23	0.26
	天津市	北京市	0.212	0.140	0.133	－0.06	0.49
		河北省	0.229	0.125	0.067	－0.02	0.48
	河北省	北京市	－0.018	0.125	0.887	－0.26	0.23
		天津市	－0.229	0.125	0.067	－0.48	0.02

根据公共服务政策方面的产业规划、信息公开、监测预警、监督考核、环境准入、联防联控、落后产能淘汰政策的显著性分析结果来看，监督考核、环境准入、落后产能淘汰显著性小于 0.05，未通过方差齐次性检验，因此采用 Tamhane T2 方法进行多重比较分析。从多重比较及均值结果看，在监测预警方面，河北与天津监测预警政策需求显著性为 0.001，小于 0.05，说明河北与天津监测预警需求存在显著性差异。主要原因在于天津市近些年高雾霾污染产业转型升级速度加快，逐渐转向高端化产业，废气排放量随着产业的转型升级下降，监测预警政策的需求有所下降。而河北产业与经济协调发展的任务仍为节能减排，因此监测预警相关需求相度较高。在联防联控方面，河北与天津、北京政策需求显著性都为 0.000，小于 0.05，表明河北省与京津两市联防联控政策需求差异大。主要原因是河北省经济发展质量低于京津两市，因此高雾霾污染产业绿色

发展难度大、成本高，随着产业协同发展的提出，河北迫切需要联防联控政策。因此，其需求程度要高于其余两市。而产业规划、信息公开、环境准入、落后产能淘汰政策需求显著性大于 0.05，说明三地在上述政策需求程度差异较小。因此在制定政策时，可以制定区域化的政策，一方面可以更好地满足本地需求，另一方面可以满足区域的产业需求，提高政策执行的效率（见表 8 - 18 至表 8 - 19）。

表 8 - 18　　　　京津冀地区高雾霾污染产业与经济协调发展的
公共服务政策需求均值

政策类型	地区	平均值	标准偏差	标准错误
产业规划	北京市	5.45	0.899	0.121
	天津市	5.64	0.773	0.103
	河北省	5.80	1.033	0.107
信息公开	北京市	5.93	0.813	0.110
	天津市	5.88	1.063	0.142
	河北省	6.20	0.784	0.081
监测预警	北京市	6.00	0.861	0.116
	天津市	5.75	0.879	0.117
	河北省	6.28	0.795	0.082
监督考核	北京市	5.65	0.844	0.114
	天津市	5.71	1.074	0.144
	河北省	6.00	0.868	0.089
环境准入	北京市	5.78	0.937	0.126
	天津市	5.73	0.981	0.131
	河北省	5.93	0.820	0.085
联防联控	北京市	5.69	1.169	0.158
	天津市	5.68	1.011	0.135
	河北省	6.45	0.713	0.074
落后产能淘汰	北京市	5.85	1.079	0.145
	天津市	5.88	1.096	0.147
	河北省	6.21	0.802	0.083

表 8 – 19 　　京津冀地区高雾霾污染产业与经济协调发展的
公共服务政策需求多重比较

因变量	（I）城市	（J）城市	平均值差值（I–J）	标准错误	显著性	95%置信区间 下限	95%置信区间 上限
产业规划	北京市	天津市	− 0.188	0.159	0.560	− 0.57	0.20
		河北省	− 0.343	0.161	0.102	− 0.73	0.05
	天津市	北京市	0.188	0.159	0.560	− 0.20	0.57
		河北省	− 0.155	0.148	0.654	− 0.51	0.20
	河北省	北京市	0.343	0.161	0.102	− 0.05	0.73
		天津市	0.155	0.148	0.654	− 0.20	0.51
信息公开	北京市	天津市	0.052	0.179	0.988	− 0.38	0.49
		河北省	− 0.275	0.136	0.132	− 0.61	0.06
	天津市	北京市	− 0.052	0.179	0.988	− 0.49	0.38
		河北省	− 0.327	0.163	0.138	− 0.72	0.07
	河北省	北京市	0.275	0.136	0.132	− 0.06	0.61
		天津市	0.327	0.163	0.138	− 0.07	0.72
监测预警	北京市	天津市	0.250	0.165	0.348	− 0.15	0.65
		河北省	− 0.277	0.142	0.154	− 0.62	0.07
	天津市	北京市	− 0.250	0.165	0.348	− 0.65	0.15
		河北省	− 0.527	0.143	0.001	− 0.87	− 0.18
	河北省	北京市	0.277	0.142	0.154	− 0.07	0.62
		天津市	0.527	0.143	0.001	0.18	0.87
监督考核	北京市	天津市	− 0.060	0.183	0.983	− 0.50	0.38
		河北省	− 0.345	0.145	0.055	− 0.70	0.01
	天津市	北京市	0.060	0.183	0.983	− 0.38	0.50
		河北省	− 0.286	0.169	0.257	− 0.70	0.13
	河北省	北京市	0.345	0.145	0.055	− 0.01	0.70
		天津市	0.286	0.169	0.257	− 0.13	0.70

续表

因变量	(I) 城市	(J) 城市	平均值差值 (I－J)	标准错误	显著性	95% 置信区间	
						下限	上限
环境准入	北京市	天津市	0.050	0.182	0.990	－0.39	0.49
		河北省	－0.144	0.152	0.721	－0.51	0.23
	天津市	北京市	－0.050	0.182	0.990	－0.49	0.39
		河北省	－0.193	0.156	0.522	－0.57	0.19
	河北省	北京市	0.144	0.152	0.721	－0.23	0.51
		天津市	0.193	0.156	0.522	－0.19	0.57
联防联控	北京市	天津市	0.012	0.208	1.000	－0.49	0.52
		河北省	－0.756	0.174	0.000	－1.18	－0.33
	天津市	北京市	－0.012	0.208	1.000	－0.52	0.49
		河北省	－0.768	0.154	0.000	－1.14	－0.39
	河北省	北京市	0.756	0.174	0.000	0.33	1.18
		天津市	0.768	0.154	0.000	0.39	1.14
落后产能淘汰	北京市	天津市	－0.020	0.206	1.000	－0.52	0.48
		河北省	－0.358	0.167	0.101	－0.77	0.05
	天津市	北京市	0.020	0.206	1.000	－0.48	0.52
		河北省	－0.338	0.168	0.136	－0.75	0.07
	河北省	北京市	0.358	0.167	0.101	－0.05	0.77
		天津市	0.338	0.168	0.136	－0.07	0.75

8.2
高雾霾污染产业与经济协调发展政策供给分析

8.2.1 政策供给统计分析

样本文本的选择主要是根据在第 7 章中通过年鉴、政府官方、北大法宝等多个渠道收集整理，明确发文字号、部门、政府公开可查的相关法规、规章、规范性文件、工作文件等。样本的内容分析类目划分为财政、税收、金融、技术、公共一级政策指标以及相对应的二级政策指标。样本的分析单元对应在高雾霾污染产业与经济协调发展的政策演进梳理的1054条政策，根据第3章建立的高雾霾污染产业与经济协调发展的政策要素，按照"政策文件编号－内容－序列号"的形式进行编码。为保障编码结果的完整，同一条政策内容涉及不同政策类型时，则会增加下一级编码。将上述所的编码进行分类量化统计，得到经济地区高雾霾污染产业与经济协调发展的政策分布情况，具体情况如表8－20至表8－22所示。

表8－20 京津冀地区高雾霾污染产业与经济协调发展的政策统计

编号	政策名称	政策内容分析单元	编码
1	京津冀及周边地区、汾渭平原2020—2021年秋冬季大气污染综合治理攻坚行动方案	有序实施钢铁行业超低排放改造。各地要按照生态环境部等五部门联合印发的《关于推进实施钢铁行业超低排放的意见》，增强服务意识，协调组织相关资源，帮助钢铁企业因厂制宜选择成熟适用的环保改造技术路线，为企业超低排放改造尤其是清洁运输等提供有利条件	1－4－1
2	京津冀及周边地区工业资源综合利用产业协同转型提升计划（2020—2022年）	积极开展资源综合利用立法研究，鼓励出台地方性法规，落实资源综合利用增值税、所得税、环境保护税等优惠政策，推动综合利用产品纳入政府绿色采购目录	2－2－1
⋮	⋮	⋮	⋮
1054	河北省关于进一步做好全省工业经济结构调整工作的通知	为支持暂时困难较大的重点企业转产调整，省财政每年要从预算内安排2500万元的结构调整资金，用于贷款和债券的贴息	1054－1－1

表8－21 京津冀地区高雾霾污染产业与经济协调发展政策统计表

地区	财政政策	税收政策	金融政策	技术政策	公共服务政策
北京市	124	67	60	110	192
天津市	66	41	28	73	146
河北省	95	68	59	91	178
区域性	12	6	6	15	39
比重	20.12%	12.33%	10.37%	19.58%	37.60%

表 8 – 22　　　　　京津冀地区高雾霾污染产业与经济协调发展具体政策统计表

政策类型		北京市	天津市	河北省	区域性	总计	比重
财政政策	财政投资	43	16	30	4	93	26.20%
	财政补贴	52	25	43	4	124	34.93%
	政府采购	22	8	8	2	40	11.27%
	专项资金	34	27	33	4	98	27.61%
税收政策	税收种类	33	15	26	2	76	28.04%
	税收征管	24	33	32	6	95	17.53%
	税收优惠	24	28	45	3	100	18.45%
金融政策	绿色信贷	20	14	36	2	72	29.03%
	绿色基金	10	2	7	1	20	8.06%
	绿色保险	13	3	13	0	29	11.69%
	排污权交易	27	7	24	0	58	23.39%
	其他金融创新	11	9	19	1	40	16.13%
技术政策	技术改进升级	58	36	47	11	152	29.29%
	技术合作	17	10	15	4	46	8.86%
	成果转化	36	23	60	6	125	24.08%
	知识产权	17	15	9	0	41	7.90%
	技术标准	31	21	32	6	90	17.34%
	技术服务	26	13	23	3	65	12.52%
公共服务政策	信息公开	15	12	15	0	42	5.32%
	产业规划	28	38	51	20	137	17.34%
	监督考核	47	39	46	14	146	18.48%
	监测预警	55	30	28	11	124	15.70%
	联防联控	18	12	16	10	56	7.09%
	环境准入	46	36	55	10	147	18.61%
	落后产能淘汰	5	19	12	3	39	4.94%

8.2.2 政策供给结构分析

根据表 8 – 21 统计结果显示，京津冀地区财政政策、税收政策、金融政策、技术政策和公共服务政策占比依次为 20.12%、12.33%、10.37%、19.58%、37.60%，公共服务政策占比较大，财政政策和技术政策占比较为接近，处于中等水平，税收政策和金融政策占比较小。京津冀地区在高雾霾污染产业与经济协调发展方面十分重视公共政策的供给，配以财政政策和技术政策，相对来讲，税收政策和金融政策供给较低。表明京津冀地区政策供给不均，政策供给结构不合理，公共服务政策供给过高，容易出现供给过剩的现象，而税收政策和金融政策供给过少，易导致需求不足的问题发生。因此，高雾霾污染与经济协调发展政策制定在税收政策和金融政策方面要着重加强。

从具体政策上来看，在财政政策方面，财政投资、财政补贴、政府采购、专项资金的占比依次为 26.20%、34.93%、11.27%、27.61%，政府补贴的占比较大，财政投资与专项资金的占比接近，政府采购政策的占比较少。表明政府在财政支持方面，主要是通过财政补贴政策，同时配合财政投资、专项资金政策对高雾霾污染产业技术改造、环保设备购买等改造升级活动进行资金支持，而利用政府采购政策涉及较小。在税收政策方面，税收种类、税收征管、税收优惠的占比依次为 28.04%、17.53%、18.45%，税收优惠的占比较大，而税收种类、税收征管的占比较为接近，占比较少，表明京津冀地区重点倾向于利用激励性的税收政策来促进高雾霾污染产业的转型升级，同时对于环境税、资源税等税率的调节等税收种类、税收征管也给予相应的支持，但由于我国税收政策特别是税收种类、税收征管以国家税务局指定为主，因此这两个方面的供给较少。在金融政策方面，绿色信贷、绿色基金、绿色保险、排污权交易、其他金融创新占比依次为 29.03%、8.06%、11.69%、23.39%、16.13%。绿色信贷与排污权交易政策占比较大，绿色债券、绿色保险、其他金融创新占比接近，而绿色基金占比较小。说明京津冀地区较为重视利用绿色债券与排污权交易政策来对高雾霾污染产业市场进行调节，主要原因在于绿色信贷实施成本低，更易控制，因此政府相关绿色债券政策占比较大。而对于排污交易权政策，政府不需要进行税率的调整，依靠市场进行调节，能够降低政府的管理费用，产业实施效果较好，因此相对而言颁发的与排污权交易相关的政策较多。绿色债券、保险、其他金融创新占比接近，表明京津冀地区对于三种政策支持力度相同，能够利用不同的金融政策对于市场进行调节，但是绿色基金在京津冀地区缺乏相应的评估和认证标准，投资风险相较于前几种高，因此政策的相关支持力度较小。在技术政策方面，技术改进升级、技术合作、成果转化、知识产权、技术标准、技术服务占比依次为 29.29%、8.86%、24.08%、7.90%、17.34%、12.52%。技术改进升级、成果转化的占比较大，技术标准、技术服务占比较为接近，处于中等，技术合作、知识产权占比较小。京津冀地区重视技术改进升级、成果转化政策的供给，与国家鼓励技术创新成果应用到产业生产活动中的要求相符。技术标准和技术服务在技术政策中属于保障性政策，因此相关政策的供给处于中等水平。技术合作和知识产权占比较小，表明政府缺乏对于技术合作和知识产权的供给，主要是由于京津冀地区技术水平差距较大，产业的协同发展仍处于起步期，各地区产业之间协同程度低，因此政府对于技术合作政策的关注较少。在公共服务政策方面，信息公开、产业规划、监督考核、监测预警、联防联控、环境准入、落后产能淘汰占比依次为 5.32%、17.34%、18.48%、15.70%、7.09%、18.61%、4.94%。产业规划、监督考核、监测预警、环境准入占比较大，落后产能淘汰、联防联控、信息公开政策占比较小。说明政府重视利用产业规划、监督考核、监测预警、环境准入政策来规范高雾霾污染产业的生产、污染排放、产业结构调整以及对于政府及企业的监督考核。而落后产能淘汰、联防联控及信息公开政策较为缺乏。主要原因在于北京与天津和河北的高雾霾污染产业的结构有所不同，各省市发展的重点不同，在联防联控方面意愿不强，导致联防联控政策的缺乏，而落后产能的淘汰正处在起步阶段，因此相关政策的供给占比较低，信息公开较为完善，但是对于环境信息的社会公开方面仍比较的缺乏，而众多政策主要是依据环境信息，因此政府要加强相关大气环境信息的供给。

8.2.3　政策供给程度分析

在涉及京津冀地区的 1054 份政策文件中，京津冀地区高雾霾污染产业供给程度依次为公共服务政策、财政政策、技术政策、税收政策、金融政策。京津冀区域性政策文件供给程度依次为公共服务政策、技术政策、财政政策、税收政策，金融政策。京津冀地区整体高雾霾污染产业与经济协调发展政策的五大类政策供给程度次序与京津冀区域性政策文件略微有所不同，主要表现为财政与技术供给次序有所不同。即区域技术政策供给程度要大于京津冀地区总体技术政策供给程度，表明相较于财政政策，区域性政策供给更加重视区域内部的技术政策，以及在财政资金的纵向和横向转移支付方面仍存在矛盾，税收政策供给程度次序为最后，区域内部利益分配机制不完善也验证了此观点。无论是京津冀地区总体政策还是单独制定的区域性政策，金融政策供给程度都靠后,表明京津冀地区产业的市场化水平不高,政府更善于利用财政、公共服务等手段进行干预。另外,北京与河北政策供给程度次序与整体政策供给程度次序相同,而天津和总体供给情况略有不同。具体则表现为天津市技术政策供给程度次序要高于京津冀地区整体技术政策的供给次序,表明天津市政府相较善于利用财政政策,更加倾向于利用技术政策促进产业降低有害废气的排放,保障产业适应高质量经济的发展。

各具体政策供给程度次序存在一定差异,主要是由于三省市之间产业发展的侧重差异性。北京市由于大部分的高雾霾污染产业的迁出,高雾霾污染产业与经济协调发展五类政策侧重在电力、热力生产与供应业中燃煤污染方面,因此对于锅炉的改造等主要是以财政补贴为主,税收征收、环境保护税等限制性方式为辅,金融政策倾向于排污权的交易,技术政策倾向于污染防治设备等方面的技术创新、转化、标准制定等。而公共服务倾向于产业污染的监测。天津在高雾霾污染产业与经济协调发展政策内容方面主要是侧重产业的升级转型,合理进行产业布局,建设生态园区,严格把控高雾霾污染产业新增加的产能。因此,在财政方面更加重视生态工业园建设等促进产业绿色化发展的专项资金,资金运用更具有针对性。税收政策则是利用征税来约束产业生产行为,降低废气污染物的排放。金融政策更加强调对于产业项目的审核及绿色项目的支持,保障生态工业园建设,产业升级转型有足够的资金。技术政策同样是强调技术的创新、转化、技术标准等。公共服务方面更加强调产业进行总体规划,以及对于政策和产业的监督考核,保障产业的转型升级。河北省高雾霾污染产业与经济协调发展政策内容主要侧重在高雾霾污染产业的节能减排方面。重工业在河北经济体系中起着重要的支持作用,其正处在加速发展时期,其政策内容主要侧重在高雾霾污染产业节能减排,帮助进行脱硫、除尘、净化废气等方面技术改造,支持高雾霾污染产业搬迁改造,限制高雾霾污染企业的进入。在财政政策和税收政策方面,侧重对于财政补贴以及专项资金的运用,以及采取激励性的税收政策来提高企业进行技术改造、研发高端化产品的动力。金融政策主要采取的手段是绿色信贷。在技术政策方面,由于河北相较于北京和天津技术水平较低,因此其技术政策主要侧重在成果转化,对于引进技术进行转化。在公共服务政策方面,河北高雾霾污染产业较多,因此河北侧重环境准入,对于不符合标准的项目,强制企业进行退出以提高产业的发展质量。

8.3
高雾霾污染产业与经济协调发展政策供需匹配分析

8.3.1　政策供给与需求作用机制

　　高雾霾污染产业与经济协调发展政策体系的构建与完善是政府不断协调大气环境与经济发展之间关系的过程，也是政策体系不断完善供给与需求匹配的过程。从政策制定者及实施者等政策主体分析作用机制，高雾霾污染产业的发展一方面带来了经济的快速发展，另一方面有害废气的持续排放导致大气环境质量下降。雾霾天气的频繁出现使社会对提高空气质量的需求增加，政府为协调经济发展和大气环境，从而制定了高雾霾污染产业与经济协调发展的政策，来平衡经济发展与大气环境保护需求，政府提供的政策支持为政策供给。政府通过特定渠道的指导，为社会实体提供政策支持、协调与监督。高雾霾污染产业为实现清洁化的生产、有害废气的治理，产业存在获得政策支持的需求；同时，社会公众为了享受高质量的大气环境，也存在获取某种政策支持的需求，产业与社会公众的需求为政策需求。在特定渠道下，双方政策供给需求实现对接，当政策享受者享受的政策与实际需求存在差距，有效分析政策的供给与需求之间的差距，通过需求调查、程度匹配分析、优化调整等过程，不断循环完善，最终实现政策的供给与需求的相互匹配（见图 8 -1）。

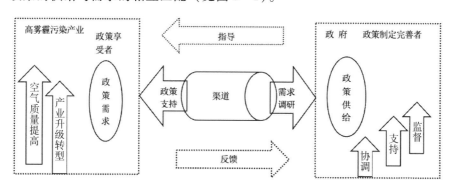

图 8 -1　政策供给与需求作用机制

8.3.2 政策供需匹配模型构建

对于供给需求原理的利用，Drigas 等（2004）运用供需原理研究了失业者和社会提供岗位之间的匹配问题[218]。李博闻、黄正东和刘稳（2019）利用供需原理研究了公共服务供给需求的匹配问题[219]。林健和孔令昭（2013）等利用供需原理，研究了高校工程人才培养结构问题[220]。胡慧芳（2014）利用供需理论研究了信息产业成长过程的发展机制[221]。白杨等（2017）利用供给需求原理研究生态系统服务问题[222]。Fan 等（2020）利用供需原理对可再生能源的实现进行了研究[223]。Song等（2020）利用供需理论研究了中国老龄化的地区供需差距[224]。可以看出供需理论已经应用在较多领域当中，也有学者将供需理论运用扩展到公共政策领域，为政策提供更加合理的优化依据。何代欣（2016）利用供给需求理论，分析了产业结构性变化导致财税政策的供需变化问题[225]。吕冰洋（2017）利用供给需求原理，研究了财政政策的供给与需求[226]。丁珮琪和夏维力（2020）利用供给需求原理研究了商洛市科技扶贫需求与政策供给的匹配效果[227]。同时，也有部分学者研究了政策供给需求的匹配。徐福志（2013）利用方差分析等方法比较分析浙江省各地区对于自主创新政策供需的匹配程度[228]。朱军文和王林春（2019）通过描述性统计，根据政策供给需求频率界定政策供给与需求强度，对海归青年教师引进政策供给需求强度进行匹配分析[229]。黄丹、唐滢和田东林（2020）根据政策供给需求频率，界定政策供给与需求强度，进行了大学生创新创业政策供需匹配分析[230]。但对已有的研究进行分析，政策供给需求匹配的方法多为描述性统计、比较分析等分析方法，很难进行精确化、细致化的匹配度分析，只能作为分析的一个依据。徐德英和韩伯棠（2015）构建了创新创业相关政策的供需匹配模型，并对其进行了匹配分析[231]。王进富、陈振和周镭（2018）在徐德英建立的模型基础上，构建科技创新政策领域中的匹配模型，并对其进行实证研究[232]。

依据徐德英建立的政策供需求匹配模型[228]，拓展区位及相似理论，设计京津冀地区高雾霾污染产业与经济协调发展的政策供需匹配模型，以匹配度、环境变量来衡量匹配情况。该模型主要是利用余弦定理，计算政策供给与政策需求数量序值的相似性，即政策供给序值与政策需求序值的夹角余弦值来衡量政策供需差异性。研究构建的高雾霾污染产业与经济协调发展的政策供需匹配模型的主要变量如下所述。

①政策供给需求匹配度 λ：指产业实际得到的政策支持与实际需要的政策支持之间的匹配程度。

$$\lambda_{ij} = \cos(\theta_{ij} - 45°),\ 其中\ \theta_{ij} \in [0, 90°]$$

$$\cos\theta_{ij} = \frac{x_{ij}^d}{\sqrt{(X_{ij}^d)^2 + (X_{ij}^s)^2}}$$

其中，X_{ij}^d、X_{ij}^s 分别表示样本 j（属于样本集 J）对第 i 项政策需求与供给的序值。在以需求为横轴、供给为纵轴的坐标系中表示产业的政策供需坐标。

②匹配环境 φ_{ij}：取值为 1 或 −1。当政策供给大于实际政策需求时，即供大于需，匹配环境变量 φ_{ij} 记为 −1，需要提高政策供给质量；当政策供给小于或等于企业的实际政策需求时，供给小于需求或供需相等时，匹配环境变量 φ_{ij} 记为 1，政府要加大此政策的支持程度。

$$\varphi_{ij} = \begin{cases} 1, & \theta_{ij} \leqslant 45° \\ -1, & \theta_{ij} > 45° \end{cases}$$

直线 $y = x$ 与横轴构成的区域的点（含边界），环境变量为 1，直线 $y = x$ 与纵轴构成的区域的点，环境变量值为 −1。

③模型基本性质：根据政策供给需求匹配图解（见图 8 − 2），政策供给需求匹配模型具有如下性质。

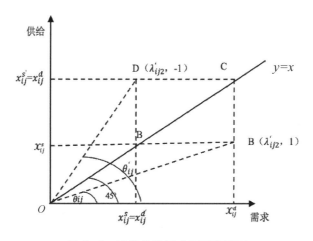

图 8 − 2　政策供给需求匹配模型图

性质 1：直线 $y = x$ 上的点是优秀匹配的点，即政策供给需求相等。

性质 2：若任意一方对政策供给或需求程度相同，供给需求的差值越大，匹配度越小。

性质 3：若政策供给与需求关于 $y = x$ 直线是对称的，则供给与需求匹配度相同，匹配环境值相反。

性质 4：若政策供给与政策需求的差值相同，则供给（或需求）的值越大，政策供需匹配度越高。

8.3.3　政策供需匹配度计算与评价标准

政策供需匹配的计算关键在于政策供给与需求序值的确定。徐福志在研究浙江省创新政策供需匹配情况时，通过对历年创新政策的梳理发现不同地区对于创新政策的数量差异，并根据政策颁发数量确定供给序值，通过发放调查问卷的方法确定政策需求序值[228]。徐德英和王进富同样是通过对政策颁发的数量来确定政策供给序值，用发放调查问卷的方法确定不同主体对政策需求的迫切程度，再确定政策需求序值[231][232]。因此本书根据徐福志、徐德英、王进富的方法确定序值[228][231][232]。根据政策供给数量进行排序，确定政策供给序值，根据调查问卷得出的京津冀地区对政策需求迫切程度确定政策需求序值，当序值为 1 时，表明政策供给程度或需求程度最高。同时，为保障政策匹配的合理性，对于政策二级指标，即对具体政策类型进行排序时，仅对同一指标类型的政策进行内部排序，匹配度测算更加合理，对内部政策完善也有借鉴意义。

对于供给需求的评价标准，张倩倩和李百吉（2017）在对我国能源工具结构进行研究时，对能源供需结构均衡度进行了等级划分[233]。杨林（2017）对公共文化进行研究时，制定了公共服务供需协调度评价标准[234]。储伊力、储节旺和毕煌（2019）对图书馆服务有效供给研究时，制定了图书馆服务供需协调度评价标准[235]。其划分方法均是根据耦合协调度的大小，在最大值和最小值之间进行等距划分。耦合协调度是能够反映出两个及以上要素之间的协调状况，数值大小直接决定要素之间的协调关系。根据杨林的观点，公共文化服务政策的供给需求耦合程度与服务的供需协调度为正相关关系，即耦合程度越高，政策供给需求的协调度越高；反之，耦合度程度越低，政策供需的协调度越低[234]。证明政策供给与需求也具有同样的性质，匹配度越高，则政策供需之间协调度越高；匹配程度越低，政策供需之间的协调程度越低。

因此，借鉴耦合协调度的评价方法，对政策供需匹配度进行区间等距划分，来划分京津冀地区高雾霾污染产业与经济协调发展的政策匹配度区间。当供给需求处于最低匹配度时，即供给需求分别为 1 和 7 时，其匹配度为 0.80，当供给需求处于完美匹配时，匹配度为 1，因此其供需匹配度区间为 [0.80，1]，将区间内的匹配度划分为五类，即优秀匹配、良好匹配、一般匹配、勉强匹配、失调匹配（见表 8 - 23）。

表 8 - 23　　　　　　　　政策供需匹配度评价标准

匹配度	匹配水平	匹配环境	基本类型
(0.96，1]	优秀匹配	-1（供给 > 需求）	供给过度
		1（供给 = 需求）	供需平衡
		1（供给 < 需求）	供给缺失
(0.92，0.96]	良好匹配	-1（供给 > 需求）	供给过度
		1（供给 = 需求）	供需平衡
		1（供给 < 需求）	供给缺失
(0.88，0.92]	一般匹配	-1（供给 > 需求）	供给过度
		1（供给 = 需求）	供需平衡
		1（供给 < 需求）	供给缺失
(0.84，0.88]	勉强匹配	-1（供给 > 需求）	供给过度
		1（供给 = 需求）	供需平衡
		1（供给 < 需求）	供给缺失
(0.80，0.84]	失调匹配	-1（供给 > 需求）	供给过度
		1（供给 = 需求）	供需平衡
		1（供给 < 需求）	供给缺失

8.3.4　京津冀地区政策供需匹配分析

根据前文的梳理，在京津冀地区高雾霾污染产业与经济协调发展的政策文件共 1054 份，由于同一份政策文件包含多种政策类型，同一政策类型中又包含有多种具体政策，因此在 1054 份政策文件中，包含着财政、税收、金融、技术、公共服务政策 1476 项。针对五类政策类型涉及情况如表 8 - 24 所示，根据政策数值多寡得出供给序值。京津冀地区对五类政策需求程度有所不同，各政策需求程度按照平均数进行计算，确定需求序值。根据确定的政策供给与需求序值，利用政策的供给需求匹配模型，计算供需匹配度，并根据匹配度评价标准，对匹配情况进行评价。26项二级政策的匹配过程与一级政策的政策匹配过程相同，政策供需匹配结果如表8-24、表8-25所示

表8-24 京津冀地区高雾霾污染产业与经济协调发展的政策供需匹配结果

政策类型	供给数值	供给序值	需求数值	需求序值	匹配情况	匹配类型
财政政策	297	2	5.67	3	(0.98, -1)	优秀
税收政策	182	4	6.00	2	(0.95, 1)	良好
金融政策	153	5	6.00	2	(0.92, 1)	一般
技术政策	289	3	6.10	1	(0.89, 1)	一般
公共服务政策	555	1	5.41	4	(0.86, -1)	勉强

表8-25 京津冀地区高雾霾污染产业与经济协调发展具体政策供需匹配结果

政策类型	具体政策	供给数值	供给序值	需求数值	需求序值	匹配情况	匹配类型
财政政策	财政投资	93	3	6.00	1	(0.89, 1)	一般
	财政补贴	124	1	5.68	2	(0.95, -1)	良好
	政府采购	40	4	5.47	3	(0.99, 1)	优秀
	专项资金	98	2	6.00	1	(0.95, 1)	良好
税收政策	税收种类	76	3	6.02	1	(0.89, 1)	一般
	税收征管	95	2	5.78	3	(0.89, -1)	优秀
	税收优惠	100	1	6.00	2	(0.95, -1)	良好
金融政策	绿色信贷	72	1	5.60	6	(0.81, -1)	失调
	绿色债券	29	4	5.77	3	(0.99, 1)	优秀
	绿色基金	20	5	5.66	5	1	优秀
	绿色保险	29	4	6.01	2	(0.95, 1)	良好
	排污权交易	58	2	6.23	1	(0.95, 1)	良好
	其他金融创新	40	3	5.73	4	(0.99, -1)	良好
技术政策	技术升级改造	152	1	6.22	2	(0.95, -1)	良好
	技术合作	46	5	6.25	1	(0.83, 1)	失调
	成果转化	125	2	6.13	4	(0.95, -1)	良好
	技术标准	90	3	6.00	5	(0.97, -1)	优秀
	技术服务	65	4	6.13	4	1	优秀
	知识产权	41	6	6.20	3	(0.95, 1)	良好

续表

政策类型	具体政策	供给数值	供给序值	需求数值	需求序值	匹配情况	匹配类型
公共服务政策	产业规划	137	3	5.66	6	(0.95, -1)	良好
	信息公开	42	7	6.04	2	(0.87, 1)	勉强
	监测预警	124	4	6.06	1	(0.86, 1)	勉强
	监督考核	146	2	5.83	5	(0.92, -1)	良好
	环境准入	56	6	5.83	5	(0.99, 1)	优秀
	联防联控	147	1	6.03	3	(0.83, -1)	失调
	落后产能淘汰	39	8	6.02	4	(0.95, 1)	良好

财政政策匹配度最高,达到了优秀匹配,但仍存在着供给大于需求的问题。目前的财政资金能够满足产业防治、升级转型的资金需求,但从长远来看,财政政策仅能够提供短期的资金方面支持,而产业的绿色循环发展的实现亟待长期的资金支持,因此出现供给小于需求的问题。财政投资匹配度为一般,主要原因是财政投资相较于财政补贴、专项资金,能够为产业提供更为长期的资金支持,特别是财政投融资能够更有效地为产业提供长期融资支持,因此随着产业转型升级的深入,财政投资政策需求量上升,出现了供给小于需求的问题。财政补贴匹配度为需求略低于供给的良好匹配,主要原因是高雾霾污染产业的转型难度大,治理时间长,需要庞大的资金支持,政府为鼓励京津冀地区高雾霾污染产业积极进行产业转型,制定以资金补贴为主的财政政策来支持产业的发展,满足产业的高需求。但产业与经济协调发展的难度大、资金需求量大、支持时间长,财政补贴仅能对产业提供短期资金支持,不能长期帮助企业转型升级,其激励作用也有限,因此不少产业对财政补贴的需求程度有所减少,其需求匹配度为良好。政府采购匹配度为优秀,京津冀地区绿色采购政策中涉及高雾霾污染产业较少,工程采购也较少对高污染产业产品环保性作出要求,因此低供给和较低需求导致政府采购匹配度为优秀。三省市开始逐步重视政府采购绿色链条的构建,在采购链过程中达到绿色采购的目的,因此高雾霾污染产业的产品也进入政府采购尤其是政府工程采购中,需求度增加。但目前高雾霾污染产业有关政策采购仍处于供给较低水平,因此在优秀匹配的基础上出现了供给小于需求的问题。专项资金政策的匹配度为供给略小于需求的良好匹配。主要原因是相较于财政补贴,专项资金更具有针对性,提供的资金数额高,因此较多企业转向申请专项资金支持,需求程度

高于财政补贴，并且出现供给缺失的问题。总体来说，财政政策供需匹配达到了优秀匹配，能够满足产业发展的需求，但仍要提高政策质量。财政政策优化要以满足产业长期资金支持为主，专项资金政策使得资金的运用更加具有针对性，提高资金使用效率。政府采购中项目采购要明确高雾霾污染产业绿色资质，促进高雾霾污染产业的升级，提高生产绿色产品的积极性，增加政府的投资和融资政策，更好地利用政府在产业投资中的作用。

税收政策整体匹配度为良好匹配，存在供给缺失的问题。随着产业转型的深化、生态税制的发展，税收政策需求增加，现有政策供给略不能满足其需求，出现了供给小于需求的良好匹配。税收种类为一般匹配，主要原因是对于大气环境质量的重视，颁发了大量的税收政策，如深化资源税改革、设置环境税、推进消费税改革等都促进了生态税种的建立。但京津冀地区作为高雾霾污染产业集聚区，相关生态税收政策需求较大，目前生态税仅包括资源税和环境保护税，而环境保护税仍处在刚起步的阶段，对二氧化硫等废气征税的税率、征税范围仍存在可以优化的空间，导致匹配度为一般。税收征管政策匹配度为优秀，主要原因是该政策是京津冀地区针对自身产业税收情况制定的，针对性更强，更能满足本地需求，供给需求匹配度高。税收优惠匹配度为良好匹配，主要原因是税收优惠作为激励性税收政策，能够有效提高产业转移的积极性，因此三省市颁发了大量的税收优惠政策，满足产业降低发展成本的高需求。对于税收政策优化，要提高税收政策的供给，提高政策需求匹配度，具体是要完善税收种类，包括对于环境税和资源税等税种、税率等方面的政策，同时要丰富和创新税收优惠的方式，增加产业进行降低有害废气的排放、产业升级的积极性。

金融政策匹配度为一般匹配，存在供给缺失的问题。由于政府以干预政策为主，因此相关金融政策供给较少，而财政政策不能满足产业长期资金需要，金融政策则需求度提升，政策供给需求匹配度一般。绿色信贷匹配度为失调，主要原因是根据上述对于财政政策的分析，产业与经济协调发展需要长期的资金保障，金融政策更加符合产业资金的需求，能够为产业提供长期的资金支持。当财政政策提供短期资金支持不能满足产业的资金需求时，金融政策需求程度就开始增加。京津冀地区政府对于产业与经济协调发展更加倾向于政府干预，对于金融政策的利用多是以绿色信贷为主，其他金融政策为辅的情况，因此使得绿色信贷出现供给大于需求。绿色债券、绿色基金匹配度为优秀，主要原因是企业对于绿色债券、绿色基金不了解，需求度小，形成了低供给低需求的优秀匹配。绿色保险、排污权交易、其他金融创新匹配度为良好，主要原因是绿色保险、排污权交易及金融创新近些年逐渐受到重视，特别是排污权交易相关政策供给增多，政府鼓励排污权交易，实施环境污染强制责任险，鼓励企业多渠道、多手段融资。鼓励金融机构创新污染防治项目的金融产品，增强了金融市场的活力，较多企业运用金融政策来进行融资，政策需求度则变高，而政策供给完善的速度与企业开始出现不相匹配的问题，出现了供给小于需求的良好匹配。因此，对于金融政策的优化，要提高对金融政策的供给，提高绿色信贷供给质量，转变严重失调的问题，提高绿色保险、绿色债券、其他金融创新政策的供给，满足高雾霾污染产业的金融政策需求。

技术政策整体匹配度为一般匹配，且存在供给缺失的问题。由于技术在整个产业与经济协调发展中的重要作用，使得需求程度最高。尽管其技术政策的供给程度较高，但是也不能满足三省市的技术政策需求，出现供给小于需求的良好匹配。技术标准、技术服务匹配度为优秀，主要原因是在技术政策中，技术标准为基础性政策，因此相关技术标准较为完善，需求程度为优秀。由于区域技术市场发展还不完善，成果转化主要依赖于政府，因此技术服务政策需求不高，政策供给程度低，出现了低供给、低需求的优秀匹配。技术改造升级、成果转化、知识产权匹配度为良好，主要原因是技术能够帮助企业进行生产设备的升级、脱硫脱硝等环保设备的更新，实现产业的清洁化绿色发展，有效帮助对产业进行监测，避免大量的废弃排放。因此京津冀地区政府重视技术政策的供给，但政策的供给力度略不能满足产业在技术改造升级中的需求。随着技术研发成果的增多，政府为鼓励成果转化颁发了相关政策，供给强度较高，目前阶段能够良好地满足成果转化的需求。另外，随着技术创新水平的提高、技术成果的增多，知识产权保护意识提高，政策暂时能满足需要，但是随着技术成果的不断增多，容易由良好匹配转向勉强匹配甚至失调。技术合作匹配度为失衡。技术政策中技术合作也非常重要，特别是高雾霾污染产业中关键性、共性技术，京津冀地区技术合作政策较少，三地仍是以自主研发为主。随着京津冀地区产业协同发展，三地产业间联系加大，对于技术合作的需求加大，相关技术合作政策不能满足不断变大的需求，出现了失衡。京津冀地区要加大对于技术合作政策的供给，京津冀地区的技术合作政策促进三地的企业与科研院所的合作，提高产业绿色技术创新的水平，加快成果应用。

公共服务政策匹配度为失调，存在供给大于需求的问题，一方面存在供给大于需求的供给质量不高的问题，另一方面存在供小于需的供给不足的问题。具体政策为环境准入匹配度为优秀，产业规划、监督考核、落后产能淘汰匹配度为良好。信息公开、监测预警匹配度勉强匹配，联防联控匹配度为失调。主要原因在于京津冀地区重视对公共服务政策的供给，为产业的高质量绿色发展提供良好的公共环境。但是，公共服务政策供给的不断增多导致政策之间相互矛盾、非重点政策的供给缺乏。一方面导致政策供给高于需求，如产业规划、监督考核政策，尽管匹配度为良好，但是也出现了供给大于需求的问题。主要原因是产业规划和监督考核政策供给的增多，在满足产业的政策需求的同时，过多规划和考核影响了产业发展的效率，造成相关需求程度下降。另一方面又存在供给小于需求，如信息公开、监测预警及联防联控。主要原因是尽管京津冀地区信息公开政策较多，但对于环境信息政策的供给仍然不完善，监测方法也有待升级，联防联控政策近乎缺失。

| 第 9 章 |

京津冀地区高雾霾污染产业与经济协调发展政策优化

9.1

高雾霾污染产业与经济协调发展财政政策优化

9.1.1　加强京津冀地区财政投资政策

尽管京津冀地区财政政策匹配度为优秀，但财政投资政策为供给小于需求的一般匹配，因此要优化财政投资政策。高雾霾污染产业的升级改造离不开长期的资金支持，财政投资相对于财政补贴，为长期性的资金投入，更能满足企业发展的需要，因此京津冀地区要继续增加财政投资政策。一是加强无偿性投资政策，建立区域性的财政协调委员会，打破行政壁垒造成的财政预算和执行方面的矛盾，提高区域财政协同度，建立中央政府和地方政府共同参与的财政协调平台，制定共同的财政规划，对高雾霾污染产业治理、雾霾防治等方面资金实施区域统一管理。实施差别化投资政策，北京作为技术中心，可为大气污染防治等提供技术方面的指导，投资重点在绿色技术项目；天津的财政投资重点应由污染治理转向污染预防，强化供给侧改革，加强产业相关绿色改造项目财政投资，从源头上降低废气排放，实现高端产业发展；河北加大对隧道窑烟气除尘与脱硫等深度治理技术改造的投资，有效帮助企业解决污染与效益矛盾的问题。二是加强有偿性财政投资政策，主要是加强政府和民间资本合作政策，完全靠政府的资本投入无法满足产业庞大的资金需求，不断增加政府和社会资本合作（PPP）政策，吸引民间资本加入，筹集足够的资金用于产业的超低废气排放的改造项目。增加发行政策，建立京津冀地区产业升级改造项目及利益共享制度，鼓励社会资本参与到产业与经济协调发展 PPP 项目中，增加金融工具，给予私人投资政策扶持，保障民营资本的"有利可图"，提高民营资本的积极性。增加运作政策，三省市制定互投制度，鼓励三地企业优先投资区域内的项目，实现民间资本充分流动。制定统一的区域 PPP 运作规范，明确产业项目竞标规则，明确合作边界、利益分配，避免出现三地政策冲突。增加监管政策，京津冀地区加强对于社会资本的监管，明确社会资本的义务，设置专门的机构进行监管，制定违约惩罚措施，防止出现社会资本在取得 PPP 项目之后降低改造标准、减少实际投资等现象发生。

9.1.2 丰富京津冀地区财政补贴方式

京津冀地区财政补贴政策为良好匹配，但京津冀地区财政补贴方式较为单一，以奖代补的形式进行直接现金补贴为主，其次采用的是财政贴息补贴，采用实物补贴的方式较少，要加强其他补贴方式的作用。一是加强实物补贴政策，企业实物补贴主要是由于河北企业绿色环保意识差，购买超低排放等环保设备成本高。因此，可以为高雾霾污染企业提供环保设备、技术培训等方面进行实物补贴，并且对补贴效果进行严格检测，如环保设备使用情况和效果、绿色技术改进程度等，防止出现实物补贴不使用的问题，提高实物补贴的效果。二是加强财政贴息政策，北京和天津应完善相关财政贴息政策，明确高雾霾污染产业污染防治、产业升级等方面的财政贴息内容，建立财政贴息标准。河北继续加大产业升级、污染防治方面的财政贴息力度，提高高雾霾污染产业节能减排的积极性。三是加强横向现金补贴政策，建立区域财政分配体系，为财政转移提供公平性保障。北京和天津可以采用单项支援、对口帮扶、双向促进等方式对口帮扶河北高雾霾污染企业集聚区，提高绿色技术发展程度，降低有害废气的排放，帮助其进行产业升级。四是加强使用综合性财政补贴政策，有效利用三种财政补贴的优势，突破补贴资金使用地域限制，针对高雾霾污染产业进行绿色技术研发可以进行现金补贴，并且加强对现金补贴的检查力度，做到专款专用，避免出现款项随意滥用的问题。针对高雾霾污染产业绿色发展可以采用贴息补贴，政府补贴产业进行绿色改造的部分贷款利息，能够有效降低投资风险，财政贴息方式降低企业对政府补助的依赖性，提高其积极性。针对企业进行绿色设备改造可以进行实物补贴，降低企业购买环保设备成本。

9.1.3　完善京津冀地区专项资金政策

京津冀地区专项基金匹配度处于供给小于需求的良好匹配，因此京津冀地区要继续完善京津冀地区专项基金，满足高需求。一是完善专项资金设立政策，避免各项资金支持种类的重复。京津冀地区专项基金众多，但是存在交叉重复问题，如有大气污染防治专项资金中包含节能减排技术改造内容，有关产业转型升级的专项资金中也涉及相关支持对象，造成了专项资金补助的重复。三地政府在明晰各自专项基金用途的基础之上，可以将相关专项基金整合为五类，包括大气污染防治基金、绿色技术研发基金、能源节约利用专项基金、生产结构调整基金及其他专项基金。二是完善专项资金分配政策，地方政府承担着环境治理事权的支出费用，京津作为两大直辖市，享受着更多财政政策的倾斜，北京和天津相较于河北创造了更多纯财政的收益，导致两市环境治理费用的负担较轻，环境治理支出压力相对较少。但河北高雾霾污染企业集中数量大、防治难度大，政府环境治理支出成本更高，由于财政上移使得河北缺乏财力基础的保障。因此要在财政分权体系下，实现区域内的转移支付的优化，消除内部净财政收益差异，帮助河北制定与本地情况结合的财政政策，反映异质性偏好。三是完善专项资金执行政策，按照合理科学的分配政策对专项资金进行严格的分配，明确按照应用的项目计划和内容执行，资金分配不得无故扣押不发放，影响项目进度，打击企业积极性。同时要明确产业专项资金性质及使用用途，防止资金被挪用。四是完善专项资金监管政策。建立针对区域专项基金的监督管理政策，明确相关基金使用对象、用途、效果，可以联合第三方机构对专项资金进行动态过程监管、事后审计。或者建立区域资金的监管机构，对资金使用情况进行实际性的专业性审计，同时建设区域性的财政政策信息网络，避免由于信息不对称，出现专项资金的滥用情况发生。

9.1.4 深化京津冀地区政府采购政策

京津冀地区政府采购为低供给、低需求的优秀匹配，政府绿色采购涉及高雾霾污染企业的绿色采购内容较少，因此相关供给需求较少，应深化区域内政府采购政策，增大政府绿色采购的作用对象以及其内容，来更好地引导高雾霾污染产业进行绿色生产。一是深化采购准入门槛，京津冀地区进行工程采购时，要明确要求项目承接方能够使用符合规定的绿色钢材、绿色水泥等相关绿色产品，提高企业和产品的准入门槛，增加对于绿色产品的需求，激励高雾霾污染产业积极进行绿色升级改造。二是细化采购标准政策，区域内的环保部门与工信局联合起来，根据高雾霾污染产业的生产、销售、产业升级、发展方向，结合各个行业特点制定特色化的标准，包括绿色技术标准、环保设备标准、生产标准、产品标准，形成客观、量化、可验证的适应京津冀地区统一的采购要求，并根据推进情况及时更新基本要求。三是完善采购程序，京津冀地区鼓励产业选择绿色的原材料、打造绿色生产工艺、开展绿色交通运输，实现整个生命周期的绿色环保。区域内产业的政府绿色采购网络化，在网络平台上发布相关的招标信息，内部招标信息相互流通，同时还可以吸引区域外部符合要求的企业，并且利用大数据平台，能够快速筛选符合条件的企业，提高企业的竞争性，帮助政府选择更加符合绿色标准的产品。四是深化绿色采购监督政策，京津冀地区在进行绿色采购过程中评估环境效益，在采购流程中融入环境效益的评估，制定大气环境评价指标，评价产品在采购、生产、运输、使用及回收阶段对于大气环境的影响，考察企业的绿色性、产品的环保性，将环境因素融入产品的性价比之中，有利于实现采购产品的环境价值。

9.2
高雾霾污染产业与经济协调发展税收政策优化

9.2.1 加强京津冀地区生态税种政策

随着经济高质量发展深入、税收种类政策的需求增加，北京、天津和河北对于税收种类政策需求均较高，为供给小于需求的一般匹配。因此需要对现有税收种类进行改革，增加税收种类政策供给，满足增长的需求。一是要加强环境保护税政策，京津冀地区扩大范围，在高雾霾污染产业生产环节征税，对生产中排放含二氧化硫、氮氧化物等有害成分废气的企业征税。扩大环境保护税的征税范围，将有机污染物、二氧化碳纳入征税范围之内，提高环境保护税在生态税中的比例，加强排污许可证与环境保护税的契合程度。二是要加强资源税供给，京津冀地区明确资源税功能从收益型向生态型转变，扩大资源税的征税对象，将自用煤炭等资源也纳入资源税当中；细化煤炭资源税的税目，添加资源税的二级税目，更加贴近于资源税业务交易中的种类，提高资源税税率；实施灵活的计税方式，将资源税覆盖到整个高雾霾污染产业生产环节。三是加强消费税政策，资源税和环境保护税是在生产环节对企业征税，引导企业进行绿色生产，而消费税主要在销售环节征税。京津冀地区消费税扩大到高雾霾污染产品中，扩大课税范围，实施差别税率，对于严重影响大气环境的产业提高税率，着眼于抑制各种破坏大气环境的消费，引导社会进行绿色消费。四是增加综合税政策，增强环境保护税、资源税、消费税之间的税际融合和制度协调，避免出现重复课税和税法制度缺失现象，明确税种的功能定位，根据课税对象进行调整，避免挫伤纳税人的积极性。

9.2.2 完善京津冀地区税收优惠政策

京津冀地区税优惠政策是高强度供给与高强度需求的良好匹配，因此要继续优化税收优惠的有关政策，提高税收优惠相关政策的供给质量。三省市对于税收优惠政策需求强度大，在实现区域产业的协同发展前提下完善税收有关优惠政策。一是完善区域统一税收优惠规划，京津冀三地税务机关应对区域内税收优惠标准进行评估和考虑，对于不利于大气污染防治的相关税收政策给予取消，对于三地之间税收优惠政策存在的差距给予合理平衡，避免出现霍尔果斯税收洼地现象。津冀两市落实排污治理设备的减免政策，鼓励津冀两市企业向河北高雾霾污染产业升级项目投资，帮助河北调整高雾霾污染产业结构，提高大气环境质量。二是完善差异化税收优惠政策，北京在京津冀地区产业与经济协调发展的过程中主要以技术供给为主，大力发展知识经济，因此北京税收优惠政策主要侧重在绿色技术研发方面，加强对关键性、共性的大气污染防治绿色技术研发的税收减免力度，如所得税、营业税及研发费用的加速计提扣除等优惠。天津主要是以现代化制造业为主，天津税收优惠政策重点在于清洁生产技术研发以及对高端加工制造企业实施税收优惠，鼓励天津清洁生产及延长产业链，产业结构趋向高端化。对主动引进绿色技术、与其他企业合作延长产业链的企业进行减税降费，降低企业税负压力，帮助企业向智能化、高端化转变。河北在产业协同发展过程主要是"去资源化"，采取税收优惠政策，激励钢铁、焦化等高雾霾污染产业进行超低排放。

9.2.3 深化京津冀地区税收征管政策

京津冀地区税收征管政策为优秀匹配，但也要深化税收征管政策，提高政策供给质量。一是深化税收管理政策，三地税务机关实现省市合作，出台区域性严格化的征管政策，确保区域内的生态税的征收。协调修订京津冀地区税收征收保障办法，关注环境保护税等生态税种的特定要求，将与环境税冲突的情况给予及时的清理，核定征税、偷漏税情况，保障税收征管工作。协调部门之间的合作，建立税务和环保部门的长期有效合作组织，确保税务部门能够及时获取区域内所有排污许可证的企业、废气监测数据及环境违法等相关环保信息。税务机关将高雾霾污染纳税企业相关税收情况对接至环保部门，畅通两部门沟通。二是深化税收征收政策，对于转移的企业，按照属地纳税原则，对于在天津和河北设置分公司的高雾霾污染企业，将税收征收按照边际贡献原则进行合理的划分，设计相关征收比例，充分考虑到各自的贡献率以及对于大气环境损害等方面的因素，合理公平地进行税收征收，实现转入地和承接地动态分享税收利益，如设置几年为一周期，转移地和承接地税收分成比例进行逐年递减。三是深化税收监察政策，实施区域税收征管动态监测，京津冀地区政府借助互联网，建立区域税收信息分享网络平台，实现京津冀地区横向合作，防止出现地区信息不能及时传递交流的问题，从而实现高雾霾污染企业的税务服务、税款征收、税务稽查等方面深度的合作。同时对区域内的重点高雾霾污染企业进行重点监控，畅通查询企业环保信用渠道，更有效地对高雾霾污染企业纳税情况进行评估。

9.3
高雾霾污染产业与经济协调发展金融政策优化

9.3.1 完善京津冀地区绿色保险政策

绿色保险政策在京津冀地区供给程度低，但随着产业升级转型深化、相关风险的提升，对于绿色保险的需求程度上升，且三地对于绿色保险需求程度不存在显著性差异，可以制定区域性政策，来满足三地的需求。将绿色保险分为两种情况。一是完善大气污染责任保险政策。打造日常联系机制，颁发相关保险政策，协调大气污染责任保险的金融活动，对三地环境污染责任保险情况进行检查，确保遭受大气环境污染的地区合法权益得到维护。完善投保政策，京津冀三地对环境污染责任保险的经营公司实施跨区域经营备案，共同创新污染责任保险，推进保险服务区域一体化建设。完善监管政策，京津冀地区建立由保险监管机构、三地金融机关组成联动的联合检查组，建立企业黑名单制度，及时发现存在的污染风险，防止风险跨省市、跨区域传递。二是完善对环境有正面影响的保险政策。对于环境有正面影响的情况，主要是为了产业与经济协调发展的绿色项目的顺利开展而提供保障相关资产和资源安全的保险服务。扩大投保范围，为绿色技术的研发、清洁化生产过程中的风险提供相应的保障，降低产业在绿色发展过程中的风险。实施地区差异化绿色保险政策，为北京提供预防绿色技术创新风险的保险业务，为天津提供高端制造业、智能制造等方面的保险服务，为河北提供清洁化生产的保险业务，提高绿色保险的效果。实施灵活定价，鼓励三地根据自身情况进行风险定价，使保险政策更加本土化。增强保险公司的信用机制，确保保险公司资质合规，为产业提供绿色风险保障，帮助其获得更多的资金支持。

9.3.2　细化京津冀地区排污权交易政策

近几年排污权交易越发受到重视，不断制定相关政策满足企业需求，但是仍存在着供给小于需求的问题，要不断完善排污权交易政策，三地对于排污权交易需求程度均较大，可以制定区域性政策来满足三地的需求。一是完善配额政策，确定配额总量和初始分配方案是大气污染排放权交易政策的核心。依据科学准确的大气污染排污检测结果，来确定区域内产业有害废气的排放总量，制定区域内的额度分配，根据情况实现动态调整。二是完善使用定价政策。对排污权配额分配完毕后，制定排污权初始分配额有偿使用定价政策，定价政策要考虑到三地的经济差异，根据有害废气污染最优治理费制定价格，促进排污权科学有效地进行交易。三是完善交易政策，京津冀区域排污交易市场以北京为核心，以环首都城市为半径，设置环首都经济圈排污交易市场。环首都经济圈有 14 个县市区构成，区域内行业发展有所不同，如张家口高雾霾污染产业主要以水泥为主，天津、唐山高雾霾污染产业主要以钢铁为主等，因此建立交易政策中要将不同地市的重点产业纳入排污交易市场当中去。四是完善执法监督政策。京津冀地区应制定相关政策来构建区域高雾霾污染企业的基础信息平台、指标分配平台、交易信息管理平台。并加强实施企业和地方政府双监控的政策，完善排污检测系统。完善污染源监测体系，建立统一的动态监管，同时严格审批，对超排、无证无权排放的企业进行严格处罚。

9.3.3　创新京津冀地区金融政策

京津冀地区金融政策需求程度需求差异小、程度大，因此创新其他金融政策的供给，满足京津冀地区对于金融政策不断增长的需求。一是完善金融管理创新政策，建立区域绿色金融标准，包括但不限于高雾霾污染产业绿色项目评估标准、认证标准、筹集资金使用与管理标准、信息公示标准等一系列标准。完善绿色评估及认证，成立区域性评估机构，制定高雾霾污染产业绿色金融指南，设置绿色认证门槛，建设统一的高雾霾污染产业绿色金融评估体系，与第三方评估合作，提高评估的专业性，帮助金融机构从环境、社会、金融等综合性角度来评估和预测高雾霾污染产业项目对环境的损害和资产价值的影响。二是完善金融市场创新政策。打造区域化的绿色金融交易市场，实现绿色金融的协同发展。北京发挥其首都经济的金融优势，牵头做好区域绿色金融市场的组建工作。天津和河北主要是采取经济鼓励方式，降低投资风险及成本，提高金融机构的收益，鼓励其参与到绿色金融活动当中。三是完善金融机构创新。建立区域绿色发展银行，为符合要求的项目提供绿色信贷、咨询、管理等金融服务，为有害废气治理等项目提供稳定持续的资金，引导产业资金走向绿色化，解决绿色项目的市场失灵，促进高雾霾污染产业的绿色转型。建立区域绿色投资银行，与政府机构进行金融合作，提供绿色项目投资的咨询和手续办理服务，支持高雾霾污染产业绿色升级转型。

9.3.4　深化京津冀地区绿色信贷政策

京津冀地区金融政策多以绿色信贷为主，绿色信贷政策的供给程度高，满足了高需求，但仍要不断创新绿色信贷政策，提高绿色信贷政策的质量。一是深化差别化信贷政策，三省市的高雾霾污染企业数量不同，对于高雾霾污染企业较为集中的天津和河北，将有害废气的排放、资源的综合利用作为审核贷款的决定性因素，拥有一票否决权利，针对不同污染行业实现有保有压，加快信贷结构调整。北京主要侧重加强对于建设循环产业基地等项目信贷支持力度。二是深化能效信贷政策，为提供能效信贷的金融机构提供补贴等，鼓励金融机构为高雾霾污染产业提供能效信贷。金融机构可以直接提供能效信贷，鼓励高雾霾污染产业进行节能项目改造，或者是发展合同能源管理信贷，金融机构与第三方节能公司签订能效信贷合同，共享节能效益。创新扩大产业废气项目治理抵押担保方式，并根据改造周期给予贷款，解决期限错配的问题。三是深化生态循环信贷政策，生态循环信贷是指为了支持产业改善大气环境、防止资源枯竭而进行的贷款行为。生态循环贷政策在京津冀地区的普及率较低，相关支持政策较少，三省市政府可以制定优惠政策，提高生态循环贷的收益，培养专项人才，引导金融机构积极创新生态循环贷，加大对金融机构的生态循环信贷业务开展的评价力度，迫使其发行生态循环信贷。

9.4
高雾霾污染产业与经济协调发展技术政策优化

9.4.1 加强京津冀地区技术合作政策

京津冀地区技术政策处在政策供给小于需求的失调，政策需求程度高，区域的需求差异性小，有利于区域化技术合作的开展，因此应该加强技术合作政策。一是加强技术合作协调政策，随着产业升级发展，需要设置具有权威性的区域技术合作机构进行协调，该机构主要职责在于加强三地的技术部门的沟通，掌握区域技术合作情况，找出地区合作政策问题及解决方案，编制加快京津冀地区技术合作的具体政策，提高三地技术合作效率。在建设常设性机构的基础上，搭建京津冀地区高雾霾污染产业技术合作的数字管理模式，动态更新废气污染名录，以建设废气信息管理平台为抓手，依托管理平台，构建起分类齐全、数据尽致、匹配合理、差异评价的模式。二是加强技术合作推进政策，加强资源配置政策，保障资源投入的连续性，合理分配研发资金和人员投入的比例，避免由于研发资金或人员短缺，出现合作项目中断的问题，同时能够保障投入资源数量与企业自身实力相一致。特别是河北技术研发耗费了大量的政府和社会资金，但由于其本身技术基础设施较差，导致绿色技术研发效率低，因此河北应利用市场和公共服务政策来引导资金投入绿色技术基础设施的建设，提高产业基础设施水平。三是技术合作资源共享政策，京津冀地区积极共享技术研发资源，特别是北京科研机构众多，要开放相关实验室，共享技术设备资源，打造大型的科研仪器设备资源的共享服务，加强技术人才交流政策。北京拥有较为先进的绿色技术水平，技术人才较多，北京要制定政策鼓励相关技术人才与津冀两地的交流合作，帮助提高天津和河北的技术水平。同时津冀两地制定绿色技术人才培养政策，三地联合开展人才培训，实现区域内的人才自由交流，促进绿色技术人才的均衡配置。

9.4.2　完善京津冀地区技术改造升级政策

技术是高雾霾污染产业与经济协调发展的核心，重视技术的改造升级能有效促进废气污染的治理，促进产业绿色循环发展，因此三地重视技术改造升级政策，政策供给需求匹配良好，要继续完善技术改造升级，形成京津冀地区建立区域性、市场化、产业化的绿色创新体系，助力现代化经济体系的建设。一是完善技术改造升级工作机制，建立区域性绿色技术联席会议体系，加强各地区各主体之间的合作，开展废气净化等技术改造升级基础工作。同时建立细分行业的专家委员会，对产业技术发展状况进行权威性的科学评估，提高绿色技术改造升级政策的科学性。二是完善产业绿色技术改造升级工作机制，建设企业技术改造升级联合体，由龙头企业领头，各企业参与，按照市场化和项目化机制，以区域内废气排放为重点，实现源头大幅降低，以资源的充分利用为目的，整合区域产业上下游资源，培育产业绿色技术创新孵化器。三是完善生产智能化改造政策。增加区域性"高雾霾污染产业＋互联网"项目，鼓励企业进行智能化改造，清洁生产与智能化相结合，建设各高雾霾污染行业性互联网平台，加大区域上云企业之间的联系。建立"企业诊所"，针对企业在智能化程中存在的问题，开展咨询业务。培养智能制造标杆企业，建立绿色生产链和供应链，发挥标杆企业的领导作用。

9.4.3　细化京津冀地区知识产权政策

知识产权政策为良好匹配，京津冀地区对于知识产权需求程度均较高，因此要继续完善知识产权政策供给，提高匹配度。一是完善知识产权立法，搭建区域性技术知识产权利用与保护的网络，制定统一的政策，一方面充分考虑区域的整体性，打破行政壁垒，实现顶层的统筹安排，保障知识产权在区域的大框架下进行，保证知识产权法律的整体系统。另一方面考虑到三地知识产权保护的差异性，三地在平等协商的前提下，完善知识产权的顶层设计，其主要做法建立专门的区域协同知识产权保护协调立法机构、区域立法联席会两种方式。二是完善知识产权申请政策，使用统一的绿色技术的分类标准，优化目前采用 IPC 分类号审查方式，可以采取列举的方法，明确将绿色技术创新划分为几大技术类别，细化绿色专利的分类指标，规定科学的审查条件，制定绿色专利快速审查程序。三是完善知识产权审查政策。京津冀地区可以尝试审检分类的审查模式，提高检索报告的地位，分担审查员的负担，授予权威性机构检索资格。知识产权局和资质符合的机构合作，承担共同检索的责任，对绿色技术专利进行检索，出具检索报告，提高初审的速度。四是完善京津冀地区知识产权利用政策。建立京津冀地区O2O模式的高雾霾污染知识产权平台，包括绿色专利的共享信息，产权交易情况等方面的内容，引导高雾霾污染产业科学、正确、综合地运用知识产权，避免侵权行为的发生，促进高雾霾污染产业知识产权的协同发展。

9.4.4　深化京津冀地区成果转化政策

京津冀地区重视技术研发的同时也十分重视成果转化，要不断深化成果转化政策，提高政策供给质量。一是完善组织政策，京津冀地区建立"官、产、学、服、资、研"技术研发转化联盟，实现从研发到应用系统性转化，为成果转化提供组织保障。技术研发转化联盟在政府、高校、科研机构、服务机构、市场的基础之上，在地区政府推动下，形成以高雾霾污染企业绿色技术需求为主，产学研相结合，服务机构提供渠道，市场提供资金支持的科技研发转化体系。二是完善区域性绿色技术交易平台，为绿色技术的应用化提供更大的平台，将北京市的绿色技术创新成果辐射到津冀两市，实现技术要素的流动。依托互联网，搭建虚拟与现实相结合的技术交易市场，以大数据为核心，对相关绿色技术创新进行分类汇总，分析产业对绿色技术创新需求，进行需求供给的匹配，为其提供最为需要的绿色技术。三是完善成果转化服务政策。区域内可以制定"一市一策"技术帮扶政策，研究产出应用同步进行，针对性地提出产业废气污染的成因和解决方案，精准和科学地治理废气污染。增加科技转化服务机构，京津冀地区制定鼓励政策，如奖励政策、补贴政策，促进成果转化服务机构的产业化、市场化，同时建立政府投资的服务机构，其主要职责是在非政府技术成果转化服务机构不愿或不宜进入的领域展开服务。

9.5
高雾霾污染产业与经济协调发展公共服务政策优化

9.5.1　加强京津冀地区联防联控政策

京津冀地区重视产业废气污染防治，针对产业污染排放等方面的联防联控政策供给增多，满足产业需求，但存在供给大于需求的失调，要提升供给质量。一是加强联合工作机制政策。建立独立于地区政府的治理高雾霾污染产业污染排放的治理委员会，提高其权威性。委员会的职责是在充分考虑区域利益后作出合理的决策，发布区域性的分行业的产业规划，派出执行部门巡查和治理污染源，在一定周期内派出监督部门对治理结果进行考核、问责，不断跟进核实治理效果。二是加强长效协调机制政策。建立长效协同治理机制，联防联控的原动力应来自三方政府的共同利益，协调机制要根据区域性的经济发展水平、环境自净能力、治污成本等方面制定，建立公平公正的联防联控合作平台，形成良好的府际合作关系，避免出现污染治理成本过高导致无法达成三省市合作的问题。三是加强生态补偿机制政策。加强区域的横向补偿，即构建三省市人民政府相互合作的大气环境的利益补偿制度，对污染成本和治理成本高的地区进行直接补偿，或鼓励北京企业到津冀进行绿色项目的投资，实现间接补偿。四是加强监督机制政策。三省市的环保局之间进行互相监督，同时发挥社会监督力量，将社会公众贯穿于整个高雾霾污染产业污染协同治理的全过程中来。构建绿色化的绩效考核制度，将高雾霾污染产业污染治理效果纳入政绩考核评价当中，制定绿色 GDP 的考核指标，实现经济发展效益与大气环境质量兼得。

9.5.2　增强京津冀地区信息公开政策

环境信息公开逐渐成为公众关注的重点，京津冀地区对环境信息公开政策需求增多，出现了供给小于需求的勉强匹配，要加强环境信息的公开。一是加强环境信息披露政策。信息披露是实现大气污染环境信息公开的核心。京津冀地区信息披露政策中增加环境会计核算，规范货币量化的环境财务信息，要求高雾霾污染企业详细、准确地记录企业的环境成本，同时将净化废气成本资本化的会计行为也记录其中。二是加强环境信息共享政策。建立区域性废气污染信息的共享目录，包括信息资源总目录、三地政府及各部门之间的环境信息资源交换目录，为跨部门跨政府之间的信息共享提供依据，社会公众能够及时准确地了解高雾霾污染产业环境信息。搭建京津冀地区大气环境数据信息化处理中心，对于京津冀地区的环境信息进行全面及时准确的整合，利用大数据深度挖掘环境信息的价值，提高其应用价值。三是加强环境信息监管政策。京津冀地区环境信息监管政策从两个方面出发，高雾霾污染产业信息公开进行监管，完善高雾霾污染产业有害废气排放、治理等强制公开内容，扩大环境信息公开内容，同时细化大气信息公开标准，对高雾霾污染产业进行规范化、标准化的监管。对于环境信息公开系统的监督，内部监督要建立部门间信息交流政策，对于发现高雾霾污染产业信息公开违法违规行为，部门之间要及时进行信息通告，进行联动罚款。社会监督保障公众利用其监督权进行监督，形成自下而上的监督体系。

9.5.3 完善京津冀监测预警政策

京津冀地区监测预警属于供给小于需求的轻度失调，因此要加强京津冀地区的监测预警政策的供给。一是完善污染监测政策。高雾霾污染产业的环境治理关键在于降低整个烟气排放过程中产生的有害废气，不能仅降低监测仪附近的二氧化硫、氮氧化物等废气的浓度，要加强整个企业附近的 PM2.5 监测。可以增设传输通道监测点位，在高雾霾污染产业密集地区设置传输通道监测点位，反映污染物的传输情况，进行实施监测。同时拓展监测内容，利用大数据融合等现代技术实现区域化的联网共享监控，加快完善颗粒物化学组分监测网络。二是完善预警评价政策，建设区域化的产业监测预警评价政策，京津冀三地根据监测结果，制定相关产业污染等级指标，完善阈值设计，对于废气排放进行实时评价，动态了解排放情况。同时将三地相关部门协商一致的对企业监测预警评价结果对外公布。三是完善评价结论应用政策，三省市人民政府在编制区域规划过程中，要依据区域大气监测的评价结果，科学制定目标任务，实现大气污染防治从污染监测、雾霾预警、废气处置、治理反馈的闭环式管理。

9.5.4　细化京津冀地区落后产能淘汰政策

供给侧改革是提高产业发展质量的重点，京津冀地区出台了大量的政策来淘汰落后产能，政策供给需求匹配度良好，要继续完善落后产能淘汰政策，提高供给质量。一是完善组织领导政策，产能的淘汰时间长、任务繁重、涉及面广，京津冀地区可以组建落后产能领导小组，由环保、财政、监测、电力等单位负责人组成，制定淘汰规划、方案，协调各部门顺利开展落后产能的淘汰。二是完善约束政策。建设区域性淘汰落后产能的标准体系，落后产能淘汰标准更加细致，细化能源消耗、清洁生产、环保设备等方面具有较强操作性的具体标准，详细列出淘汰行业、标准、设备标号等一系列详细淘汰信息。制定严格的市场准入标准，可以从生产规模、能耗准入、环境准入方面来制定高雾霾污染企业准入标准，对能源消耗、绿色技术达不到标准的企业进行关停退出。三是完善激励政策。继续弱化产能数量分配，积极制定鼓励性、非强制性的政策，针对不同的高雾霾污染企业制定不同的政策，鼓励主动压减产能、转型转产的企业。河北主要侧重对于过剩产能的淘汰，加大对企业的补贴和激励，对于关停的高雾霾污染产业实施递减补贴政策，补贴额度与淘汰企业关停时间挂钩，关停企业获得较高补贴。天津转产企业较多，可以建立落后产能转产优惠政策，支持企业通过技术改造来实现转产。四是完善监督检查政策。京津冀三地要及时开展定期和不定期的落后产能淘汰监督检查，同时成立联合的监督小组，避免出现地方人民政府为发展经济而包庇的现象；也可以积极指导产能过剩地区的工作，提高淘汰效率，将落后产能淘汰指标纳入考核指标中，逐步提高考核占比。

9.5.5　深化完善京津冀地区产业规划政策

随着社会对大气质量的重视，京津冀地区出台了一系列针对高雾霾污染产业的产业规划，来促进高雾霾污染产业的落后产能淘汰，污染防治。但产业规划政策较多，供给大于需求，因此应完善产业规划政策，提高政策供给质量。一是深化地区整体产业规划政策。实现产业的高端化发展，优化区域产业链，发挥三地优势。区域内产业需要进行分行业的分类合作，形成产业之间互相补充、错位差异化的发展模式，防止区域内部由于同质竞争导致的恶性竞争，津冀打造产业上下游的链状产业发展方式，形成"产业链和价值链"的双循环。二是深化专项产业规划政策。强化相关专项规划是优化高雾霾污染产业升级的前提，垂直产业分工，对京津冀地区产业进行明确分工。北京继续发挥技术中心、知识中心的作用，为天津和河北高污染雾霾产业提供技术支持。天津和河北走信息工业化的道路，天津为河北的产业发展提供一定产业链的关联建设支持，健全研发、生产、销售的全产业链条，大力发展衍生产业，降低产业梯度之间的差距，助力产业提高质量增加效益。三是深化产业集群循环化。天津和河北建设相关生态产业园，制订改造方案，对于清洁生产企业进行鼓励，实现产品清洁化、生产工艺清洁化、原材料选择清洁化、废气清洁化。实现资源循环利用，以及实现产区基础设施共建共享、能源的阶梯化利用，鼓励建设多种能源配合使用的项目。

9.5.6 优化京津冀地区监督考核政策

京津冀地区监督考核存在供给大于需求的勉强匹配，主要是由于政策供给数量提高，政策供给质量有所下降，因此要提高政策供给的质量。一方面深化政府考核政策。考核实现垂直化，京津冀区域开展对政府与相关部门督查巡视，推动雾霾污染主体责任的落实。京津冀地区实行省市以下对环保机构、产业协调等相关机构的监测、检查、执法的垂直管理和考核，废气污染防治工作纳入官员的目标责任考核体系中，并作为防治成果考核重要内容，实施年度考核。深化评价体系一体化，京津冀地区制定政府间产业与经济协调发展目标责任书，并分解到各级人民政府及污染企业，以政府废气污染的评价为主导，并与第三方考核相结合，将企业、社会公众纳入监督考核主体中，增强监督考核的科学性，实现综合性的考核体系。深化三地政府的追责区域化，结合本地化的责任追究制度，研究构建产业绿色循环发展的评价体系，建立领导离任的大气环境审查制度，对离任的领导干部在任期间相关产业与经济协调发展的相关活动进行审计。另一方面深化产业环境监督政策。组织开展钢铁、焦化等高雾霾污染行业的绿色化发展绩效考核，制定区域性产业雾霾治理责任清单，将区域内的高雾霾污染产业都纳入其中，实现细化差异化监管。强化监督执法，优化执法方式，加快解决环保执法队伍人数少与任务重的问题。在监管过程随

机选择高雾霾污染企业和区域执法人员，与非现场的监管方式相结合，实
施行业间差异化监管的方式，通过区域交互检查，更加有针对性地投放执
法资源，提高执法效率。

| 第 10 章 |

研究结论与展望

　　本书结合京津冀近年来高雾霾污染产业与地方经济发展的现实状况，分析了京津冀高雾霾污染产业空间分布特征，设计了一套较为合理的高雾霾污染产业与地方经济协调度评价指标体系，动态监测了京津冀高雾霾污染与地方经济协调发展状况，在此基础上进一步研究探讨促进京津冀高雾霾污染产业与地方经济协调发展的对策建议。由于研究人员资质和研究环境的限制，本书存在许多不足，需要在以后开展深入研究。

10.1
研究结论

　　本书集中解决以下几个问题：一是如何全面分析京津冀高雾霾污染物产业空间分布特征；二是如何构建更加科学的京津冀高霾污染产业和地方经济协调发展的动态监控指标体系；三是如何寻找到适合京津冀高霾污染产业和地方经济协调发展的测量模型；四是如何动态测评京津冀高雾霾污染产业和地方经济协调发展水平；五是如何准确设计京津冀高雾霾污染产

业和地方经济协调发展的政策建议。围绕这几个重要的关键问题，在一定理论和方法的支持下，本书对京津冀高雾霾污染产业与地方经济及生态环境的协调发展进行研究，并得到以下的研究结论。

第一，全面分析了京津冀高雾霾污染产业空间分布特征。运用空间分布图、基尼系数及区位熵，分别对 2000—2017 年京津冀高雾霾污染产业的时空分布状况、均衡程度和专业化程度等特征进行了分析。总体而言，2000—2017 年，京津冀高雾霾污染产业空间分布呈现转移和小幅度扩散趋势，主要聚集于北京、天津和唐山。但京津核心区的高霾污染产业发达，腹地发展落后。要高度重视与其他区域的差异化和发展趋势，强调推动产业的错位发展，构建优势相辅互补的全新一体化产业链，缩小与国内外的区域性差距，实现产业融合与协调发展。

第二，科学构建了京津冀高雾霾污染产业与地方协调发展的动态监测指标体系。通过文献梳理和理论分析遴选了 94 个产业与经济协调发展动态监测的理论指标；采用专家调查法对理论指标进行实证筛选，最终构建了由 3 个监测维度、10 个监测领域和 40 个测指标组成的京津冀高雾霾污染产业与地方经济协调发展的动态监测指标体系。

第三，构建了适合京津冀高雾霾污染产业与地方经济协调发展的动态监测模型。通过对高雾霾污染产业、经济、生态三者之间的耦合作用机制分析可知，产业、经济、生态协调发展是协调度与发展度的统一。为此，本书构造了耦合协调度模型，测量了高雾霾污染产业子系统、经济子系统与生态环境子系统的发展程度、耦合程度及耦合协调度，并用数据验证了其可行性。

第四，正确地对京津冀地区高霾污染物产业和地方经济协调发展水平进行了实际测评。在建立京津冀地区动态监测指标体系的基础上，收集了相关资料和数据，运用所构建的耦合协调模型，对京津冀高雾霾污染产业、经济和生态协调发展水平进行了动态监测。总体而言，京津冀高雾霾污染—经济—生态协调发展水平呈缓慢上升趋势。从时间剖面上来看，2012—2014 年京津冀高雾霾污染产业与经济、生态耦合协调度差异较为明显。

第五，针对性地提出促进京津冀三地区高雾霾污染产业与地方经济协调发展的政策和建议。根据京津冀高雾霾污染产业空间分布特征与动态监测结果，提出了以下对策建议：一是打破区域要素壁垒，科学调整产业规划；二是聚焦科技创新水平，助推产业转型升级；三是依托环境自净能力，有序引导产业转移；四是严把环保准入门槛，加快淘汰落后产能；五是立足经济高质量发展，完善干部绩效考核；六是紧扣主要矛盾变化，健全协调发展机制。

第六，有效调查了京津冀地区高雾霾污染产业政策需求。从区域整体情况上看，运用描述性统计分析方法，结果显示技术政策需求程度最高，其次是税收政策、金融政策、财政政策、公共服务政策。从三地需求差异性看，运用方差分析，结果显示京津冀三地对财政政策、技术政策、公共服务政策需求程度上存在显著性差异，税收政策、金融政策需求程度不存在显著性差异。在具体指标上，财政投资、财政补贴、税收征管、绿色信贷、排污权交易、金融创新、技术服务、法律法规、联防联控政策，京津冀三地存在显著性差异。京津冀地区高雾霾污染产业与经济协调发展政策要充分考虑到地区政策需求程度的差异，制定协调性、综合性和差异性政策。

第七，系统地分析了京津冀地区高雾霾污染产业政策演进与供给情况。京津冀地区财政、税收、金融、技术、公共服务政策经历了萌芽、起步、发展和完善阶段，各类型政策供给数量逐渐增长，供给内容逐渐丰富，高雾霾污染产业升级转型绿色发展政策体系逐渐形成。产业政策供给数量不断上升，政策类型丰富，但政策多为单一类型，协调度较低；供给结构不合理，公共政策供给程度高、占比较大，税收政策和金融政策供给程度低、占比较少。

第八，正确地对京津冀地区高雾霾污染产业与经济协调发展政策供需匹配情况进行分析。通过供需匹配模型的分析，财政政策匹配度为优秀，其中，政府采购匹配为优秀，财政补贴、财政投资匹配为良好，财政投资匹配为一般。税收政策供需匹配度良好，其中，税收征管匹配为优秀，税收优惠匹配为良好，税收种类匹配为一般。金融政策匹配度为一般，其中，绿色债券、绿色基金匹配为优秀，绿色保险、排污权交易、其他金融创新匹配为良好，绿色信贷匹配为失调。技术政策匹配度为一般，其中，技术标准、技术服务匹配为优秀，技术升级改造、成果转化、知识产权匹配度为良好，技术合作匹配度为失调。公共服务政策匹配度为勉强，其中，环境准入匹配度为优秀，知识产权、产业规划、监督考核、淘汰落后产能匹配度为良好，信息公开、监测预警匹配度为勉强，联防联控匹配为失调。一方面政策供给过多导致供给大于需求，如产业规划、监督考核；另一方面，又存在政策供给小于需求，如信息公开、监测预警。

10.2
研究不足与展望

本书在已有研究基础上对京津冀高雾霾污染产业与地方经济协调发展问题进行了进一步探索，但由于研究时间及研究水平的限制，对该主题的研究依然存在某些不足，主要表现在以下三个方面：一是本书以系统理论为最基本的理论支撑，其新颖性和创新性稍显不足；二是本书通过文献梳理和专家调查，构建了一套由 40 个指标组成的京津冀地区高雾霾污染产业与地方经济协调发展水平的测量指标体系，并以此为工具对京津冀高雾霾污染产业与经济协调发展水平进行了测量，虽然尽量用科学的方法来保证所测量的事实接近客观，但由于数据采集的限制，不得不放弃一些重要指标；三是主观感受与客观现实统一问题，本书从客观数据来看，京津冀地区高雾霾污染产业与地方经济协调发展令人较为满意，但从主观测量来看，其结果则令人担忧，如何实现主客观的衔接是需要考虑的问题。

以上研究不足除了研究者本身的研究水平局限外，与研究主题也有很大关系，一是经济发展、高雾霾污染产业发展作为两大系统，其内部也包含了诸多的子系统，任何一个子系统要素的变化，都会对整个系统的发展产生影响，因而研究这一问题具有较大的难度；二是高雾霾污染产业表现形式多样且复杂，地级市数据搜集困难，很难量化其发展成果。基于此，本书也只能视为对京津冀地区高雾霾污染产业与地方经济协调发展的问题进行的探索性研究。

在该问题后续的研究过程中，可以从以下方面予以进一步深入：选择更好的研究视角来探究高雾霾污染产业与地方经济协调发展问题；致力于高雾霾污染产业发展指标的开发，并对其进行有效概念化；借鉴其他学科的方法，构建更加科学的关于协调发展的测量模型；设计促进高雾霾污染产业与地方经济协调发展政策的实验，观察政策的可行性；在以后的研究中可以结合较为客观的评估方法，通过主观数据和客观数据的分析，提高设计方案的可靠性。

参考文献

［1］韩超，胡浩然. 清洁生产标准规制如何动态影响全要素生产率：剔除其他政策干扰的准自然实验分析［J］. 中国工业经济，2015（5）：70—82.

［2］TOBEY J A. The Effects of Domestic Environmental Policies on Patterns of World Trade：an Empirical Test，Kyklos，1990，43（2）：191 – 209.

［3］LOW P，YEATS A. Do "Dirty" Industries Migrate？［R］//LOW P. International Trade and the Environment，World Bank Discussion Papers，No. 159. Washington DC：World Bank，1992：89 – 103.

［4］LUCAS R E B，WHEELER D，HETTIGE H. Economic Development，Environmental Regulation and the International Migration of Toxic Industrial Pollution：1960 – 1988［R］// LOW P. International Trade and the Environment，World Bank Discussion Papers，No. 159. Washington DC：World Bank，1992：67 – 87.

［5］MANI M，WHEELER D. In Search of Pollution Havens？Dirty Industry Migration in the World Economy，1960 to 1995［J］. The Journal of Environment & Development，1998，7（3）：215 – 247.

［6］BARTIK T J. The Effects of Environmental Regulation on Business Location in the United States［J］. Growth and Change，1988，19（3）：22 – 44.

［7］BECKER R，HENDERSON J V. Effects of Air Quality Regulations on Polluting Industries［J］. Journal of Political Economy，2000，108（2）：379 – 421.

［8］夏友富. 外商投资中国污染密集产业现状、后果及其对策研究［J］. 管理世界. 1999（3）：109—123.

[9] 田野. 产品内分工视角下中国对外贸易的环境效应研究: 基于污染密集产业面板数据的实证分析 [J]. 东北大学学报 (社会科学版), 2012, 14 (6): 487—493.

[10] 何龙斌. 国内污染密集型产业区际转移路径及引申: 基于2000—2011年相关工业产品产量面板数据 [J]. 经济学家, 2013 (6): 78—86.

[11] 徐鸿翔, 韩先锋, 宋文飞. 环境规制对污染密集产业技术创新的影响研究 [J]. 统计与决策, 2015 (22): 135—139.

[12] 张小曳, 孙俊英, 王亚强, 等. 我国雾—霾成因及其治理的思考 [J]. 中国科学, 2013, 58 (13): 1178—1187.

[13] CHENG S Y, CHEN D S, LI J B, et al. The Assessment of Emission – Source Contributions to Air Quality by Using a Coupled MM_5 – ARPS – CMAQ Modeling System: a Case Study in the Beijing Metropolitan Region, China [J]. Environmental Modelling and Software, 2007, 22 (11): 1601 – 1616.

[14] 黄青. 城市能源与大气环境耦合模型建立及其在北京的应用研究 [D]. 北京: 北京工业大学, 2010.

[15] 高晓梅. 我国典型地区大气PM2.5水溶性离子的理化特征及来源解析 [D]. 济南: 山东大学, 2012.

[16] 中国共产党第十八届中央委员会第五次全体会议. 中共中央关于制定国民经济和社会发展第十三个五年规划的建议 [N]. 人民日报, 2015 – 11 – 04.

[17] 郝寿义. 区域经济学原理 [M]. 上海: 上海人民出版社, 2007.

[18] 魏后凯, 高春亮. 新时期区域协调发展的内涵和机制 [J]. 福建论坛 (人文社会科学版), 2011 (10): 147—152.

[19] 刘乃全. 中国经济学如何研究协调发展 [J]. 改革, 2016 (5):131—141.

[20] 陈观锐. 核电产业与区域经济系统协调发展评价研究 [D]. 衡阳: 南华大学, 2010.

[21] 姚丽霞. 东北油气产业与区域经济协调发展对策研究 [D]. 大庆: 大庆石油学院, 2010.

［22］宋艳辉. 旅游产业与县域经济协调发展研究［D］. 湖南：吉首大学，2012.

［23］毛文富. 我国物流产业与区域经济的协调发展评价研究［D］. 北京：首都经济贸易大学，2017.

［24］ANSELIN L. Spatial Econometrics：Methods and Models［M］. Boston：Kluwer Academic，Dor&eeht，1988.

［25］CUMBER J H. A Regiona Interindustry Model for Analysis of Development Objectives［J］. Papers in Regional Science，1966，17（1）：65–94.

［26］葛莹，姚士谋，蒲英霞，等. 运用空间自相关分析集聚经济类型的地理格局［J］. 人文地理，2005（3）：21—25.

［27］GUILLAIN R，GALLO J L. Measuring Agglomeration：an Exploratory Spatial Analysis Approach Applied to the Case of Paris and Its Surroundings［J/OL］. http：//www. real. illinois. edu/d–paper/06/06–t–10. pdf.

［28］史密斯. 旅游决策与分析方法［M］. 北京：中国旅游出版社，1991.

［29］CLARK P J，EVANS F C. Distance to Nearest Neighbour as Ameasure of Spatial Relationships in Populations［J］. Ecology，1954，35：445–453.

［30］马晓龙，杨新军. 中国4A级旅游区（点）：空间特征与产业配置研究［J］. 经济地理，2003，23（5）：713—720.

［31］章锦河，赵勇. 皖南旅游资源空间结构分析［J］. 地理与地理信息科学，2004（1）：99—103.

［32］吴杨，倪欣欣，马仁锋，等. 上海工业旅游资源的空间分布与联动特征［J］. 资源科学，2015，37（12）：2362—2370.

［33］赵慧莎，王金莲. 国家全域旅游示范区空间分布特征及影响因素［J］. 干旱区资源与环境，2017，31（7）：177—182.

［34］丁华，陈杏，张运洋. 中国世界地质公园空间分布特征与旅游发展对策［J］. 经济地理，2012，329（12）：187—190.

［35］DUYCKAERTS C，GODEFROY G. Voronoi Tessellation to Study the Numerical Density and the Spatial Distribution of Neurones［J］. Journal of Chemical Neuroanatomy，2000，20（1）：83–92.

［36］宋福临，汤澎，吴小根. 江苏省旅游等级景区发展及其空间分

布特征研究 [J]. 河南科学, 2010, 28 (1): 121—126.

[37] 把多勋, 王瑞, 夏冰. 甘肃省民族旅游资源空间分布研究 [J]. 地域研究与开发, 2013, 32 (3): 77—82.

[38] 韩洁, 宋保平. 陕西省水利风景区空间分布特征分析及水利旅游空间体系构建 [J]. 经济地理, 2014, 34 (11): 166—172.

[39] BERKE O. Exploratory Disease Mapping: Kriging the Spatial Risk Function from Regional Count Data [J]. International Journal of Health Geography, 2004, 3 (1): 18.

[40] DURANTON G, OVERMAN H G. Exploring the Detailed Location Patterns of UK Manufacturing Industries using Micro – geographic Data [J]. Journal of Regional Science, 2008, 48 (1): 313 – 343.

[41] BARLETB M, BRIANTA A, CRUSSONB L. Location Patterns of Service Industries in France: a Distance – Based Approach [J]. Regional Science and Urban Economics, 2013, 43 (2): 338 – 351.

[42] 郭泉恩, 钟业喜, 黄哲明, 等. 江西省宗教旅游资源空间分布特征 [J]. 东华理工大学学报 (社会科学版), 2013 (3): 284—290.

[43] 李亚娟, 陈田, 王靖. 黔东南州旅游吸引物空间结构研究 [J]. 资源科学, 2013 (4): 858—867.

[44] 申怀飞, 郑敬刚, 唐风沛, 等. 河南省 A 级旅游景区空间分布特征分析 [J]. 经济地理, 2013, 33 (2): 179—183.

[45] 陈鹏, 杨晓霞, 杜梦斑. 我国国家生态旅游示范区空间分布特征研究 [J]. 生态经济, 2018, 34 (5): 132—136.

[46] 李扬. 西部地区产业集聚水平测度的实证研究 [J]. 南开经济研究, 2009 (4): 144—151.

[47] 杨国良, 张捷, 刘波, 等. 旅游流流量位序 – 规模分布变化及其机理: 以四川省为例 [J]. 地理研究, 2007 (4): 662—672.

[48] 周尚意, 姜苗苗, 吴莉萍. 北京城区文化产业空间分布特征分析 [J]. 北京师范大学学报 (社会科学版), 2006 (6): 127—133.

[49] 李伯华, 尹莎, 刘沛林, 等. 湖南省传统村落空间分布特征及影响因素分析 [J]. 经济地理, 2015, 35 (2): 189—194.

[50] 魏鸿雁, 章锦河, 潘坤友. 中国红色旅游资源空间结构分析 [J]. 资源开发与市场, 2006, (6): 510—513.

［51］杨秀成，宋立中，钟姚越，等．福建省康养旅游资源空间分布特征及其影响因素研究［J］．福建师范大学学报（自然科学版），2019，35（5）：106—116.

［52］薛东前，刘虹，马蓓蓓．西安市文化产业空间分布特征［J］．地理科学，2011，31（7）：775—780.

［53］李山石，刘家明，黄武强．北京市音乐旅游资源分布规律研究［J］．资源科学，2012，（2）381—392.

［54］李玏，刘家明，王润，等．北京市高尔夫旅游资源空间分布特征及影响因素［J］．地理研究，2013（10）：1937—1947.

［55］康璟瑶，章锦河，胡欢，等．中国传统村落空间分布特征分析［J］．地理科学进展，2016，35（7）：839—850.

［56］Daly H E. On Economics as a Life Science［J］. Journal of Poltical Economy，1968，76（3）：392—406.

［57］鲍莫尔，奥茨．环境经济理论与政策设计［M］．严旭阳，译，北京：经济科学出版社，2003.

［58］EISMONT O. Economic Growth with Environmental Damage and Technical Progress［J］. Environmental and Resource Economics，1994，4（3）：241－249.

［59］廖重斌．环境与经济协调发展的定量评判及其分类体系：以珠江三角洲城市群为例［J］．热带地理，1999，19（2）：171—177.

［60］生延超，钟志平．旅游产业与区域经济的耦合协调度研究：以湖南省为例［J］．旅游学刊，2009（8）：23—29.

［61］仇兵奎，张惠．武汉市城镇化与房地产发展耦合协调度分析［J］．地域研究与开发，2015，34（2）：81—84.

［62］吴俣．旅游产业与新型城镇化发展质量耦合协调关系研究［D］．大连：东北财经大学．2017.

［63］田逸飘，张卫国，刘明月．科技创新与新型城镇化包容性发展耦合协调度测度：基于省级数据的分析［J］．城市问题，2017（1）：12—18.

［64］王淑佳，任亮，孔伟，等．京津冀区域生态环境—经济—新型城镇化协调发展研究［J］．华东经济管理，2018，32（10）：61—69.

［65］宋松柏，蔡焕杰．区域水资源—社会经济—环境协调模型研

究 [J]. 沈阳农业大学学报, 2004, 10, 35 (5–6): 501—503.

[66] 樊华, 陶学禹. 复合系统协调度模型及其应用 [J]. 中国矿业大学学报, 2006, 35 (4): 6.

[67] 胡彪, 于立云, 李健毅, 等. 生态文明视域下天津市经济—资源—环境系统协调发展研究 [J]. 干旱区资源与环境, 2015, 29 (5): 18—23.

[68] 汤铃, 李建平, 余乐安, 等. 基于距离协调度模型的系统协调发展定量评价方法 [J]. 系统工程理论与实践, 2010, 30 (4): 594—602.

[69] 孙倩, 汤放华. 基于欧式距离协调发展度聚类模型的区域协调发展状况研究: 以湖南省为例 [J]. 城市发展研究, 2012 (1): 6.

[70] 张强, 周旸俐. 信贷政策与产业政策的协调度评价: 基于距离协调度模型 [J]. 湖南大学学报 (社会科学版), 2015, 29 (3): 57—63.

[71] 曾佑新, 聂改改. 电子商务与快递物流发展的协调度研究: 基于距离协调度模型 [J]. 江南大学学报 (人文社会科学版), 2016, 15 (4): 76—82.

[72] 张翠燕, 孙传国, 王鹏程. 基于耦合模型的新疆农业生态环境与经济协调发展研究 [J]. 塔里木大学学报, 2016 (1): 49—55.

[73] 周成, 冯学钢, 唐睿. 区域经济—生态环境—旅游产业耦合协调发展分析与预测: 以长江经济带沿线各省市为例 [J]. 经济地理, 2016, 36 (3): 186—193.

[74] 丁浩, 余志林, 王家明. 新型城镇化与经济发展的时空耦合协调研究 [J]. 统计与决策, 2016 (11): 122—125.

[75] 龚艳, 郭峥嵘. 旅游业与金融业耦合协调发展实证分析: 以江苏省为例 [J]. 旅游学刊, 2017, 32 (3): 74—84.

[76] 王颖, 孙平军, 李诚固, 等. 2003 年以来东北地区城乡协调发展的时空演化 [J]. 经济地理, 2018, 38 (7): 59—66.

[77] 贺三维, 邵玺. 京津冀地区人口—土地—经济城镇化空间集聚及耦合协调发展研究 [J]. 经济地理, 2018, 38 (1): 95—102.

[78] 李雪松, 龙湘雪, 齐晓旭. 长江经济带城市经济—社会—环境耦合协调发展的动态演化与分析 [J]. 长江流域资源与环境, 2019,

28（3）:505—516.

[79] 程慧，徐琼，郭尧琦. 我国旅游资源开发与生态环境耦合协调发展的时空演变 [J]. 经济地理，2019，39（7）:233—240.

[80] 刘遗志，胡争艳. 基于 PSR 模型的旅游发展与生态环境耦合协调研究：基于贵州省的实证分析 [J]. 生态经济，2020，36（3）:132—136.

[81] 包剑飞，张杜鹃. 旅游产业与区域经济耦合协调度研究：以长江三角洲城市群为例 [J]. 广西师范大学学报（自然科学版），2020，38（3）:117—127.

[82] 李廉水，杨浩昌，刘军. 我国区域制造业综合发展能力评价研究：基于东、中、西部制造业的实证分析 [J]. 中国软科学，2014（2）:121—129.

[83] 杜左龙. 新疆经济—煤炭产业—生态环境协调发展研究 [D].乌鲁木齐：新疆财经大学，2015.

[84] 周戈耀，田海玉，陈文佼，等. 基于大健康的医药产业发展能力评价指标体系构建初探 [J]. 贵州医科大学学报，2017，42（6）:666—673.

[85] 陈文俊，彭有为，贺正楚，等. 中国生物医药产业发展水平综合评价及空间差异分析 [J]. 财经理论与实践，2018，39（3）:147—154.

[86] 陈文锋，刘薇. 区域战略性新兴产业发展质量评价指标体系的构建 [J]. 统计与决策，2016（2）:29—33.

[87] 魏言妮. 黑龙江省农业经济—农业生态环境—玉米产业系统耦合协调发展研究 [D]. 哈尔滨：东北林业大学，2017.

[88] 范柏乃，张维维，朱华. 我国经济社会协调发展评价体系的构建与实际测度研究 [J]. 中共浙江省委党校学报，2014，30（2）:56—65.

[89] 李永平. 旅游产业、区域经济与生态环境协调发展研究 [J].经济问题，2020（8）:122—129.

[90] 苏永伟，陈池波. 经济高质量发展评价指标体系构建与实证 [J].统计与决策，2019，35（24）:38—41.

[91] 张云云，张新华，李雪辉. 经济发展质量指标体系构建和综合

评价 [J]. 调研世界, 2019 (4): 11—18.

[92] 王蔷, 丁延武, 郭晓鸣. 我国县域经济高质量发展的指标体系构建 [J]. 软科学, 2021, 35 (1): 115—133.

[93] 叶亚平, 刘鲁军. 中国省域生态环境质量评价指标体系研究 [J]. 环境科学研究, 2000, 13 (3): 33—36.

[94] 左伟, 王桥, 王文杰, 等. 区域生态安全评价指标与标准研究 [J]. 地理学与国土研究, 2002. 18 (1): 67—71.

[95] 雷思友, 范君. 基于灰色系统 (GRAY) 的安徽省城市生态环境质量综合评价及对策研究 [J]. 安徽理工大学学报, 2015, 17 (2): 25—30.

[96] 陈永春, 耿宜佳. 改进的层次分析法用于淮南矿区生态环境质量评价中各指标权重的确定 [J]. 安徽农业科学, 2015, 43 (4): 275—277.

[97] 赵宇哲, 刘芳. 生态港口评价指标体系的构建: 基于R聚类、变异系数与专家经验的分析 [J]. 科研管理, 2015, 36 (2): 124—132.

[98] LASSWELL H D, KAPLAN A. Power and Society [J]. Yale Law School Studies, 1950, 2: 19.

[99] EASTON D. A System Analysis of Political Life [J]. British Journal of Sociology, 1977, 61 (1): 104 – 117.

[100] DYE T. Who's Running America? [M]. New York City: The Clinton Years, 1995.

[101] 陈振明, 刘祺, 蔡辉明, 等. 公共服务绩效评价的指标体系建构与应用分析: 基于厦门市的实证研究 [J]. 理论探讨, 2009 (5): 130—134.

[102] 宁骚. 公共政策学 (第二版) [M]. 北京: 高等教育出版社, 2011.

[103] 刘宗庆. 公共政策对招标中介服务业发展能力的影响研究 [D]. 北京: 北京交通大学, 2017.

[104] SALAMON L M. The Tools of Government [M]. Oxford: Oxford University Press, 2002.

[105] 王宏新, 邵俊霖, 张文杰. 政策工具视角下的中国闲置土地治理: 192篇政策文本 (1992—2015) 分析 [J]. 中国行政管理, 2017 (3):

108—112.

［106］VEDUNG E. Policy Instruments：Typologies and Theories ［M］//
MCCORMICK J. Carrots，Sticks and Sermons. New Jersey：Transaction Publish-
ers，2007：21 – 58.

［107］郭随磊. 中国新能源汽车产业政策工具评价：基于政策文本的
研究 ［J］. 工业技术经济，2015，34（12）：114—119.

［108］王世英. 三力模型视角下的战略性新兴产业政策工具运用研
究：以北上广深为例 ［J］. 兰州学刊，2017（6）：180—192.

［109］赵欣彤，杨燕绥. 人工智能时代的劳动力市场综合治理：挑战
与政策工具 ［J］. 中国行政管理，2020（3）：12—17.

［110］周笑. 产学研合作中的政策需求与政府作用研究 ［D］. 南京：
南京航空航天大学，2008.

［111］谢运. 我国激励自主创新的税收政策评价与优化路径研
究 ［D］. 杭州：浙江大学，2012.

［112］张玉赋，汪长柳. 江苏企业研发机构运行特征和公共政策需求分
析：基于116家企业研发机构问卷调查 ［J］. 科技管理研究，2014，34（9）：
68—70.

［113］BEAR D，BUSIOVICH R，SEARCY C. Linkages between Corpo-
rate Sustainability Reporting and Public Policy ［J］. Corporate Social Responsi-
bility and Environmental Management，2014（21）：336 – 350.

［114］KUNG K J，MA C C. Friends with Benefits：How Political Connec-
tions Help Sustain Private Enterprise Growth in China ［J］. Economica，2016，
1：1 – 36.

［115］刘太刚. 公共物品理论的反思：兼论需求溢出理论下的民生政
策思路 ［J］. 中国行政管理，2011，9：22—27.

［116］成海燕，徐治立. 科技企业生命周期的创新特征及政策需
求 ［J］. 河南师范大学学报（哲学社会科学版），2017，44（3）：88—94.

［117］王子丹，袁永. 基于国际经验的科技型企业不同成长阶段政策
需求研究 ［J］. 科技和产业，2019，19（10）：108—113.

［118］赵莉. 京津冀协同发展背景下北京市属企业迁移的政策需求分
析 ［J］. 新视野，2020（1）：73—80.

［119］MISHKIN F S. Does Anticipated Aggregate Demand Policy Matter?

Further Econometric Results ［J］. The American Economic Review, 1982 (9)：788 – 802.

［120］TASSEY G. Rationales and Mechanisms for Revitalizing US manu-facturing R&D strategies ［J］. The Journal of Technology Transfer, 2010, 35：283 – 333.

［121］范柏乃, 龙海波, 王光华, 西部大开发政策绩效评估与调整策略研究 ［M］. 杭州：浙江大学出社, 2011.

［122］LEPORI B, PETER V D B, DINGES M, et al. Indicators for Comparative Analysis of Public Project Funding：Concepts, Implementation and Evaluation ［J］. Research Evaluation, 2007 (4)：243 – 255.

［123］BODAS I, VON TUNZELMANN N. Mapping Public Support for In-novation：a Comparison of Policy Alignment in the UK and France ［J］. Re-search Policy, 2008, 37：1446 – 1464.

［124］刘长才, 宋志涛. 基于政策供给的我国资产证券化演进路径分析 ［J］. 商业时代, 2010, 20：56—57.

［125］段忠贤. 自主创新政策的供给演进、绩效测量及优化路径研究 ［D］. 杭州：浙江大学, 2014.

［126］李国平, 刘生胜. 中国生态补偿40年：政策演进与理论逻辑 ［J］. 西安交通大学学报 (社会科学版), 2018, 38 (6)：101—112.

［127］周颖, 杨秀春, 徐斌, 等. 我国防沙治沙政策的演进历程与特征研究 ［J］. 干旱区资源与环境, 2020, 34 (1)：123—131.

［128］于潇. 环境规制政策的作用机理与变迁实践分析：基于1978 – 2016年环境规制政策演进的考察 ［J］. 中国科技论坛, 2017, 12：15—24.

［129］李晓萍, 张亿军, 江飞涛. 绿色产业政策：理论演进与中国实践 ［J］. 财经研究, 2019, 45 (8)：4—27.

［130］FEINERMAN E, PLESSNER Y, ESHEL D M, et al. Recycled Effluent Should the Polluter Pay ［J］. American Journal of Agricultural Eco-nomics, 2001, 83 (4)：958 – 971.

［131］逯元堂, 吴舜泽, 苏明, 等. 中国环境保护财税政策分析 ［J］. 环境保护, 2008 (15)：41—46.

［132］熊波, 陈文静, 刘潘, 等. 财税政策、地方政府竞争与空气污

染治理质量［J］.中国地质大学学报（社会科学版），2016，16（1）：20—33.

［133］赵敏，吴鸣然，王艳红.我国研发投入、科技创新及经济效益初探：基于复合系统发展水平及协调度的研究［J］.中国科学基金，2017，31（2）：193—199.

［134］董战峰，程翠云，王金南，等.环境空气质量改善导向的财政资金分配模型与实施机制［J］.环境保护科学，2016，42（6）：10—15.

［135］王恒，江腊海，刘骞，等.四川省环境与经济协调发展阶段矛盾与对策［J］.环境保护与循环经济，2019，39（8）：44—47.

［136］杨得前，徐艳，刘仁济.江西环境经济政策整体绩效水平评估［J］.江西社会科学，2019，39（4）：63—71.

［137］戴其文，魏也华，宁越敏.欠发达省域经济差异的时空演变分析［J］.经济地理，2015，35（2）：14—21.

［138］林光祥，吕韬，彭路.广西基本公共服务与区域经济协调关系探讨［J］.地域研究与开发，2017，36（3）：22—28.

［139］ZHOU Y，ZHU S，HE C. How do Environmental Regulations Affect Industrial Dynamics? Evidence From China's Pollution-Intensive Industries［J］. Habitat International，2017，60：10 – 18.

［140］涂正革，周涛，谌仁俊，等.环境规制改革与经济高质量发展：基于工业排污收费标准调整的证据［J］.经济与管理研究，2019，40（12）：77—95.

［141］陈兆年，李静.经济高质量发展视角下的我国金融体系配置效率研究［J］.广东社会科学，2020（1）：30—39.

［142］PETRAKIS E.，POYAGO – THEOTOKY J. R&D Subsidies versus R&D Cooperation in a Duopoly with Spillovers and Pollution［J］. Australian Economic，2002，41（1）：37 – 52.

［143］曹坤，周学仁，王轶.财政科技支出是否有助于技术创新：一个实证检验［J］.经济与管理研究，2016，37（4）：102—108.

［144］NEMET G F，BAKER E. Demand Subsidies versus R&D：Comparing the Uncertain Impacts of Policy on a Pre – commercial Low – carbon Energy Technology［J］. Energy Journal，2009，30（4）：49 – 80.

［145］张倩，邓明.财政分权与中国地区经济增长质量［J］.宏观质

量研究, 2017, 5 (3): 1—16.

[146] 冯伟, 苏娅. 财政分权、政府竞争和中国经济增长质量: 基于政治经济学的分析框架 [J]. 宏观质量研究, 2019, 7 (4): 33—47.

[147] 刘建民, 张翼飞. 财政助推地方经济高质量发展探索与实践: 来自广东省的经验数据 [J]. 财经理论与实践, 2020, 41 (1): 86—92.

[148] GLOMM G, KAWAGUCHI D, SEPULVEDA F. Green Taxes and Double Dividends in a Dynamic Economy [J]. Journal of Policy Modelling, 2008, 30 (2): 19 – 32.

[149] NEMET G F, BAKER E. Demand Subsidies versus R&D: Comparing the Uncertain Impacts of Policy on a Pre – commercial Low – carbon Energy Technology [J]. Energy Journal, 2009, 30 (4): 49 – 80.

[150] OUESLATI W. Environmental Tax Reform: Short – term versus Long – term Macroeconomic Effects [J]. Journal of Macroeconomics, 2014, 40: 190 – 201.

[151] 张希, 罗能生, 李佳佳. 税收负担与环境质量: 基于中国省级面板数据的实证研究 [J]. 求索, 2014 (7): 84—88.

[152] FENG Z, CHEN W. Environmental Regulation, Green Innovation, and Industrial Green Development: an Empirical Analysis Based on The Spatial Durbin Model [J]. Sustainability, 2018, 10 (1): 223.

[153] 杜传忠, 金华旺, 金文翰. 新一轮产业革命背景下突破性技术创新与中国产业转型升级 [J]. 科技进步与对策, 2019, 36 (24): 63—69.

[154] MANNING S, BOONS F, VON HAGEN O, et al. National Contexts Matter: The Coevolution of Sustainability. Standards in Global Value Chains [J]. Ecological Economics, 2012, 83: 197 – 209.

[155] COSTANTINI V, CRESPI F, MARTINI C, et al. Demand – pull and Technology – push Public Support for Eco – innovation: the Case of the Biofuels Sector [J]. Research Policy, 2015, 44 (1): 577 – 595.

[156] 毛建辉, 管超. 环境规制、政府行为与产业结构升级 [J]. 北京理工大学学报 (社会科学版), 2019, 21 (3): 1—10.

[157] ALTENBURG T, RODRIK D. Green Industrial Policy: Accelerating Structural Change Towards Wealthy Green Economies [R]. Proceedings of

Green Industrial Policy：Concept，Policies，Country Experiences. Geneva, Bonn ：UN Environment，2017.

［158］郭俊华，刘奕玮. 我国城市雾霾天气治理的产业结构调整［J］.西北大学学报（哲学社会科学版），2014，44（2）：85—89.

［159］魏巍贤，马喜立. 能源结构调整与雾霾治理的最优政策选择［J］.中国人口·资源与环境，2015，25（7）：6—14.

［160］李云燕，王立华，王静，等. 京津冀地区雾霾成因与综合治理对策研究［J］. 工业技术经济，2016，35（7）：59-68.

［161］回莹，戴宏伟. 河北省产业结构对雾霾天气影响的实证研究［J］.经济与管理，2017，31（3）：87—92.

［162］高天明，周凤英，闫强，等. 煤炭不同利用方式主要大气污染物排放比较［J］. 中国矿业，2017，26（7）：74—80.

［163］赵羚杰. 中国钢铁行业大气污染物排放清单及减排成本研究［D］.杭州：浙江大学，2016.

［164］王爽，李海毅，刘继莉，等. 吉林省火电行业烟粉尘总量控制前期研究［J］. 生态经济，2016，32（12）：150—154.

［165］汤铃，贾敏，伯鑫，等. 中国钢铁行业排放清单及大气环境影响研究［J］. 中国环境科学，2020，40（4）：1493—1506.

［166］TOBEY J A. The Effects of Domestic Environmental Policies on Patterns of World Trade：an Empirical Test［J］. Kyklos，1990，43（2）：191-209.

［167］LOW P，YEAT A. Do Dirty Industries Migrate？International Trade and the Environment［C］. Word Bank. Discussion Papers，1992：159.

［168］MANI M，WHEELER D. In Search of Pollution Havens？Dirty Industry in the World Economy，1960-1995［J］. The Joumal of Environment Development，1998，7（3）：215-247.

［169］赵细康. 环境政策对技术创新的影响［J］. 中国地质大学学报（社会科版），2004（1）：24—28.

［170］BARTIK T J. The Effects of Environmental Regulation on Business Location in the United States［J］. Growth and Change，1988，19（3）：22-44.

［171］RANDY B，HENDERSON V. Effects of Air Quality Regulations on

Polluting Industries [J]. The Journal of Political Economy, 2000, 18 (2): 379 – 421.

[172] 余利平. 中国产业结构变动和协调机制研究 [M]. 四川: 四川人民出版社, 1992.

[173] 张效莉. 人口、经济发展与生态环境系统协调性测度及应用研究 [D]. 成都: 西南交通大学, 2007.

[174] 韩京伟, 刘凯. 商贸物流系统协调发展机制探析 [J]. 中国流通经济, 2014, 28 (6): 31—35.

[175] 熊德平, 农村金融与农村经济协调发展研究 [M]. 北京: 社会科学文献出版社, 2009.

[176] 林逢春, 王华东. 环境经济系统分类及协调发展判据研究 [J]. 中国环境科学, 1995, 15 (6): 429—432.

[177] 廖重斌. 环境与经济协调发展的定量评判及其分类体系: 以珠江三角洲城市群为例 [J]. 热带地理, 1999, 19 (2): 172—177.

[178] 荼洪旺. 区域经济理论新探与中国西部大开发 [M]. 北京: 经济科学出版社, 2008.

[179] 胡晓鹏, 李庆科. 生产性服务业与制造业共生关系研究: 对苏、浙、沪投入产出表的动态比较 [J]. 数量经济技术经济研究, 2009, 26 (2): 33—46.

[180] 郭晓东, 李莺飞. 城市旅游经济与生态环境协调发展关系研究: 以北京市为例 [J]. 开发研究, 2014 (2): 78—81.

[181] 程丽. 区域环境经济协调发展的空间评价方法 [D]. 天津师范大学, 2016.

[182] 刘玥, 张怡曼, 聂锐. 区域分割下的石油产业链效率测评 [J]. 统计与决策, 2009 (18): 103—105.

[183] MARTIN D. Oil And Gas Development And Social Responsibility – Aligning Project And Community Goals For Mutually Beneficial Outcomes [J]. The Appea Journal, 2010, 50 (2): 699.

[184] 张梅青, 周叶, 周长龙. 基于共生理论的物流产业与区域经济协调发展研究 [J]. 北京交通大学学报 (社会科学版), 2012, 11 (1): 27—34.

[185] 包剑飞, 张杜鹃. 旅游产业与区域经济耦合协调度研究: 以长

江三角洲城市群为例 [J]. 广西师范大学学报（自然科学版），2020，38（3）：117—127.

[186] 梁威，刘满凤. 战略性新兴产业与区域经济耦合协调发展研究：以江西省为例 [J]. 华东经济管理，2016，30（5）：14—19.

[187] 谢国根，蒋诗泉，赵春艳. 战略性新兴产业与经济发展耦合协调发展研究：基于安徽省的实证研究 [J]. 科技管理研究，2018，38（22）：70—77.

[188] 曾维华，杨月梅，陈荣昌，等. 环境承载力理论在区域规划环境影响评价中的应用 [J]. 中国人口·资源与环境，2007（6）：27—31.

[189] 朱永华，任立良，夏军，等. 海河流域与水相关的生态环境承载力研究 [J]. 兰州大学学报（自科版），2005，41（4）：11—15.

[190] 毛汉英，余丹林. 区域承载力定量研究方法探讨 [J]. 地球科学进展，2001（4）：549—555.

[191] 崔凤军，城市水环境承载力及其实证研究 [J]. 自然资源学报，1998，13（1）：58—62.

[192] 兰利花，田毅. 资源环境承载力理论方法研究综述 [J]. 资源与产业，2020，22（4）：87—96.

[193] PEARCE D，MARKANDYA A，BARBIER E B. Blue Print for a Green Economy [M]. London：Earthscan，1989.

[194] RENNER M，SWEENEY S，KUBIT J，et al. Green Jobs：Towards Decent Work in a Sustainable，Low – Carbon World [R]. Environmental Policy Collection，2008.

[195] UNEP，Global Green New Deal：a Policy Brief [R]，United Nations Environment Preogramme，2009.

[196] The People's Republic of China，Green Economy in the Context of Sustainable Development and. Poverty Eradicatio [C]. New York，2011：2.

[197] UNEP，Green Economy：Developing Countries Success Stories [C]. UNEP，Nairobi. 2010.

[198] 唐啸. 绿色经济理论最新发展述评 [J]. 国外理论动态，2014（1）：125—132.

[199] 杨士弘，郭恒亮. 城市生态环境可持续发展评价探讨 [J]. 华南师范大学学报（自然科学版），2000（4）：74—83.

[200] 陈长杰，马晓微，魏一鸣，等．基于可持续发展的中国经济—资源系统协调性分析 [J]．系统工程，2004（3）：34—39.

[201] 车冰清，朱传耿，孟召宜，等．江苏经济社会协调发展过程、格局及机制 [J]．地理研究．2012（5）.

[202] 唐中赋，任学锋，顾培亮．高新技术产业发展水平的综合评价与实证分析 [J]．中国地质大学学报（社会科学版），2004（1）：11—15.

[203] 杨大成．各地区高新技术产业发展水平综合评价 [J]．统计与信息论坛，2006（4）：64—68.

[204] 王琦，汤放华．洞庭湖区生态—经济—社会系统耦合协调发展的时空分异 [J]．经济地理，2015，35（12）：161—167.

[205] 刘凤朝，孙玉涛．我国科技政策向创新政策演变的过程、趋势与建议：基于我国 289 项创新政策的实证分析 [J]．中国软科学，2007（5）:34—42.

[206] 周锐，李爽．科技政策因素对中小企业创新影响实证分析 [J]．统计与决策，2011（5）：186—188.

[207] 周景坤，余钧，黎雅婷．中国雾霾防治政策研究 [M]．北京：中国社会科学出版社，2019.

[208] 张永安，耿喆，王燕妮．区域科技创新政策分类与政策工具挖掘：基于中关村数据的研究 [J]．科技进步与对策，2015，32（17）：116—122.

[209] 张炜，费小燕，方辉．区域创新政策多维度评价指标体系设计与构建 [J]．科技进步与对策，2016，33（1）：142—147.

[210] 郗立涛．促进我国经济结构调整的财政政策研究 [D]．北京：财政部财政科学研究所，2014.

[211] 蒋炳蔚．我国促进产业结构转型的财政政策研究 [D]．武汉：中南财经政法大学，2018.

[212] 杨春静．财政政策对产业结构升级的影响研究 [D]．天津：天津财经大学，2019.

[213] 木其坚．节能环保产业政策工具评述与展望 [J]．中国环境管理，2019，11（6）：44—49.

[214] 中国人民银行研究局．中国绿色金融发展报告 2017 [M]．北

京：中国金融出版社，2018.

［215］田智宇，杨宏伟.完善绿色财税金融政策的建议［J］.宏观经济管理，2013（10）：24—26.

［216］李晓萍，张亿军，江飞涛.绿色产业政策：理论演进与中国实践［J］.财经研究，2019，45（8）：4—27.

［217］江飞涛，李晓萍.制造业高质量发展的产业政策转型研究［J］.审计观察，2020（8）：88—91.

［218］DRIGAS A，KOUREMENOUS S，VRETTAROS S，et al. An Expert Systems for Job Matching of the Unemployed［J］. Expert Systems with Applications，2004，26（2）：217－224.

［219］李博闻，黄正东，刘稳.基于公交服务需求与供给匹配程度的公交站点布局评价：以武汉市为例［J］.现代城市研究，2019（5）：99—105.

［220］林健，孔令昭.供给与需求：高校工程人才培养结构分析［J］.清华大学教育研究，2013，34（1）：118—124.

［221］胡慧芳.供给与需求：战略性新兴产业成长机制研究的一个独特视角［J］.科技进步与策，2014，31（17）：60—64.

［222］白杨，王敏，李晖，等.生态系统服务供给与需求的理论与管理方法［J］.生态学报，2017，37（17）：5846—5852.

［223］FAN Jingli，WANG Jiaxing，HU Jiawei，et al. Will China Achieve Its Renewable Portfolio Standard Targets? An Analysis from the Perspective of Supply and Demand［J］. Renewable and Sustainable Energy Reviews，2020，138：510.

［224］SONG Huan，YU Sihang，LIU Feng，et al. Optimal Subsidy Support for Market－Oriented Transformation of Elderly Care：Focus on the Gap between Supply and Demand in Aging Regions of China［J］. Healthcare（Basel，Switzerland），2020，29，8（4）：441.

［225］何代欣.结构性改革下的财税政策选择：大国转型中的供给与需求两端发力［J］.经济学家，2016（5）：68—76.

［226］吕冰洋.中国财政政策的需求与供给管理：历史比较分析［J］.财政研究，2017（4）：38—47.

［227］丁珮琪，夏维力.科技扶贫需求与政策供给匹配效果研究：来

自商洛市的经验证据［J］.华东经济管理，2020，34（8）：95—104.

［228］徐福志.浙江省自主创新政策的供给、需求与优化研究［D］.浙江大学，2013.

［229］朱军文，王林春.海归青年教师引进政策供给与需求匹配研究［J］.高等教育研究，2019，40（6）：18—24.

［230］黄丹，唐滢，田东林.大学生创新创业政策供给与需求匹配研究：以广西高校为例［J］.中国大学生就业，2020（22）：50—56.

［231］徐德英，韩伯棠.政策供需匹配模型构建及实证研究：以北京市创新创业政策为例［J］.科学学研究，2015，33（12）：1787—1796.

［232］王进富，陈振，周镭.科技创新政策供需匹配模型构建及实证研究［J］.科技进步与对策，2018，35（16）：121—128.

［233］张倩倩，李百吉.我国能源供需结构均衡度及其动态经济影响［J］.科技管理研究，2017，37（15）：243—249.

［234］杨林.结构性改革背景下政府如何有效供给公共文化服务？基于供需协调视角［J］.中央财经大学学报，2017（8）：121—128.

［235］储伊力，储节旺，毕煌.公共图书馆服务如何实现有效供给：基于供需协调视角［J］.图书馆理论与实践，2019（11）：1—6.

附　　录

京津冀地区高雾霾污染产业与经济协调发展政策
需求调查问卷

一、基本情况

1. 性别：□男　□女

2. 您的年龄段：□18 岁以下　□18—25 岁　□26—30 岁　□31—40 岁　□41—50 岁　□51—60 岁　□60 以上岁

3. 学历：□高中及以下　□专科　□本科　□研究生及以上

4. 您的工作单位：□企业　□高校　□科研院所　□政府机关　□其他_____

5. 地区_____省/直辖市_____市/区_____县/县级市/市辖区

6. 您对以下高雾霾污染产业与经济协调发展政策的了解程度。（高雾霾污染产业与经济协调发展政策是指为了促进高雾霾污染产业（对大气环境产生严重影响的产业如钢铁、水泥、煤炭加工等）节能减排、产业升级、降低对大气环境的损害，实现绿色发展，适应经济高质量发展要求而制定的政策。

政策	非常 不了解	不了解	比较 不了解	一般	比较 了解	了解	非常 了解
财政政策	1	2	3	4	5	6	7
税收政策	1	2	3	4	5	6	7
金融政策	1	2	3	4	5	6	7
技术政策	1	2	3	4	5	6	7
公共服务政策	1	2	3	4	5	6	7

二、京津冀地区高雾霾污染产业与经济协调发展政策需求调查

1. 您认为京津冀地区对高雾霾污染产业与经济协调发展财政政策的需求程度。

□非常不需要 □不需要 □比较不需要 □中等需要 □比较需要 □需要 □非常需要

2. 您认为京津冀地区对高雾霾污染产业与经济协调发展税收政策的需求程度。

□非常不需要 □不需要 □比较不需要 □中等需要 □比较需要 □需要 □非常需要

3. 您认为京津冀地区对高雾霾污染产业与经济协调发展金融政策的需求程度。

□非常不需要 □不需要 □比较不需要 □中等需要 □比较需要 □需要 □非常需要

4. 您认为京津冀地区对高雾霾污染产业与经济协调发展技术政策的需求程度。

□非常不需要 □不需要 □比较不需要 □中等需要 □比较需要 □需要 □非常需要

5. 您认为京津冀地区对高雾霾污染产业与经济协调发展公共服务政策的需求程度。

□非常不需要 □不需要 □比较不需要 □中等需要 □比较需要 □需要 □非常需要

三、京津冀地区高雾霾污染产业与经济协调发展具体政策需求调查

下表给出了关于京津冀地区高雾霾污染产业与经济协调发展具体政

策，请您根据自己的实际感受，对每项对策的需求度进行判断，1 表示"非常不需要"……7 表示"非常需要"，请您在每项对策后面相应数字上画"√"

政策	非常 不需要	不需要	比较 不需要	可有 可无	比较 需要	需要	非常 需要
财政投资	1	2	3	4	5	6	7
财政补贴	1	2	3	4	5	6	7
政府采购	1	2	3	4	5	6	7
专项基金	1	2	3	4	5	6	7
税收种类	1	2	3	4	5	6	7
税收征管	1	2	3	4	5	6	7
税收优惠	1	2	3	4	5	6	7
绿色信贷	1	2	3	4	5	6	7
绿色债券	1	2	3	4	5	6	7
绿色基金	1	2	3	4	5	6	7
绿色保险	1	2	3	4	5	6	7
排污权交易	1	2	3	4	5	6	7
其他金融创新	1	2	3	4	5	6	7
技术改造升级	1	2	3	4	5	6	7
技术合作	1	2	3	4	5	6	7
成果转化	1	2	3	4	5	6	7
技术服务	1	2	3	4	5	6	7
技术标准	1	2	3	4	5	6	7
知识产权	1	2	3	4	5	6	7
产业规划	1	2	3	4	5	6	7
信息公开	1	2	3	4	5	6	7
监测预警	1	2	3	4	5	6	7
监督考核	1	2	3	4	5	6	7
环境准入	1	2	3	4	5	6	7
联防联控	1	2	3	4	5	6	7
落后产能淘汰	1	2	3	4	5	6	7

后　记

　　本书的顺利完成离不开导师、师妹、师弟、项目组成员、我的学生、朋友和河北省科学技术厅、教育部、河北经贸大学等单位的关心与帮助。我要感谢在浙江大学博士后研究期间给予我许多有益教诲和帮助的导师范柏乃教授。他严谨的治学态度、不染俗流的学者风骨、诲人不倦的教育风范为我树立了做人、做事、做学问的楷模；我要感谢浙江大学的邵青、张维维、盛中华、林哲杨、韩飞、邵安等师弟和师妹们，感谢你们从基金题目的设计、申报书的写作、调查问卷设计、实地调研、数据的收集和统计分析、专著的出版、学术论文和基金研究报告的写作等整个过程的全方位指导和帮助；我要感谢余钧、黎雅婷、李燕凌、刘中刚、马芸芸等项目组成员的无私帮助和支持，是你们为了资料收集、项目调查、论文和研究报告写作等数不清楚个日夜的加班加点，才使得我们课题组主持的河北科技治霾课题、教育部人文社科基金成果顺利出版；我要感谢河北省科学技术厅、教育部、河北经贸大学、鲁东大学等机构为课题研究与专著出版提供资金支持；我要感谢本书合作者任倩、陈祎然、王晓研，你们的广泛参与才使得本书得以出版；我要感谢我的硕士生白旭、尹婷、陈琳琳、丁梦娇等，是你们的参与才使得我们的专著得以出版；我还要感谢张云、马志飞、张洁、李光勤等所有关心、爱护、教育和帮忙过我的人，谢谢你们！

周景坤